JN090505

哺乳類前史

起源と進化をめぐる語られざる物語

Beasts Before Us
The Untold Story of Mammal Origins and Evolution
Elsa Panciroli

エルサ・パンチローリ
的場知之 訳

青土社

哺乳類前史　目次

哺乳類前史　起源と進化をめぐる語られざる物語

すべての哺乳類のなかで一番のお気に入りである、わたしの家族へ

序章

この本を手に取ったあなたには、改めて説明するまでもないだろうが、化石は面白い。でも、役に立つだろうか？　古生物学は科学界の恐竜なのか？　古い骨から、今の世界に関わる情報が得られることはあるのだろうか？

わたしは修士課程で古生物学の道に入った。わたしの指導教員になる（この分野でいくつも著書のある）教授の最初の講義は、ノーベル賞を受賞した科学者、アーネスト・ラザフォードの有名なせりふで幕を開けた。「すべての科学は物理学と切手採集に分けられる」。ラザフォードが何学賞を受賞したかは、お察しの通り。教授は講義のなかで、古生物学が単なる趣味ではないことを、たくさんの理由をあげて説明した。わたしは面食らったのを覚えている。そんなふうに考える人がいるなんて、考えたこともなかった。すべての科学は平等につくられてるんじゃないの？

古生物学は、単にいろいろな死んだ生き物を研究する分野だと思われがちだ。子ども受けは抜群だけど、要は幅広の帽子をかぶった男たちが荒野から切り出した、ほこりをかぶった骨について記述する学問。ぱっと見のイメージはそんなものだろう。古生物＝恐竜、と思う人も多い。「知り合いの五歳の子があなたに会ったら大喜びするよ！」と、よく人に言われる。わあ楽しそう、と答えつつ、こうも思う。四五歳の知り合いには、わたしと話したい人はいないの？

化石は、地球の生命の根源的な起源に関する、唯一無二の洞察をもたらしてくれる。何よりもまず、骨や歯は生物の存在や不在を明らかにする。あるグループがいつ出現し、いつ消滅したのか（あるいは少なくとも、確実に生きていたと判明している最初と最後の時期はいつか）、そしてどこに棲んでいたのか。次に、分類に関する情報を与えてくれる。異なるグループどうしがどんな関係にあるかを解明する分類学は、すべての生物の間の関係を紐解く、重要な学問的枠組みだ。化石からは、過去のさまざまな時代に、動植物がどれくらい多様だったか、どんな過酷な環境に生息していたかを知ることができる。進化がたどってきた途方もない旅路、自然淘汰の漸進的な忍び歩きと時折起こった跳躍を描き出すことができる。気候と大気、海洋の酸性度と水温、生態系の機能と豊かさの変動も、同じように振り返ることができる。こうした情報をすべてあわせると、地質学的時間を通じ、世界規模で起こってきた進化のパターンを特定することができる。わたしたちが第六の大量絶滅という、人類みずからが引き起こした自然災害に直面するなか、過去の大量絶滅イベントに生物がどう反応し、そして肝心のどう回復したかを知ることは、研究者にとってかつてないほど重要性を増している。

だが、それだけではない。古い骨は、絶滅した動物がどんな動きをしていたかも教えてくれる。かれらは地球上をどんな風に走り、飛び跳ね、あるいは這っていたのだろう？　かれらの環境の中でのはたらき、つまり生態は、どんなものだったのか？　こうした情報は、何世紀も前から骨格の観察に基づいて推定されてきたが、今では骨の形態に関する膨大なデータセットを解析し、形態と機能に関するいくつもの仮説を、数学的手法で検証できる。さらにはエンジニアリングの世界からトリックを拝借して、建築資材の強度を測定する手法を化石に応用し、持ち主の能力を考察することさえ可能だ。こうした斬新な解析手法とその結果は、ヒトや動物の医療、保全、生態学に応用でき、もちろん絶滅動物そのものについての理解も深めてくれる。

もし、あなたのなかの古生物学者のイメージが、まだインディ・ジョーンズや『フレンズ』[*1]のロスのままなら、それは大まちがいだ。本物の古生物学者が持ち歩くのは、鞭ではなくてノートパソコン。フィールドワークに帽子をかぶることはあっても、お金をかけるなら快適なオフィスチェアを買う方が賢明だ。仕事の大半はコンピューターとのにらめっこなのだから。プログラミングは必須ツールのひとつで、膨大なデータを収集し、統計分析にかけるのに欠かせない。古生物学者は、たいていの人がテキストメッセージを送るようにコードを入力し、ふつうの人がコーヒーを買ってくるノリでCTスキャンを撮影する。

わたしたちは今、絶滅生物の科学の劇的な変容を目の当たりにしている。それが、わたしがこの本を書いた理由のひとつだ。ビッグデータを解析する統計的手法と、化石のCTスキャンの普及により、まったく新しい研究分野が拓かれた。かつてペンと紙と鋭い観察眼だけが頼りだった分野の境界は、爆発的に拡張した。過去と現在の両方で、女性たちの貢献がようやく認められた。古生物学における多様性のバランスについては、達成はまだまだ遠く（ほかの科学分野でも同様だ）、まだかなり白人と西洋に偏っている。それでも、常識を覆す画期的発見の中心地は、かつてのヨーロッパや北米から、ますます中国、マダガスカル、南アフリカ、アルゼンチン、ブラジルといった国々に移りつつある。こうした国々では、標本を外国の博物館に持ち去る旧弊が改められ、現地研究者たちが自国の遺産として化石を研究している。

けれども、この本を書いた最大の理由は、哺乳類の物語にまつわる誤解を解くためだ。哺乳類がどこ

＊1　もちろん、彼はそもそも古生物学者ではなく、鞭を片手にハットをかぶった考古学者だし、考古学者としても最悪だ。

から来たかなんて知ってるよ、というあなたにも、きっと驚いてもらえるはずだ。すべては非鳥類恐竜の絶滅から始まったと思っているなら、考え直そう。恐竜の時代の大半を通じて、ミルクで子育てするモフモフのわたしたち、つまり哺乳類は、怯えきったおやつとして、足元をちょこまかしていただけだった……そんな考えは、事実とは程遠い。哺乳類の起源は爬虫類の一派だったと、いつも得意げに語っていた人も、これきりにしよう。わたしたち哺乳類は、わたしたちだけの独自の系統だ。生命の樹のなかのわたしたちの枝は、最初の陸生脊椎動物の時代にほかと分岐し、それ以来ずっと共通の解剖学的・生理的特徴を維持してきた。はるか昔、わたしたちは花なきエデンの園に足を踏み入れ、そして成功を収めたのだ。

みなさんにお見せしたいのは、わたしたち哺乳類の旅路の知られざる部分だ。哺乳類の歴史に登場する、すべての動物、分類群、場所、研究者を残さず紹介するのは不可能だし、本当にやったとしても、みなさんは退屈してしまうだろう。そこで代わりに、一番おいしいところの盛り合わせを用意した。この本で紹介するのは、驚異的な化石の発見、哺乳類の進化の重要な転機、それに知識体系に転換をもたらした選りすぐりの才能あふれる研究者たちだ。傑出した登場人物と出会い、名所を見てまわろう。なかでも、みなさんを招待したい場所がスコットランドだ。アウター・ヘブリディーズ諸島の海藻の合間でわたしたちがなしとげた発見が、哺乳類の多様化の全体像のどこに収まり、中国や南アフリカなどで発掘されたとてつもない新種化石とどうつながるのかを、とくとご覧あれ。

哺乳類の進化をめぐる、まったく新しい旅に、あなたをお連れしよう。

これは前日譚。これまで語られなかった物語だ。

第1章　霧とラグーンの島

Cha b'ann gus a-rithist a thuig mi na trì mionaidean sin a bhi nan triall-farraige, bho sheann chreagan Eòrpach gu fìor chreagan àrsaidh Aimeireaga. An dà thìr mhòr air am brùthadh ri guailibh a-chèile, gus gleann a dhèanamh de chuan. Air a bhith air taobh thall a' chaolais, taobh na Morbhairne, taobh Àird nam Murchan. Bha mi, a-nis, air an tìr eile.

海をめぐるその三分間の旅路が本当に意味することを、わたしは後になって理解した。ヨーロッパの古い岩石から、はるか昔のアメリカの地層への旅だったのだ。ここでは二つの大陸が肩を寄せあい、海の峡谷をつくりだしている。海峡の反対側、モーヴァーン・アードナマーカン側に立ったわたしは、いまや別世界にいた。

マーリ・アナ・ニクアルライグ（メアリー・アン・ケネディ）『海峡（Caolas）』

わたしは荷物を、岩の下にできるだけ奥まで押し込んだ。土砂降りを逃れられるその場所には、わずかに草が生えていた。雨をしのげる避難所だが、潜り込むには狭すぎたので、わたしは岩の風下側に張りついた。防水アウタージャケットと、その上に着ている防水コートのフードを二重にかぶり、ずぶ濡れの灰色の帽子を覆った。手袋を外し、石灰岩の歩道の上で絞ると、海へと続く亀裂に水が流れ落ちていくのが見えた。

その日はスカイ島でのフィールドワークの最終日だった。エメラルドを散りばめたようなスコットランド西海岸沖の島々、インナー・ヘブリディーズ諸島のなかで最大の島だ。ゲール語では「霧の島」(1)を意味するエラン・アチェヨと呼ばれる。雨雲が低く垂れ込め、クイリン山脈をすっぽり覆っていた。わずかに見える寒々しく陰鬱な裾野は、スカバイグ湾の乱れた水面に飛び込むように途絶えている。

眼下の波打ち際では、二人の男が大きなハンマーで岩を砕いている。岩石のかけらが流れ弾のように四方八方に飛び散る。わたしがここまで登ってきたのは、この飛んでくる破片を避けるためだ。男のひとりは、防水加工の薄い上着を雨が叩きつけるなか、水かさを増す潮だまりに、長い足を体の下にたくしこむようにして座っている。もうひとりは立ったまま腰をかがめていて、ゴアテックス素材で全身を固めて岩を叩く彼の輪郭は、弾かれた水滴の層で霞んで見える。

二人はわたしの同僚、ロジャー・ベンソンとスティグ・ウォルシュだ。ベンソンはわたしと同じで、かかしのように背が高く、暗い色の髪はいつも伸び放題。彼の頭脳は休むことを知らず、いつまでも学術的議論を続けられるが、間にひねくれたユーモアをはさむのも忘れない。物理学専攻から古生物学者に転身した彼は、史上初めて命名された恐竜であるメガロサウルスの研究からキャリアをスタートした。けれども、彼の関心は動物の進化にまつわる大きな謎の数々にあり、魚や鳥や哺乳類を含めたほぼすべての脊椎動物に、レーザーメスのように鋭い関心を向けている。ウォルシュは唯一無二の人だ。脳と感覚の進化のスペシャリストであり、裸足のトレイルランナーとしても知られる。ただし、ランチタイムにオフィスを出てアーサーの玉座［訳注：スコットランドのエディンバラにある丘］を駆け上がるときは、いつも靴を履きGPS歩数計を装着する。彼が生涯で経験してきた災難や奇妙な仕事、驚きの趣味については、あまりに語るべきことが多すぎて、わたしはこの本を放り出して彼の伝記を書こうかと思ったくらいだ。彼の突拍子もないエピソードはいつも、こんなつぶやきから始まる。「原子炉の中は、みんなが思っているのとはぜんぜん違うんだよ」。わたしの知り合いのなかで、寝ている間にカタツムリにかじられたことがあるのは彼だけだ。

スカイ島南部でのフィールドワークは、わたしたちにとって毎年の恒例行事だ。ほとんどの日は幸運に恵まれ、夜になり借りているコテージに戻る頃には、調べる価値のある新しい脊椎動物の化石を手にしていただけでなく、しっかり日焼けもできていた。ところが、最終日に天気は急転した。わたしたちは海岸に戻り、一週間にわたって発掘してきた場所の「飾りつけ」をした。ロックソーの切断面のエッジを叩いて崩しておけば、時間と弱酸性の雨水、それにフジツボや藻類の活発な入植活動によって、数年後にはほとんど跡形もなくなる。こうした手法をとるのは、地域への長期的影響を最小限に抑えるためで、管理当局であるスコットランド自然遺産（現在はネイチャースコット）から得た調査許可のなかに、重要な付帯事項として記されている。この海岸は特別科学研究区画（SSSI）なのだ。わたしたちは、重要な発見と思われるものだけを持ち出すよう、慎重を期している。調査時期は、このエリアを頻繁に利用する多くの野鳥たち、例えば威風堂々たるイヌワシの繁殖期と重ならないように設定してある。わたしたちが考えているのは、死んだ動物のことだけではない。

みんなに初めて会ったフィールドシーズンのことは忘れられない。快適な貸コテージに入ったわたしは、薪をくべた暖炉のまわりに座る、新しいチームメンバーの歓迎を受けた。濡れた服と薪の煙で空気はかび臭かった。かれらはわたしの分の夕食を取り分けてくれていて、わたしはぼろぼろになった革のアームチェアに背中を丸めて座り、夕食をよそったボウルを膝の上に置いて食べた。

わたしたちは毎晩、ピートの香るウイスキーや安ワインを飲みながら、異なる時代の四肢動物の多様性のパターンをどう計算すべきか議論した。古生物学者はパーティーの流儀をよく知らないのだ。メンバーの所属はさまざまだった。ウォルシュはスコットランド国立博物館の古生物学部門シニアキュレーターであり、エディンバラ大学の助教であり、わたしの博士課程の指導教員でもあった。ベンソンはオックスフォード大学地球科学部にラボを構えつつ、毎年北への旅に参加していた。もうひとりの中心メンバーである、バーミンガム大学のリチャード・バトラーは赤毛の大男で、いつもバードウォッチング用の双眼鏡を手放さない。学生やポスドク研究員は毎年新たにやってくる。わたしがチームに加わった時点で、ベンソンとウォルシュはすでに、スカイ島での調査を六年続けていた。フィールドワークを一〇年もやれば、もう発掘すべきものはなくなるだろうとかれらは毎年思っていたが、地層をより深く知り、秘密を少しずつ解き明かすたびに、新たな発見は続いた。

ベンソンとバトラーとわたしは、全員が身長一八〇センチメートルを超えている。英国の古生物学共同研究チームのなかで、きっといちばん身長の中央値が高いだろう。わたしたち巨人チームが探すのは、スカイ島の灰色の石灰岩に隠された最小級の脊椎動物化石、つまりドワーフだ。哺乳類、サラマンダー、トカゲ、カメ、翼竜。恐竜もひとつふたつは見つかるかもしれない。かれらはみな、一億六六〇〇万年前の淡水生態系に暮らしていた。当時のスカイ島は、温暖で入り組んだラグーンだったのだ。

わたしたちは残ったお酒を飲み干し、翌朝の岩石露頭へのハイキングの予定を立てた。

わたしにとって初めてのスカイ島への旅も、雨雲に包まれていた。わたしは一二歳で、家族と一緒に車に乗って海岸をめざした。当時わたしたちはネス湖のほとりに住んでいて、スカイ島への道すがら、スコットランドでも屈指の壮観な山並みを通り過ぎた。氷河に削られた峡谷《グレン》の底、分厚い雲の下を行くわたしたちは、もちろんそんな景色はまったく見られなかった。

両親は、完成したばかりの橋を通過することをしきりに話題にした。カイル・オブ・ロカルシュからカイリーキンに至る、本土と島を結ぶ橋だ。二人は昔のカーフェリー（いまは物珍しさの観光客と昔を懐かしむ住民たちのためだけに運行している）に思いを馳せ、島の住民たちの生活はどれだけ変わったのだろうとつぶやいた。発展に感謝しつつ、後悔も垣間見えるこうした談義は、たいていのスコットランドの交通機関の改善につきものだ。

車がスカイ島に入る頃には、もはや波の下をドライブしているようだった。雨が降っているというより、水がありとあらゆる場所に同時に存在している。この日帰り旅行では、果てしなく広がる小豆色の暗雲以外、ほとんど何も見えなかったし、BGMは狂ったようにフロントガラスを往復するワイパーの音だった。登山好きの父は、クイリン山脈の峰々の絶景について熱弁し、すぐそこの雲の向こうにそれがあるんだと語った。わたしはぼんやりと、窓の外の暗がりに目をやった。

そのとき、わたしは目撃した。道路際のフェンスの柱に止まっている、湾曲したくちばしのシルエット。ウサギにとっての死神。折りたたまれた巨大な翼が、ダッチドアのように、オークブラウンの背中を覆っている。「イヌワシがいた！」わたしは窓に鼻を押しつけながら叫んだ。車はすぐに柱を通り過ぎ、わたし以外は誰もその姿を見られなかった。

ノスリじゃないの？　母は聞いた。ありえない、どうみてもワシだった。初めて見る島で、いつものノスリが小鳥に思えた。猛禽類の概念の拡大版。鳥類界の偉大なる王者。

わたしにとって初めての、スカイ島の恐竜だ。

二〇年後、わたしはスカイ島北部のトロッターニッシュ半島の海岸で、大きな緑のハイキングブーツをジュラ紀の恐竜の足跡に重ねて立っていた。場所はスタフィンの近くのルー・ナム・ブラーレン。英国でもっとも辺鄙なところ[*1]にある恐竜の足跡だ。わたしはエディンバラ大学のチームと一緒に、化石を探して海岸にやってきていた。道案内をしてくれたのは、地元の化石研究家ドゥガルド・ロスだ。農家で大工のロスは、トロッターニッシュで生まれ育った。ぬかるんだ泥道に悪戦苦闘しつつ、わたしは彼の母語であるゲール語で彼にあいさつした。ハイランダーのくせに、わたしは情けないくらい少ししかゲール語を話せない。彼は訥々と、穏やかな島の子守唄のような調子で、自身の半生について手短に語ってくれた。

一〇代の頃、ロスは島の廃集落でたくさんの考古学的発見をなしとげた。彼が見つけた、かつては妖精が彫ったと信じられていた矢じりは、インナー・ヘブリディーズ諸島の最初期の入植者たちのものとわかった。こうした発見や、地元の豊かな遺産に感銘を受けた彼は、自宅の近くにあった、教室ひとつしかない、ほとんど壁だけになった崩れかけの廃校舎を手に入れ、石工だった父親に、この建物を修復して島で初めての博物館を立てると宣言した。ロスの父は呆れて頭を横に振りつつ、息子が若者らしく無謀な夢を追うにまかせた。

数十年後のいまも、ドゥガルド・ロスの博物館は健在だ。石壁の平屋造の建物で、すぐそばを道路が通っている。スレート屋根の下の屋内は水漆喰塗で、空気はかすかにさびの後味を残す。愛情をもって集められた展示物は、どれもスカイ島の歴史の断片だ。ガラスびん、花柄の食器、測量器具、さびたモグラ捕獲器。それに大小さまざまな化石。

考古学的遺物の数々を発見したあと、ロスはスカイ島でジュラ紀の爬虫類の重要な発見をたびたびなしとげてきた。ロスが見つけたのは、恐竜やその親戚にあたる海棲爬虫類の化石の断片だった。彼は友人で共同研究者のニール・クラークとともに、たくさんの論文を発表してきた。クラークはグラスゴーのハンタリアン博物館のキュレーターだ。かれらはこの二〇年間、スカイ島北部の美しくも荒涼とした海岸で発掘された、骨や足跡の記載をおこなってきた。最近、ロスはエディンバラ大学の研究チームとも協力するようになり、そうしてわたしは、あの暖かい春の日に彼と出会うことになった。

ルー・ナム・ブラーレンへと歩く道すがら、ロスは地名の意味が「兄弟岬」であることを教えてくれた。由来には二つの説があり、修道士がそこに住んでいたから、あるいは地元の漁師の兄弟がここで悲劇的な死を迎えたから、らしい。「本当はどっちなんですか?」わたしは彼に尋ねた。地名にはありがちなのだが、文字通りの名前の起源と言い伝えを切り離すのは難しい。ロスはひげもじゃの顔で微笑み、好きな方を選んだらいいよと言った。[*2]

英国のアマチュア化石ハンターにとって、イングランド沿岸の化石の豊富な場所はおなじみだ。ヴィクトリア時代のナチュラリストが流行を生み出して以来、かれらは海水に削られた海岸から顔を出す、アンモナイトやベレムナイト、[*3]そして時には海棲爬虫類や恐竜を探し歩いた。ここスコットランドでは、ご想像の通り、ジュラ紀の海岸はそんな文明的な場所ではない。ビーチをのんびり散歩するようにはい

*1 あくまで相対的な表現であり、ハイランダーにとっては、スカイ島の足跡はイングランド南部沿岸のものよりもずっと身近だ。

*2 綿密な調査により、ロスはその後、ルー・ナム・ブラーレンはおそらくルー・ナ・ブラーサン(石臼岬)が訛ったものだと明らかにした。石臼はかつて穀物を挽く際によく使われた丸い石で、石に残された人為的な大きく丸い穴は、かつてここが石臼の材料を切り出す採石業の中心地だったことを示している。

*3 アンモナイトは海棲無脊椎動物の渦を巻いた殻の化石だ。オウムガイのように、軟体動物がこの殻に隠れて生きていた。外見は巻貝をかぶったタコのようだったと思われる。ベレムナイトはイカに似た動物だったが、化石記録として残るのはたいてい、弾丸型の硬い内骨格部分だけだ。

かないのだ。スカイ島北部の海岸は、地の果ての岩棚のように、ヘブリディーズ諸島と本土を隔てる冷たい海路であるミンチ海峡に面している。岸壁の足下では、海水が砂岩に叩きつけ、冬の大しけの際には塊ごと引きちぎって、丸太か何かのように海岸のあちこちに放り投げる。

太陽は輝き、海は穏やかで、わたしたちのチームはこの地質学的廃墟の捜索のため、海岸を進んだ。わたしがメインチームで実施していた、スカイ島南部でのフィールドワークとはまったく勝手が違った。スここトロッターニッシュでは、わたしたちは角砂糖の上のアリのように、砂岩の巨礫によじのぼる。スカイ島北部では脊椎動物の化石はきわめてまれなので、たいていの日は、膝にすり傷をつくり、鞭打つ風に頬をひりひりさせながら、手ぶらで帰るはめになる。海岸の大部分では、アンモナイトすら豊富とはいえず、イングランドの海岸のように、熱心な化石ハンターの地道な努力が報われることは少ない。

ロスは何年もかけてこの海岸を踏破してきた。彼の発見はスコットランドにおける重要な化石記録であり、その功績が称えられ古生物学会からメアリー・アニング賞を受賞したのも当然ではあるけれど、イングランドの昔から知られる発掘地に比べれば、やはり数は少ない。それでも、小作人たちが何世紀にもわたって苦労を重ね、過酷な沿岸地域でどうにか生計を立ててきたように、化石探しの重労働に耐えるだけの見返りがここにはある。故郷での発見は、ひとつひとつが宝物だ。

スカイ島は地質学的にみてユニークだ。島の大半が火山岩の毛布にくるまれているのは、古生物学者には悪いニュースで、そこから化石が見つかることはまずない。わたしたち好みの岩石はこの毛布の下にあり、島の周縁部で点々と海に突き出している。これらは堆積層で、河川が上流の土地から削り取り、運んできた砂や粘土が沈殿してできた。ほとんどの層はジュラ紀中期、約一億六六〇〇万年前のバトニアン期のものだが、もう少し古い層や新しい層も、落とした小銭のようにあちこちに点在している。すべて合わせると、堆積層とそれを覆う火山岩は、絶景であるだけでなく、数千万年単位の地形の形成、崩壊、発達という驚異の物語を語っている。

ジュラ紀中期の世界地図を眺めてみると、大陸の配置は現在に通じるものがある。ブリテン諸島は現在の地中海の緯度に位置した列島の一部で、周囲を取り巻く海路は生命にあふれていた。南東の暖かな熱帯のテチス海と、北の冷たい北方海をつなぐ海域だ。現代の海でもそうであるように、冷たい海と温かい海が混ざりあう場所では、栄養のスープがかき回され、生命が繁栄を謳歌した。豊かな海洋生態系の証拠は、かつて海の底だったヨーロッパ大陸の各地に、化石記録として残されている。

ジュラ紀の島々には、シダ、ソテツ、トクサが鬱蒼と生い茂った。現代よりも温暖で多湿な亜熱帯だったのだ。高地では針葉樹が山裾を覆った。草や花はまだ進化しておらず皆無だったが、ソテツやそれによく似た絶滅植物のベネチテス類は、一種の子実体をつくり、シリアゲムシやウスバカゲロウの群れを引き寄せた。こうした昆虫たちは、哺乳類やトカゲなどの小型脊椎動物の餌食になった。

現代と同じように、当時のスカイ島も、東のスコットランド本土の高地と、西のアウター・ヘブリディーズ諸島の脊梁山脈にはさまれていた。ジュラ紀中期を通じ、スカイ島は足下の構造プレートの変動にともなって、隆起と沈下を繰り返した。地面が露出した時期には、ラグーンが点在する豊かな陸上生態系が形成された。海に飲み込まれる時期もあった。その結果、スカイ島の岩石中には、特徴と内容物が異なる地層が交互に重なり合っている。開けた沿岸湿地だった時期の地層には、足跡が残され、恐竜や翼竜、ワニやカメなどの小型爬虫類、ネズミ大の哺乳類、サラマンダーの骨が見つかる。一方、アンモナイトの渦を巻いた殻、ベレムナイトの弾丸のような甲、魚、それに首長竜や魚竜といった海棲爬虫類が見つかる層は、豊かな浅い海だった時期のものだ。

中生代（三畳紀、ジュラ紀、白亜紀をあわせた一億五〇〇〇万年間）の間じゅう、岩石は通常の地質学的メカニズムによって形成と崩壊を続けた。六六〇〇万年前、白亜紀の終わりに、小惑星衝突が大量絶滅を引き起こし、非鳥類恐竜をはじめとする驚くべき爬虫類の分類群（に加えてアンモナイトなど、地球生態系の常連たち）が一掃されたのは、ここスコットランドでも同じだ。これを生き延びた哺乳類や鳥類は、再び地に満ち、古第三紀と呼ばれる新時代に踏み出した。

しかし、ヘブリディーズ諸島の生態系は、小惑星の傷跡も癒えないうちに、もうひとつの大災害に襲われた。約五五〇〇万年前、ヨーロッパと北アメリカは地殻構造的な泥沼離婚の真っ最中だった。五億年にわたって寄り添ってきた、[*4]二つのプレートが互いに離反しはじめたのだ。離れあうプレートの境界に沿って、火山が泣きだした。マグマ溜まりの痕跡は、スコットランド西岸のアードナマーカン半島などで見ることができる。クイリン山脈もその残滓のひとつだ。火山はインナー・ヘブリディーズ諸島一帯に中身をぶちまけ、中生代の堆積層とそこに埋まった化石を、固くて黒っぽい玄武岩で覆った。

トロッターニッシュの海岸に到着し、わたしたちは化石探しを開始した。足跡があるのはわかっていた。見つかったのは前年で、詳しい調査の対象だ。恐竜の足跡を「野生で」見るのは、これが初めてだった。ちゃんと見つけられるだろうか？　ぱっと見はよくある潮だまりに似ていたが、すぐにパターンがはっきり見えてきた。左足、右足と、リズミカルな痕跡が岩棚を横切っている。胸が高鳴った。林道のぬかるんだ場所で、地面に残された足跡を見つけたときに似た感覚だ。わたしより先に、何かがここを通った。この場合、その何かは恐竜で、スコットランドの歴史を一億六六〇〇万年以上もさかのぼる時代に通ったのだ。わたしは足跡を追い、自分の足をそこに重ねた。フットボール大の丸い穴に、小さな三角形の切れ込み。あっちでペースを上げ、こっちで立ち止まり、前足のすぐあとにぴったりと後ろ足。アクションが記された、幽霊のためのト書き。

空想にふけりつつ、足を止めて北を向くと、高台からキルト・ロックの断崖を流れ落ちる滝に目を奪われた。英国でも屈指のドラマチックな景観だ。道路を見下ろす丘陵地に垂直にそそり立つ、「ストーの老人」と呼ばれる指のような玄武岩は、その見た目の通り、スコットランドを訪れた多くの人々の心に、魔法のように指紋を残す（リドリー・スコット監督の大作映画『プロメテウス』など、多くの映画やテレビ番組にも登場する）。わたしは二つのスコットランドに同時に立っていた。過酷な人新世のスカイ島では、頭上で荷下ろしを始めた雨雲の下、同僚たちがフードをかぶって作業にはげむ。そして暖かなバトニアン期のスカイ島では、ジュラ紀の太陽が照りつけるなか、植物食の竜脚類が汽水のラグーンを横切り、生い茂るごちそうを求めて、近くの小島へと歩いていく。

幸いなことに、ネイチャースコットは、スカイ島を厳格な保護下に置いている。地質学的な独自性を認め、南部のわたしのチームの調査地点も含めて、ＳＳＳＩに指定しているのだ。二〇一九年、スコットランド政府はスカイ島自然保全令に署名し、無許可の化石採集を禁じる保護規制を強化した。この法律が、国民の財産を私利私欲のために盗み出し、景観を損なう輩を思いとどまらせている。

中生代に起こった動物進化のパターンに関する研究から、現生の主要な動物分類群の多くは、その直接の祖先をたどっていくとジュラ紀中期に行き着くことがわかっている。この時代、動物の多様性が爆

＊4　これくらい長く思える結婚は少なくないはずだ。

発的に増大したようなのだ。よく知られた首の長い竜脚類や、二足歩行の獣脚類といった恐竜は、このパターンの典型だ。鳥の祖先も、この時代に分岐した枝にさかのぼる。同じことが、哺乳類にも、海棲爬虫類にも、翼竜にもあてはまる。動物の系統樹を眺めてみると、まるでジュラ紀の真ん中に誰かが爆弾を仕掛けたようだ。爆発によって生じた多様性の白煙は、中生代の終わりにまでたなびいている。

トロッターニッシュはあまり化石が豊富な場所ではないし、正直なところ、これまで見つかったもののほとんどは、目をみはるような代物とはいえない。だが、重要なのは年代だ。進化史においてクリティカルな時代であることに加えて、ジュラ紀中期の化石は世界的にも珍しい。そのため、表面的には魅力に欠ける[*5]ように思えるスカイ島の化石は、科学的に有意義な情報を研究者にもたらしてくれる。必要なのは、メッセージを読み解くためのテクノロジーと専門知識だけだ。

その日の終わりまでに、チームはスカイ島でいくつか注目すべき断片を見つけ、新たな足跡化石にも出くわした。散逸したかけらを拾い集め、わたしたちは少しずつ、先史時代のスコットランドの全体像を組み立てていった。どんな小片も、ジュラ紀中期をもう少しクリアに見渡すことに貢献し、地球生命の多様性の爆発的な増大をもたらした要因を解き明かす手がかりになる。

恐竜の足跡ならトップニュースは確実だが、そこから読み取れるのは、かれらが生きていた生態系のごく一部に関する情報でしかない。セレンゲティ草原全体を理解したいと思ったら、ライオンとヌーだけを研究するだろうか？　熱帯のサンゴ礁を考えるとき、サメだけに注目するだろうか？　こうした動物たちはもちろんすばらしい。でも、生態系とその機能を本当の意味で理解するには、もっとも小さな住民たちのことも調べる必要がある。かれらはしばしば、なくてはならない役割を果たしているのだ。

たいていの古生物学者がそうであるように、わたしもキャリアに踏み出した頃は、氷河期の巨獣と白亜紀の巨大爬虫類こそが、何よりもわくわくさせてくれる絶滅生物だと思っていた。けれどもまもなく、はるかな過去のいちばん美味しい秘密は、もっとも小さな生き物たちが握っていることに気がついた。

中生代の哺乳類は、そのような最重要グループのひとつだ。恐竜全盛の時代にあって概して小さかったものの、かれらは進化の軌跡のなかで、けっして隅に追いやられていたわけではなく、イノベーションを生み出していた。内温性の獲得により、かれらは好機をものにした。それに、わたしも科学者として歩みはじめてから知ったのだが、先史時代のある時期に体が小さかったというのは、長く複雑な進化の叙事詩から抜き出した一節でしかない。かれらは現代の生態系の誕生の鍵を握っていただけでなく、完全植物食や超肉食といった、新しい生活様式をいち早く獲得した古代生物でもあった。そんなかれらの家族写真アルバムは分厚く、遠い昔に失われた世界に生きていた、見慣れない親戚たちでいっぱいだ。

生命の樹のなかのこの枝は、史上まれにみる劇的な変化の数々を経験した。かれらの物語は進化的な発明の連続であり、それらはやがて、良くも悪くも人類が受け継ぐ遺産となった。

＊5　思わず目を奪われるような例外もあり、その多くは学術的記載を間近に控えた段階であり、哺乳類、翼竜、トカゲなどが見つかっている。

第2章　カモノハシは原始的じゃない

「そこが面白いところよ」と、カンガルーは言った。「カモノハシはすごく物知りで、何でも教えてくれるの。だから誰もカモノハシのことをわかろうとしない。誰にもわかるはずないって、みんな思ってる」

エセル・C・ペドリー『ドットとカンガルー（Dot and the Kangaroo）』

一八二四年二月、ロンドン。寒い日だった。丈の長い黒の外套に身を包み、冷えないようにスカーフをぎゅっとたくし込んで、ウィリアム・バックランド牧師はベドフォード通り二〇番地に足を踏み入れた。まだ四〇歳だというのに、トップハットの下の生え際は後退しつつあった。彼は眠そうな栗色の眼で、つばの下から玄関ホールを一瞥した。外見こそ平凡だが、彼は突出してエキセントリックな人物だった。馬に乗って建物に入ってこなかったのが意外なくらいだ。オックスフォード大学での講義の時には、彼はそうやって派手に登場することで有名だった。だが、この日は真面目な用事があった。脇に挟んだ紙の束は、ロンドン地質学会の新会長として最初の発表の原稿だ。

牧師はこれから、世界で初めて、恐竜の存在を世に知らしめるところだった。

バックランドの「メガロサウルス、すなわちストーンズフィールドの巨大なトカゲ化石に関する報告」は、古生物学史における決定的瞬間のひとつだ。「本日、この地質学会の場でご紹介いたしますのは……化石化した巨大動物の骨格の一部です」と、彼は述べた。「問題の動物は、体高で最大級のゾウに比肩し、体長で最大級のクジラに匹敵せんばかりの巨体でした」[1]

当時の地質学者たちは、この化石を産出したストーンズフィールド・スレートが、人類誕生よりも前の時代のものだと知っていた。「大洪水以前」の時代の地層と認められていたのだ。だが、その存在を説明できる確固たる進化理論はまだなく、絶滅という概念も受け入れられていなかった。古代の岩石から発見された巨大な骨は、世界を変える衝撃をもたらした。続く数年の間に、さらに多くの化石が見つかり、同じように巨大な爬虫類のものと認められた。メガロサウルスは、解剖学者のサー・リチャード・オーウェンがのちに「恐るべきトカゲ」、すなわち恐竜と名付ける動物たちの、最初期のメンバーだったのだ。

化石フィーバーに沸いたヴィクトリア時代、こうした爬虫類はとりわけ人気を集めた。一八五一年のロンドン万博では、会場のクリスタルパレスをのし歩く巨獣たちの彫刻が製作された。開催を祝し、彫刻の胴体をくり抜いてつくられた席で晩餐会が開かれ、賓客にはプテロダクティルスの翼をかたどった招待状が送られた。[*1] 一九世紀末までに、血眼になって新種を探し回り、公然といがみ合った米国の古生物学者たちのおかげで、恐竜は、そして競って恐竜の記載をおこなった男性たちは、西洋文化のなかに確固たる地位を築いた（発見には女性たちも関わっていたが、後述するように、彼女たちの貢献は最近まで過小評価されていた）。

しかし、ストーンズフィールド・スレートから見つかったのは爬虫類だけではなかった。うっかり見過ごしてしまいそうな動物たちもいたのだ。バックランドの発表には、巨大な「トカゲ」と共存していた、はるかに地味な別の動物も含まれていた。体長はクジラに及ばず、中をくり抜いて晩餐会を開くこともできない大きさだ。恐竜のように一般大衆の心をつかむことはできなかったが、科学者たちにとって、それは巨大爬虫類に「勝るとも劣らない、並外れた」発見だった。あまりに想定外で物議をかもすものであり、バックランドでさえ「事実を発表することを躊躇するほどの、未曾有の地質学的発見(2)」と認めたほどだ。

この驚異の化石は、哺乳類の顎だった。

約二〇〇年後の酷暑の夏の日、わたしはその顎の化石を手にした。現在、この化石はオックスフォード大学自然史博物館に収蔵されている。わたしが座る年季の入ったワークベンチには、そびえ立つ暗色の木製キャビネットが影を落としていた。ひんやりした部屋には、ジェルネイルリムーバーのキャップをしめ忘れたような、かすかな防腐剤のにおいが漂っている。隣にある窓からは、外にいる大勢の来館者たちの姿が見下ろせる。せわしなく建物に出入りするさまは、巣のまわりのミツバチのようだ。わたしたちは今もなお、大挙して集まっては、恐竜やその他の絶滅動物の骨に見惚れる。オックスフォードの博物館は、化石に関しては規模に似合わぬ充実ぶりだ。バックランドの時代から現在までに、数百の恐竜化石が収集された。その巨大な骨格を目の当たりにすれば、大人も子どもも関係なく、興奮と感動に包まれる。

来館者たちのひとつ上の階で、わたしもまた化石哺乳類コレクションを前に、恍惚の瞬間を迎えていた。バックランドが公表をためらった顎の化石は、長さたった二センチメートルほど。骨の部分は少し暗いカプチーノブラウン、周囲の岩石はきめ細かな砂色で、小さな白いドットが散りばめられている。

＊1　プテロダクティルスは翼竜の一種で、恐竜ではなく、恐竜に近縁の飛翔性爬虫類に属する。

熱をもつ手のひらに、ざらざらした感触が伝わる。顎の周囲の岩石は、博物館職員の手で慎重に削り取られ、石に埋もれていた骨の輪郭があらわになっている。歯はクスクスの粒のように小さく、長い下顎骨の上に並んでいる。骨の一部が取り除かれ、歯根があらわになっている。深く根を下ろしたこの部分のおかげで、生涯にわたる咀嚼に耐えられたのだ。

典型的な小型哺乳類の顎だった。現生のハリネズミやオポッサムのそれに似て、昆虫をむしゃむしゃ噛み砕くのにぴったりだ。この骨の何が物議をかもすというのだろう？　問題は化石そのものではなく、化石を包み込む岩石にあった。海洋性で、哺乳類の骨が見つかるには古すぎたのだ。いったいどうして、こんなものがここに迷い込んだのか？

メガロサウルスと哺乳類の顎が見つかった、オックスフォードシャーのストーンズフィールド・スレートは、少なくとも一六四〇年以来、屋根瓦として採掘されてきた。岩石は夏に掘り出され、冬の間は濡らして野ざらしにされた。こうすることで、染み込んだ水が凍結して膨張し、層理面に沿って割れるのだ[3]。そして建材だけでなく、ストーンズフィールドの地層は太古の動物たちの骨も産出した。

バックランドの発表以前にも、哺乳類の顎の骨はいくつか見つかっていた。最初の顎が発見されたのはさかのぼること一七六四年頃だったが、持ち主はその重要性に気づかず、小型爬虫類のものだと思い込んでいたらしい。この顎は何人かの持ち主を渡り歩いた末、ヨークシャー哲学協会の博物館に行き着き、ずっとあとになって再発見された。以降も顎はいくつも見つかったが、そのうちのひとつをある学生がバックランドのもとに持ち込んでようやく、その驚くべき特殊性に人々の注目が集まることとなった。

バックランドは特殊性を嫌う人ではなかった。というより、彼自身が特殊だった。バックランドは地質調査のため、愛馬とともに国じゅうを旅して回り、岩の上でアカデミックガウンを羽織ることも珍しくなかった。デボンの国教会の教区牧師の家に生まれた彼は、子どもの頃、父に連れられて地元の採石場を訪れた。そこで彼は化石の世界にのめり込み、とりわけ渦を巻いたアンモナイトの殻に魅了された。[4]神学の道に進みつつも、バックランドは常に自然科学に心惹かれていた。生涯を通じ、彼はエキセントリックな言動や、生死を問わない動物たちでいっぱいの奇抜な家で、人々を驚かせた。教会の床を舐めて、そこにあった水たまりの正体がコウモリの尿だと突き止めたことまであった。だが、これほどオープンな思考をもっていたバックランドでさえ、場違いなこれらの哺乳類の顎を理解するのには苦労した。

　地質学はまだ揺籃期にあったが、中核的なメカニズムは解明され、生命の壮大な物語のなかに化石がどう収まるかに関する理解は深まりつつあった。スコットランドでは一七〇〇年代末までに、先見性ある地質学者のジェームズ・ハットンが、岩石の形成・侵食・再形成の途方もなくゆっくりとしたプロセスを明らかにし、地質学的時間という概念を刷新した。同じ頃、イングランドの鉱山調査技師だったウィリアム・スミスは、岩石がはっきり区別できる層序に従って積み重なっていることや、特定の化石の存在を用いてよく似た地層を区別できることに気づきはじめた。彼はこの原理を利用して全国の岩石層序を照らし合わせ、初の地質学地図を作成した。イングランドの地質学地図が完成したのは一八一五年のことだ。

　スミスがイングランドの地図作成にあたる一方、フランスの研究者たちもパリ周辺の地層を調査し、同じ結論に至った。岩石どうしを相互比較し、年代を推定するのに化石が利用できるという考えは、いまでは生層序学と呼ばれ、地質学と古生物学の必須要素のひとつとなっている。この新たな知見をもとに、旧世界と「新世界」[*2]の地質学的順序を記録する競争がはじまった。

イングランドのストーンズフィールド・スレートは、魚卵石（ウーライト）と呼ばれる、魚の卵に似たテクスチャーをもつ岩石に分類される。当時、魚卵石の地質年代は中第二紀と呼ばれていた。地質時代の古い呼び名のひとつで、この体系において、もっとも古い岩石は第一紀（現在の区分でいう古生代）のものであり、その上に第二紀（中生代）、そのまた上に第三紀（新生代の大部分、古第三紀と新第三紀）があり、最後にもっとも若い第四紀の地層が、ケーキのアイシングのように表層を覆う。

バックランドは、同時代の多くの人々と同じように、第二紀の地球はほとんどが海で、水没した環境だったと考えていた。魚竜や首長竜といった、恐竜の遠い親戚にあたる海棲爬虫類はすでによく知られていた。それらの多くは腕利きの化石収集家メアリー・アニングが発見したものだった。アニングはただ化石を発見しただけでなく、彼女から化石を買って種を記載した男性たちと同じくらい、化石を熟知していた。最近まで古生物学史のなかで過小評価されていた彼女だが、いまでは科学への莫大な貢献を認められ、広く知られるようになった。

アニングが発見した爬虫類や、同じく彼女が見つけた大量の海棲無脊椎動物（アンモナイトなど）により、第二紀の岩石は海洋由来であると判断された。一七九五年、第二紀の下位の年代区分のひとつを「ジュラ紀」と名付けたのは、博物学者で探検家のアレクサンダー・フォン・フンボルトであり、スイスとフランスの国境をなすジュラ山脈の石灰岩がその由来だ。石灰岩はその性質上、例外なく水中で形成される。サンゴ、軟体動物、有孔虫といった微小な海棲生物の死骸が、海底に雪のように降り積もり、圧縮されてできるのだ。

小さく毛皮に覆われた哺乳類が、どうして太古のウォーターワールドに棲んでいたのだろう？　何かの間違いでは？　困惑したバックランドは、フランスきっての天才解剖学者と名高い、ジョルジュ・キュヴィエの意見を求めた。

著書の口絵にある肖像画のキュヴィエは、厚い唇、色が薄くウェーブした髪に、凝った装飾が施された科学アカデミーの式典服を着た、ナポレオン風の伊達男といった印象だ。彼は実際、当時の西洋世界でもっとも影響力があった科学者のひとりであり[*3]、「古生物学の父」とも称される。

母の教育を受けたキュヴィエは、幼少期から学才にすぐれ、動物学と生物学の主要文献をむさぼるように読んで、弱冠一二歳にしてすでに立派な博物学者だった。学校を卒業すると、キュヴィエはすぐに才能を認められ、パリに招かれた。彼はそこで化石ゾウやその他の絶滅動物の研究を発表し、早々にその名を轟かせた。

キュヴィエは膨大な知識だけでなく、比較によって生物を理解する手法でも傑出していた。彼は、骨を比較することで異なる種を見分けられるだけでなく、骨の形態が、共通の生活様式をもつ動物どうしでしばしば似通っていることを見抜いた。例えば穴居性の動物は、近縁種どうしでなくても、幅広の指骨、大きな腕骨をもち、そこに大きな筋肉が付着できるようになっている。すなわち、機能と形態には関連があるのだ。こうした手法を用いて、キュヴィエはごく断片的な骨格から、動物の正体と生活様式を特定することで有名だった。この手品は人々を驚嘆させたが、あとで取り上げるように、彼はいつも正しかったわけではない。

＊2　もちろん、この表現はヨーロッパ人にとって新しいという意味であって、数千年にわたってそこに住みつづけてきた人々のことは考慮していない。

＊3　「科学者（scientist）」という言葉が考案されたのは一八三〇年代で、広く使われるようになったのはようやく二〇世紀に入ってからだ。ここでは現代の読者にわかりやすいよう、この言葉を選んだ。

キュヴィエは権力者であり、科学界の権威だったが、それ以上に雄弁で、とっつきやすかった。一八〇〇年代初頭、彼は生命の歴史、そして生命史と地質学の関係にまつわる最新知見をまとめた一連の著作を発表した。そのなかで彼は、岩石が裏づける地球環境の変化の証拠を示し、化石記録に関する比類なき知識を披露した。なにより、彼の著書は簡潔で読みやすく、ほかの科学者だけでなく教養ある西洋の一般大衆にも手の届くものだった。これこそが、彼の名が世界に知られ、また彼の主張が一九世紀前半を通じて生物学と動物学の趨勢を占めた、たくさんの理由のうちのひとつだった。

一八一八年、キュヴィエは英国を訪れ、増えつづける博物館の収蔵品を見学した。彼はオックスフォードでバックランドと会い、当地の古生物学標本を精査した。ストーンズフィールドの新種哺乳類の顎を見たキュヴィエは、形態の類似に基づき、有袋類のオポッサムのものと判断した。バックランドは彼にならい、ストーンズフィールドの哺乳類の顎を、北米の有袋類と同じ *Didelphis* 属に分類した。こうして、かれらと同時代の研究者たちは、いまではオーストラリア、インドネシア、南北アメリカ大陸の一部にしか分布していない有袋類が、どうやって爬虫類全盛のジュラ紀の、それもイングランドの岩石から発見されるに至ったのかと、頭を悩ませることになった。

ただし、キュヴィエと彼の弟子たちにとっては、どんな哺乳類の顎であれ、第二紀の地層から発見されることはけっしてありえなかった。それまでに知られていた化石から、第二紀は「爬虫類の時代」であり、その後に「哺乳類の時代」が訪れ、両者が明瞭に区別されることは明らかに思えた。キュヴィエの弟子のひとりに言わせれば、魚卵石の哺乳類の謎の答えはシンプルだった。ストーンズフィールド・スレートはそもそも第二紀ではなく、第三紀の地層にあるのだ。イングランドの層序学者たちはミスを犯し、新しい地層をより古いものと誤認したのだろうと、彼は述べた。

ご想像の通り、この意見は英国の地質学者の紳士たちの不興を買った。とはいえ、不都合な小さな哺乳類の真相がどんなものだとしても、「爬虫類の時代」という大理論にとってはかすり傷でしかなく、無視するのはたやすかった。いまのところは。

キュヴィエは「天変地異論者」だった。天変地異論者は、地球は周期的に洪水などの天変地異によって一掃され、そのたびにすべての生命が絶滅したと考えた。この説によれば、第二紀の地層には爬虫類の時代が記録され、それが天変地異によって幕を閉じたあと、哺乳類の時代である第三紀が続き、さらに大洪水が襲来して、人類の時代に至る。この世界観に従うなら、巨大爬虫類とともに生きた哺乳類などいるはずがなかった。天変地異が過去の記録をまっさらにするたび、新たな動物相が現れ地球を支配した。ただしそれらは、けっして進化の産物ではなかった。

当時はまだ「転成」と呼ばれていた進化の概念を、キュヴィエが否定したことはよく知られている。キュヴィエと同時代の科学界の重鎮だったジャン・バティスト・ラマルクは、生命体が完璧をめざして絶えず複雑さを増していく力が、転成をもたらすと主張した。[*4] しかし、キュヴィエなどの博物学者に言わせれば、動植物はすでにそれぞれの生活様式に完璧にフィットしていて、改善の必要などなかった。生物が自然のなかの自身の地位と強固に結びついているのなら、変化はそもそも不可能に思えた。それに、結びつきが弱ければ、生き残ることなどできないはずだ。

＊4 ラマルクは進化を「誤解」した有名人として酷評されがちだが、彼の考えは巷でよく言われるほど間違っていたわけではない。彼が唱えた「用不用説」は、活用される特徴は子孫に受け継がれ、そうでない特徴は衰え失われるというもので、まるっきり的外れでもない。

転成説に対するキュヴィエの反論のもうひとつの主軸は、今でいう移行化石が存在しないことだった。こうしたいわゆる「ミッシングリンク」のほとんどは、その後の一〇〇年以上の間のどこかで発見され、動物たちが実際に時とともに変化してきたことを、議論の余地なく証明した（このメカニズムを、のちにダーウィンとウォレスが自身の進化理論で説明する）。[*5] けれども一九世紀初頭の段階では、まだ欠けた部分があまりに多く、キュヴィエのような人々は転成説に納得しなかった。科学者も一般大衆も、キュヴィエがいう形態と機能の結びつき、つまり動物はそれぞれの生活様式に完璧に適合するようにデザインされているという考えの方が、地球上の生命のパターンを説明する学説として、より説得力があると感じていた。

キュヴィエの教え子で、同じく動物学者のエティエンヌ・ジョフロワ・サンティレールは、師に異を唱え、転成説を支持した。彼が提示した転成説の根拠は、地質学が語るストーリーと密接に結びついていた。サンティレールは、転成はあやふやな「完璧をめざす衝動」によって進むのではなく、環境変化に対して生物個体と自然が示す反応によって生じると主張した。環境変化は岩石記録のなかに見出すことができ、こうした地質学的メカニズムを基礎として、数十年後にダーウィンは論考を重ねていく。

不幸なことに、サンティレールが自説の検証のためにおこなったのは、フランケンシュタインのような実験だった。彼は卵のなかのニワトリの胚に手を加え、「怪物」をつくりだしたのだ。これにより、周辺環境の変化によって生物個体に変化が生じるという説を支持する多少の証拠は得られたが、彼は世間での評価を落とすことになった。ヴィクトリア時代の人々にとって、彼の実験はおぞましいものだった。それに、彼の主張はまるで、生命は創造主の導きに従ったのではなく、続発するやっかいなアクシデントに振り回されたせいで今の姿になった、と言っているように聞こえた。勤勉さとイノベーションによって人類と自然のあり方を改善できると信じていた当時の社会にとって、受け入れがたい主張だったのだ。

転成説に対する激しい反論の根底には、人類の起源をめぐる一抹の不安が隠れていた。ジョージ王朝時代とヴィクトリア時代の価値観は、人間とほかの動物がなんらかの形でつながっているかもしれないという考えに、拒絶反応を起こしたのだ。それは人類に対する侮辱であり、神とその偉大な創造物に対する侮辱でもあった。人類は（少なくとも西洋の白人は）、神の似姿としてつくられたのだ。[6] キュヴィエやサンティレールといった大陸ヨーロッパの科学者たちは、一七〇〇年代の政治社会革命によって政教分離が実現した結果、聖書の教えにあまり縛られずに研究ができた。しかし英国では、科学と自然に関する新たな知見をキリスト教の枠組みに統合する試みが、相変わらず熱心におこなわれていた。

科学と確立された信仰の融和という、こうした風潮のなかで育ったひとりの若きスコットランド人は、やがてキュヴィエの権威に抗い、地質学の知見を刷新し、ゆくゆくは友人であるチャールズ・ダーウィンとアルフレッド・ラッセル・ウォレスの進化理論を受け入れた。彼の名は、チャールズ・ライエル。ライエルはダンディー近郊フォーファーシャーの裕福な家庭に生まれ、恵まれた白人男性の例にもれず、自身の興味の赴くままに文学や植物学、それに岩石の研究に没頭した。彼はオックスフォード大学でバックランドの講義を受講し、やがて法律家としてのキャリアを捨て、地質学者の道を進んだ。お金

*5　「ミッシングリンク」の概念は、一九世紀のアイディアである「存在の大いなる連鎖」を前提としている。現代のわたしたちは、生命が枝分かれする撚り糸のネットワークのように進化することを知っているのだから、この言い回しはもう時代遅れだ。「生きた化石」もそうだが、無意味だし、むしろ誤解を招く。

*6　あとの章で取り上げるが、人類の起源を探求する過程では、科学の名のもとに数々のおぞましい行為もおこなわれた。

に困っていなかった彼は、何でも好きなことができたのだ。肖像画や写真のライエルは額が大きく張っていて、彼が吸収し統合した大量の知識ではち切れんばかりだ。キュヴィエと同じく、ライエルもコミュニケーションの才能に恵まれた。それだけでなく、彼は多くの知の巨人たちの考えを統合し、ものごとを広い視野で捉えることにすぐれていた。

一八二〇年代から一八三〇年代にかけて、ライエルは国内外を問わず、科学界の重要人物としてますます存在感を増していった。彼はそれまでの通説とは異なり、太古の地球は水の世界ではなかったことをまっさきに指摘した人物のひとりだ。ライエルはヨーロッパを広く旅し、大陸側の地質学を吸収した。彼はフランス、イタリア、オーストリアで地質学の問いに取り組む人々と共同研究や議論を重ね、博物館に収蔵された無脊椎動物や鉱物の標本調査に多くの月日を費やした。エトナ山に登り、高山と深い峡谷の層序を記録した。「実り多い旅です……現在の自然と、はるか昔の時代に生じた作用とその結果の間にある、数々のアナロジーに気づかされました」と、彼は父への手紙で述べた。ライエルは現在進行形のプロセスと、深遠なる過去の岩石記録の間のつながりを見抜いたのだ。「これを詳述することが、わたしにとって大きな研究課題になるでしょう[5]」

ライエルの著書『地質学原理』はこの旅の成果として書かれたもので、全三巻の初版が一八三〇年から一八三三年にかけて刊行された。地球は膨大な地質学的時間をかけて、今日観察できるのと同じ緩慢なプロセス、すなわち斜面の侵食、河川による土砂の移動、堆積による砂州の形成などによって形づくられたというのが、その主題だ。キュヴィエが唱えた唐突な天変地異の対極だった。ライエルは、地球がかつてひどく水浸しだったように見えたのは、単なる岩石のバイアスのせいだと論じた。海洋環境は、陸上環境よりも保存されやすいのだ。彼は正しかった。

しかし、同時代の人々と同じく、ライエルも転成という不快なアイディアから人類を守ろうとした。そのために彼は地質学を援用し、生命に方向性はないことを示した。彼はまず、キュヴィエらが提示した、化石記録に基づく証拠に疑問を呈した。化石はあまりにも散発的で、大いなる進歩の物語の根拠としては信頼性に欠けると、彼は考えた。ストーンズフィールドの哺乳類の顎は、ライエルにとっては単なる場違いな例外どころか、ラマルクの転成説もまた間違っていることを示す明確なサインだった。もしも転成説が正しいなら、有袋類がこれほど途方もなく長い時間にわたって変化しないことなどありえない。

ライエルがこうした思索をめぐらせている間に、彼の友人ウィリアム・ブロデリップが、ストーンズフィールドで二つめの哺乳類の顎を発見し、記載論文を発表した。最初の顎とは別の種のものだった。地質学者の国際研究チームは、ストーンズフィールド採石場の層序を再調査し、確かに第二紀の地層であることを裏づけた。哺乳類の顎はジュラ紀のもので間違いなかった。しかもこの魚卵石からは、二種類のオポッサムが見つかった。ライエルはこの展開におおいに満足した。「完璧に至る漸進的進歩の学説もこれまでです！」と、彼は一八二七年に父への手紙に書いている。「魚卵石までさかのぼっても、人類以外のすべての生物がいたのです」[6]。つまり、爬虫類の時代に今と変わらない姿の有袋類がいたのだから、転成説は正しいはずがないのだ。

一八世紀、絶滅という概念は理解不能で不快なものとみなされた。あとで消し去るつもりの生命を、神がわざわざ創造するだろうか？　西洋の学者の多くは、古代の岩石から見つかる骨の持ち主である動物たちは、地球のどこかにまだ生きていて、ただ発見できていないだけだと主張した。ラマルクもまた、動物が完全に姿を消してしまうとは信じられず、急速に別の姿に変化したに違いないと論じた。時たま見つかる「生きた化石」は、すべての生き物はまだどこかに生き残っているという考えを裏づけているように思えた。
しかし、ヨーロッパ人が世界の他地域を侵略し探検するうちに、たくさんのマンモスがのし歩く秘密の谷や、未発見のアンモナイト集団が潜む隔絶されたサンゴ礁はどこにもないことが明らかになっていった。一方で、どう見てもすでに存在しない動物たちの骨が、ますますあちこちで発見された。[*7]
キュヴィエは転成説にこそ徹底抗戦したが、一方で自身の権威を危険にさらしつつ、生物が絶滅することはありうると、いち早く認めた。化石記録から新たに得られた説得力のある証拠をまとめあげ、キュヴィエをはじめとする当時の地質学者や古生物学者は、絶滅という現実を世界に認めさせたのだ。
こうした数々の証拠に納得したライエルは、『地質学原理』の第二巻で、生物種は誕生するかたわらで時に絶滅し、その事実は地層ごとに特定の生物が現れては消える生層序学を通じて理解できると論じた。一方、それらの種の起源については、彼は賭けに出ることはせず、あいまいな記述にとどめた。

一九世紀の科学者について言えることがひとつあるとしたら、かれらはすべてを説明する大理論が大好きだった。ラマルクからキュヴィエ、ライエルに至るまで、誰もがかれらを取り巻く世界を支配し、すべてを射程に収める法則を探し求めた。バックランドも例外ではなかった。大理論の世紀に彼がなしとげた最大の貢献は、ストーンズフィールドの哺乳類の顎から直接生まれたものだった。
太古の時代に由来し、また陸と海の両方からなる世界に生きていたことが裏づけられたとはいえ、ストーンズフィールドの哺乳類が爬虫類の時代に出現した事実には、やはり説明が必要だった。バックランドは、英国の才気あふれる若き解剖学者の著作のなかに、その手がかりを見つけた。この若者は、一八三二年に六二歳で亡くなったキュヴィエと入れ替わりに、絶大な名声を築いていく。

リチャード・オーウェンは一八〇四年、ランカスターの裕福な商人の家に生まれた。外科医として教育を受けたが、選んだ仕事は博物館助手だった。鋭敏な頭脳と比較解剖学への情熱を備えた彼は、すぐに猛スピードで出世し、化石を含む動物解剖学の科学的知見の探究にキャリアのすべてを捧げた。ロンドン自然史博物館の設立の立役者であり、一八四二年に恐竜（dinosauria）という言葉を編み出したのも彼だ。

しかし、オーウェンの性格には、暗く不快な側面もあった。自分が嫌う、あるいは自分と意見を異にする人物を、徹底的にこき下ろすのが常だったのだ。晩年の彼はますます気難しく辛辣になり、自分を差し置いて科学界が先へ進んだことを、なかなか受け入れられなかった。それでも、彼の科学への貢献が、いまも哺乳類の進化を理解するうえで基礎をなしていることに変わりはない。

ヒトを含めた乳をつくりだす動物からなる分類群に、哺乳綱（Mammalia）という名前がついたのは一七五七年のことだ。文字通りの意味は「乳房の」。哺乳類には体毛[*8]や、下顎や内耳の独特の構造といった特徴（詳しくは後述）もあるのだが、生物分類を科学として確立したカール・リンネは、授乳に注目することを選んだ。鳥綱（Aves）や両生綱（Amphibia）など、リンネは一七〇〇年代に六つの主要分類群を命名したが、片方の性だけがもつ特徴に基づいて名付けられたのは哺乳綱だけで、これは分類学における

＊7　マンモスに似た米国のマストドンの遺骸がゾウの一種のものであることを最初に見抜いたのは、一七〇〇年代初頭のアフリカ人奴隷たちだった。多くがアンゴラやコンゴから連れて来られたかれらにとって、ゾウはおなじみの動物だったのだ。

＊8　哺乳類のなかには体毛のほとんどを喪失したものもいるが、クジラにさえその痕跡は残っている。クジラの赤ちゃんにはしばしば、下顎の先端にまばらにひげが生えていて、成長につれて抜け落ちる。

るひときわ政治的な判断だった。[*9]

現生の哺乳類は三つの主要グループに分かれる。有胎盤類、有袋類、単孔類だ。わたしたちヒトは有胎盤類に属し、おおまかに言って、子宮のなかで胎児を育て、胎盤を通じて栄養を供給するのが特徴だ。有袋類にも胎児が子宮にいるうちは胎盤があるが、新生児ははるかに早く生まれ、ふつう育児嚢のなかで成長を完了する(marsupial という英名は、ラテン語で袋を意味する marsupium からきている)。現生哺乳類のほとんどは有胎盤類で、それ以外はほぼすべてが有袋類だ。唯一の卵を産むグループであり、オーストラレーシアに分布するカモノハシとハリモグラだけで構成される単孔類については、このあとすぐに取り上げる。

一八三四年、リチャード・オーウェンはカンガルーの生殖器官をこのうえなく詳細に記述した。彼は問題の器官を、ほかの有袋類、有胎盤類、単孔類、それに爬虫類や鳥類のそれと比較した。有袋類の生殖器官は、ほかの哺乳類よりも単孔類のものに似ていると、オーウェンは述べた。彼の観察によれば、単孔類と有袋類ではいずれも、生殖器官に爬虫類との類似点がみられた。[*10] これに加え、いくつかの解剖学的特異性に注目して、彼は次のように主張した。「脳は哺乳綱において完成に至った。この器官が複雑性を増していった過程は、(哺乳綱の)異なる目《もく》のなかに見ることができ、最終的に人類において、ほかの分類階級と決定的に区別される状態へと到達した(7)」

バックランドは、オーウェンの目をみはるほど詳細な比較を読み、有袋類は爬虫類と有胎盤類の間の「中間地点」に位置づけられるという、彼の結論に納得した。有袋類よりもさらに劣ると考えられた単孔類は、生命の歴史のなかで、さらに低く古い地位を占めるに違いない。有袋類が爬虫類の時代から見つかった理由は、これで説明できそうだ。かれらが棲んでいた世界は、胎盤をもつより進んだ哺乳類にとってはまだ古すぎた。ストーンズフィールドの有袋類は、偉大なる「哺乳類の時代」の、原始的な前触れだったのだ。

一八三六年、バックランドは第二紀の動物たちの復元画のなかで、巨大な飛翔性爬虫類と海棲爬虫類のそばに、小さくうずくまる二匹のネズミのような有袋類を描いた。この構図は、一般大衆にとっても科学者にとっても納得のいくものだった。原始世界で有袋類は恐竜と共存していたが、のちによりすぐれた有胎盤類にほぼ完全に置き換わったと考えるのは、筋が通っていた。哺乳類には「原始的」なものと「高等」なものがいて、生命は時とともによりすぐれた形態になっていったというバックランドの考えは、地球の生命史に対するわたしたちの見方のなかに、今なおくすぶり続けている。

この解釈は多くの誤解に基づいていただけでなく、ヨーロッパ列強の帝国主義的世界観の影響も色濃かった。その最大の過ちは、有袋類と単孔類はほかの哺乳類ほど「高等」ではないとしたことにある。二一世紀の今でも根強く残る考えだ。けれども、単純に、事実はそうではない。

カモノハシの歴史は、虐殺と誤解に満ちた物語だ。[*11] 最初のカモノハシがオーストラリアからイングランドに送られたのは一七九八年だった。この新種を初めて記述した博物学者や解剖学者はみなヨーロッ

*9　この名前が選ばれた背景には社会的要因があった。一七〇〇年代、富裕層の女性はたいてい乳母を雇って子どもに授乳させていたが、リンネの時代には母親自身が子どもに授乳すべきだという風潮が高まっていた。こうした文化的背景は、明らかに彼の分類群の命名に影響を与え、「自然の秩序」として当時持ち上げられていたことが強調される結果となった。

*10　単孔類と有袋類は、有胎盤類よりも爬虫類に近いという考えは根強く残っているが、現代の解剖学者からみれば、共通点はほとんどない。単孔類、有袋類、爬虫類はいずれも総排出腔をもつが、その構造はそれぞれ異なる。後述するように、単孔類と有袋類も、わたしやあなたと同じくらい、爬虫類とはかけ離れている。

パの白人だったので、新世界から送られてくる動物たちに関するかれらの説明は、避けがたい偏見に基づいていて、また現地の人々の知識は軽んじられた。一方で、動物の発見と捕獲に関しては（化石の発見と発掘も含め）、その道に通じた現地住民に頼りきりだった。にもかかわらず、先住の人々の知恵が正当な評価を受けることはほとんどなかった。

旧世界には単孔類も有袋類もいないため、有胎盤類が哺乳類の規範とされ、それと異なる特徴は何であれ逸脱とみなされた。一般大衆の認識だけでなく、学術的な見解や記述においても、オーストラリアの動物は奇妙で風変わりだと強調され、こうした言い回しは現代にも受け継がれている。

そうは言っても、カモノハシ *Ornithorhynchus anatinus* が現在の世界で唯一無二の存在であるのは確かだ。ハリモグラ（*Tachyglossus* 属および *Zaglossus* 属）とともに、哺乳類のなかでかれらだけが卵を産む。この事実を、疑り深いヨーロッパ科学界の権威が明白なものとして受け入れるまでにはかなりの時間を要したが、やがて単孔類が「原始的」であることの証拠とみなされるようになった。カモノハシのオスと一部のメスは、後肢のくるぶしの位置に有毒の蹴爪をもつ。また、メスは（哺乳類の定義である）乳を分泌するものの、乳首はなく、代わりに皮膚の一部から乳を滲出させ、子はそれを舐める。カモノハシとハリモグラに乳をつくる能力があるのかどうかは、長年にわたって議論の的だった。

分類群の名前である単孔目（Monotremata）は「ひとつの穴」を意味し、排泄、交尾、産卵のための出入口がひとつだけであることに由来する。この解剖学的特徴はふつう、哺乳類よりも鳥類や爬虫類の典型だ。単孔類のこうした特徴の一部は、前期中生代の哺乳類の祖先から受け継いだものであり、人々がかれらを時代遅れで「爬虫類的」だと考えたのは、ある意味では無理もない。単孔類は「生きた化石」とも呼ばれてきた。

しかし、生きた化石など実際には存在しない。単孔類は、わたしたちとまったく同じように「高等」だ。自然淘汰は停滞しない。遺伝子は歩みを止めることなく、微調整とシャッフルを毎世代繰り返す。分類群によっては、表面的には祖先からほとんど変化していないように見えるかもしれないが、詳しく調べれば例外なく、さまざまな違いが明らかになる。「原始的」や「高等」という概念は、生物学的な意味では存在しない。そこにあるのは年月にともなう変化だけだ。そして、進化に終着駅はないので、生命は改善することも、退行することもない。

動物の個体群のなかに自然に生じるランダムな変異のなかで、その時点でその環境において、持ち主の生存を助けるものが、その個体群にとってベストな適応だ。一部の個体群では、こうした適応がやがて生理的・解剖学的特徴の目に見える劇的な変化につながる。別の個体群では、変化はもっと控えめで、外見上は過去の遺物のように思える。けれども内面では、生物学の歯車が絶えず回りつづけている。今の姿でやっていけているなら、それがどんなものであれ、今日の地球上に存在するあらゆる分類群や形質とまったく同じだけ、洗練され「高等」である証拠なのだ。

ダーウィン以前の時代、単孔類や有袋類を初めて調べた科学者たちは、自然淘汰のメカニズムを何も知らなかった。オーウェンが研究室でカンガルーの生殖器を調べていた頃、ダーウィンはまだビーグル号で航海中だった。有閑階級の博物学者として英国海軍帆船に乗り、世界を一周した彼は、この旅で得た経験とデータをもとに、のちに進化のプロセスを解明する。ダーウィンの理論と、その後の一世紀にわたる研究の蓄積のおかげで、今のわたしたちは、単孔類の驚異的な特徴がいかに最先端であるかを学

＊11　詳しく知りたい方には、アン・モヤルの『カモノハシ（Platypus）』がおすすめだ。

ぶことができる。

確かに単孔類には、ほかの哺乳類の分類群で起こったような変化を経ていない、初期の哺乳類そのままの特徴がいくつか備わっている。それでも、かれらは学術用語でいう「高度に派生的な」グループであり、系統樹の根本にいる共通祖先から遠く離れている。例えば、カモノハシの名前の由来である「カモのくちばし」に似た吻は、完全にかれら独自の食料探知デバイスであり、哺乳類の歴史全体を通じて、ほかには一度も進化したことがない形質だ。[*12]

半水生のカモノハシの学名は、「カモのくちばしをもつ鳥もどき」を意味するが、このネーミングは不正確だ。鳥のくちばしとは違い、カモノハシの吻はやわらかくしなやかだ。命名されたときには誰も知らなかったが、吻全体に四万個以上の細かな点のような機械受容器と電気受容器が分布していて、さながら感覚の天の川だ。機械受容器はユニークな触覚系を形成する。カモノハシはオーストラリア本土とタスマニアの川や湖に潜るとき、小さな眼と耳介のない耳（眼のすぐ後ろにある）を閉じる。代わりに活躍するのは鼻先だ。暗闇を手探りで進むように、カモノハシは川底で吻の感覚を頼りに餌を探す。岩の隙間に猛然と吻を突っ込むと、カモノハシはもうひとつの秘密の先端テクノロジーを利用する。電気受容器で獲物の筋収縮によって生じる電場を探知するのだ。こうしてかれらは、ミミズやエビ、小魚や両生類を捕食する。

鋭敏な感覚装置の下にあるカモノハシの頭骨は、祖先やほかの現生哺乳類のものとはまったく違っている。上顎は左右に分断され、両方がピンセットのようにカーブしたあと正中線上で接する。歯は消失している。まるで幽霊のように、カモノハシの生涯の初期段階で一時的に現れるが、徐々に再吸収され、獲物をすりつぶす角質の表面構造に取って代わられる。比較対象になる単孔類の化石がなかったので、オーウェンは頭骨のこうした奇妙な特徴を原始的なものとみなした。今では、カモノハシは典型的な頭骨と発達した歯を備えた祖先から進化したことがわかっている。それどころか、高度に特殊化した派生的な種であるせいで、カモノハシは現在、人為的な生息地の喪失に脅かされている。

カモノハシのトゲトゲな親戚であるハリモグラもまた、驚くほど派生的な頭骨の形態を、まったく別の用途のために進化させた。ハリモグラはオーストラリア、タスマニア、ニューギニアに少なくとも四種が分布する。見た目はどことなく太った暗褐色のハリネズミを思わせる。カモノハシと同じように、かれらの吻にも電気受容器と機械受容器があるが、カモノハシと違うのは、もっとおなじみの武器、つまり鋭い聴覚と嗅覚も使って食料を探すことだ。ハリモグラは陸の住人だ（ただし、たいていの動物がそうであるように、それなりに泳ぐことはできる）。かれらの体は昆虫を掘り返すことに特化していて、骨がなく無防備な獲物を伸縮自在の粘着性の舌でからめとる。ハリモグラの頭骨は完璧な吸虫管だ。歯はひとつもなく、下顎（歯骨）は爪楊枝のような形に退縮している。にもかかわらず、吻は頑丈で、朽木を掘ったり割ったりできる。小さな口に収まらない大きさの昆虫を捕まえたときには、破城槌のような吻で獲物を潰して、栄養たっぷりの中身をすすることもある。

奇妙な管状の頭骨をもつ哺乳類には、ハリモグラ以外にも、有袋類のフクロアリクイ（ナンバット）や、有胎盤類のツチブタ、アリクイ、センザンコウといった昆虫食のスペシャリストたちがいる。これらの

＊12　ただし興味深いことに、三畳紀の爬虫類の一群であるフーペイスクス類において似たような形質が生じた可能性がある。第6章で取り上げるが、三畳紀はどこもかしこも珍獣だらけだった。

哺乳類は生物学的な系統でいえば大きく隔たっていて、現生哺乳類の主要な三つの枝すべてに散らばっている。だが、かれらは同じ食料を見つけて摂取するために、そっくりな形態を独立に進化させた。このように、複数の動物の分類群がそれぞれの環境に応じて同様の適応的解決策に行き着く現象は、収斂進化と呼ばれる。化石記録に広く見られるパターンであり、この本のなかでこれから何度も立ち返ることになる。収斂こそ、二〇〇年前にキュヴィエが見出した、似たような環境に生活する類縁関係にない動物どうしにみられる共通点の原因だった。彼はこれを誤解して、「生物は時とともに変化する」というアイディアへの反証とみなしたのだ。

そんなわけで、現生の単孔類は遺伝的にも解剖学的にも、ほかのどの現生哺乳類にも劣らないくらい「高等」なのだ。かれらの祖先が恐竜の時代に生きていたのは本当だが、それを言ったら、わたしたちの祖先だってそうだ。

だが、よくできた物語を葬り去るのは難しい。イングランドの第二紀の地層から見つかった有袋類の顎について、一八三〇年代にバックランドが展開した主張は、この時代の科学界の常識に完璧にマッチしていただけでなく、人類《マン》（つまり白人男性）がこの世界の支配的地位を占めるという、当時一般的だった文化的・宗教的価値観とも相性がよかった。バックランドの友人のライエルは、やがて完璧に至る進歩という考えに反駁したが、ある動物のあとにもっと複雑な動物が現れるという直線的なストーリーは、理解しやすかった。直線的な生涯を送る、思慮深い動物にとって、理にかなったものだったのだ。その結果、有袋類は高等な哺乳類が登場する前に、前座として場を暖めたというバックランドの主張は、一般大衆の意識に浸透し、そのままとどまり続けた。

キュヴィエはのちにストーンズフィールドの有袋類を再検討した。有袋類であるという考えこそ変えなかったものの、彼はこの化石が現生のオポッサムとは大きく異なると認め、絶滅した近縁種であろうと結論づけた。まもなく、中生代の哺乳類の属[*13]に初めて名前がついた。アンフィテリウム *Amphitherium*（バックランドが発表したあの顎）、ファスコロテリウム *Phascolotherium*、やや遅れてアンフィレステス *Amphilestes*。一九世紀中盤までに、ジュラ紀の「哺乳類[*14]」がさらに二種発見された。またもやストーンズフィールドで見つかったステレオグナトゥス *Stereognathus* と、更に古いドイツの地層から発見されたミクロレステス *Microlestes* だ（後者はのちにトマシア *Thomasia* に改名。もとの属名はすでに甲虫に使われていたためで、生物にいったん与えられた学名は変更できず、ほかの生物に同じ名前をつけることもできない）。パーベック層という、イングランドのドーセットにある新たな産出地でも、古い哺乳類の化石が見つかりはじめた。ストーンズフィールドよりも年代は新しかったが、同じくらい化石が豊富だった。一八三〇年代以降、フランスとイングランドの科学者たちは、これらの動物の正体と、その骨の数々が示す太古の哺乳類の暮らしぶりについて、さまざまに議論しはじめた。

一八七一年にオーウェンが著書『中生代地層の化石哺乳類に関するモノグラフ（Monograph of the Fossil Mammalia of the Mesozoic Formations）』を発表した時点で、中生代の哺乳類は二〇属にまで増えていた。ほとんどは英国の地層から発見されたものだ。こうした化石の希少性は、爬虫類の時代にかれらの存在がま

＊13　属 genus の複数形は genera となる。既知のすべての生物には属名と種小名が与えられていて、わたしたちヒトの属名は *Homo*、種小名は *sapiens* だ。

＊14　現代のより厳密な分類用語の定義でいうと、正確にはすべてが哺乳類だったわけではないが、ごく近縁の姉妹群に相当した。こうした定義については、あとの章で取り上げる。

れであったことを正確に反映するものだろうと、オーウェンは主張した。モノグラフの末尾の要約を読めば、この偉大な解剖学者が、これらの動物についてどう思っていたかは疑問の余地なく明らかだ。「中生代哺乳類は、例外なく……下等で、大きさも力も微々たるものだった」[8]。オーウェンは、化石の希少性と解剖学的特徴が、彼の考える「一般から特殊へ、下等から高等への進歩の法則」[9]を裏づけていると考えた。彼はどうみても、初期哺乳類を劣った生物とみなしていた。

オーウェンの見解は、当時知られていた一握りの化石に基づいていた。こうした断片的な証拠から得られる情報は不十分で、これらの動物が解剖学的に現生の種とどれくらい違っていたのかを理解することは、科学者たちにも不可能だった。一方で彼の考えは、科学界のライバルがもたらしたブレイクスルー、すなわち進化理論を、彼が頑として受け入れなかった結果でもあった。オーウェンの学術的貢献は計り知れないが、強硬な反ダーウィニズムは彼の遺産を傷つけた。ダーウィンとその支持者たちが示したどんな考えも、彼はまったく受け入れなかった。ダーウィンの友人である比較解剖学者のトーマス・ヘンリー・ハクスリーが、中生代の哺乳類は現代の有袋類に比べて原始的だったというオーウェンの定説に疑問を投げかけると、激怒した彼はこう反論した。「視覚に身体的欠陥がないかぎり」、中生代の有袋類が「より一般的形態であることを見落とすのは不可能だ」[10]

中生代世界に生きていた哺乳類の乏しさは、北米からの新たな発見により、まもなく解消された。とりわけ二人の男性科学者が、古生物学を学問的探究から苛烈であからさまな戦争に変えた。エドワード・ドリンカー・コープとオスニエル・チャールズ・マーシュは、若い国家の奪われた土地から得られた化石の収集と命名をめぐって公然と敵対し、策略、中傷、窃盗、ダイナマイトまで駆使したことで悪名高い。二人は相当数の新たな動物化石の発見をもたらしたが、世界の注目を集めた理由の大半は、かれらの恥も外聞もない応酬にあった。その結果、かれらとその仲間たちが演出した姿が、古生物学者のステレオタイプとして定着した。口ひげを蓄え、白い肌を日焼けさせ、銃とショベルを手にバッドランドをさまよう、屈強な無頼派の科学者たち。のちの世代の研究者たちはかれらをモデルにした。この業界には、いまだにそういうタイプが少なくない。

コープとマーシュは巨大な恐竜の骨の発見で知られ、長い首をもつ大型竜脚類ブロントサウルス[*15]はその代表格だが、じつは二人とも、恐竜よりも哺乳類に興味をもっていた。かれらが研究対象としたのは新生代（非鳥類恐竜の絶滅後）の哺乳類化石だったが、ジュラ紀の哺乳類化石も熱心に収集した。一八九〇年までに、中生代の哺乳類の種数は二倍以上に増えた。

こうした化石のほとんどは歯と顎だったが、爬虫類の時代における哺乳類の多様性と系統関係について、新たな疑問をかき立てるには十分だった。歯をもつほかの動物、例えば爬虫類では、たいていよく似た形の歯が顎全体にびっしり並んでいるのに対し、ほとんどの哺乳類は特殊化した歯列をもつ。鋤のような切歯、尖った犬歯、でこぼこした小臼歯と大臼歯といった具合だ。もうひとつの重要な発見は、哺乳類のグループは違っても、各タイプの歯の数は近いこと、一方で咬頭と稜の形はそれぞれに固有であることだ。つまり、散発的にしか見つからず希少であっても、歯さえ見れば、絶滅種どうしの関係について、膨大な情報が得られる可能性があるのだ。このことが、のちの化石哺乳類研究の鍵となった。中生代哺乳類の古生物学は、すぐさま咬頭と歯の数と食性推定の学問になった。一八八七年、既知の

＊15　もちろん、かれらは最初の発見者ではなかった。アメリカ先住民の人々は骨の化石をはるか昔に発見し、その知識が織り込まれた口頭伝承は、のちの西洋科学の知見を先取りしていた。詳しく知りたい方には、エイドリアン・メイヤーの『ファースト・アメリカンの化石伝説（Fossil Legends of the First Americans）』がおすすめだ。

すべての中生代哺乳類の目録を刊行したヘンリー・フェアフィールド・オズボーン[*16]は、謎めいた小さな獣たちを分類する主要な方法のひとつとして、食性に重きを置いた。「これらの科はいくつかの小グループにまとめられる……サブグループは、それぞれ肉食性、雑食性、昆虫食性、植物食性に相当する」(11)
だが、オズボーンは既知のすべての属を納得のいくようにグループに仕分けるのに苦労した。一部は明らかに有袋類、あるいは「原有袋類（proto-marsupialia）」だったが、「ジュラ紀のメンバーは……この目《もく》に置くべきなのか、それとも独立の目を形成するのか？」(12)。哺乳類の歯はすばらしく有用だったが、それでも限界はあった。一八〇〇年代が終わりに近づくなか、古生物学者たちは依然として中生代哺乳類の分類に四苦八苦していた。手元にあるのは歯と顎だけで、全体像はぼやけたままだった。

やがて研究者たちは、これら初期の哺乳類が有袋類であるという前提は間違っていたのかもしれないと思いはじめた。ダーウィンの『種の起源』が一八五九年に刊行され、動物学者や生物学者は地球の生命をまったく新しい視点で見るようになった。それまでかれらは、爬虫類から単孔類、有袋類を経て有胎盤哺乳類へという、単純から複雑への直線的な進歩を思い描いていた。地球上の生命はすべて「存在の偉大なる連鎖」のどこかにあてはまるはずだった。もはや無意味になった「ミッシングリンク」という概念はここからきていて、輪がひとつひとつ連なる鎖のイメージに基づく。けれども、いまや研究者たちの頭の中には、共通祖先という幹に束ねられた樹があった。枝は鎖よりはるかに複雑で、樹の形を明らかにするには、共通祖先に由来する複数のグループをまとめる基準となる形質を特定しつつ、新奇な適応を獲得したほかのグループをそれらと区別することが必要だった。ダーウィンの理論は、天変地異による総入れ替えの連続ではなく、年月とともに生物集団が漸進的に変化していくプロセスとして、生命の歴史を説明するメカニズムをもたらしたのだ。

二〇世紀初頭には、ストーンズフィールドなどの中生代哺乳類は、現生の分類群の一員ではなく、今日のわたしたちにおなじみの哺乳類にとって、太古の昔の先輩たちにあたると認識されるようになった。現生哺乳類の主要三系統のいずれかに含まれると考えられる種もいれば、明らかにまったく別のグループに属する種もいた。これらの動物の頭骨の特徴には、爬虫類との共通点もあった。両者には共通祖先がいたのだろうか？　哺乳類は爬虫類から進化したのか？　毛皮をまとい、乳をつくるわたしたちの系統樹を解明しようとする古生物学者たちを阻むものは、化石不足だけだった。

科学者たちの視界は開けてきたものの、発見が一般大衆にまで広まるには時間がかかった。ヘンリー・ロバート・ナイプによる一九〇五年の著書『星雲から人類へ（Nebula to Man）』は、詩情あふれるめくるめく地質学的時間旅行に読者を誘った。中生代のページは豪華なカラーイラストに彩られ、歯の生えたコウモリのような翼竜、潮を吹く海棲爬虫類、やせこけた風変わりな恐竜に目を奪われる。当時の科学的知見に比較的忠実である一方、これらのイラストは、八〇年にわたるヴィクトリア時代の古生物《パレオ》復元画《アート》の伝統を受け継いでもいた。動物たちは野蛮で鈍重でワニっぽく、「原始的」な本質を体現する形で描かれた。あるイラストでは、短頭の翼竜が緑豊かな湖畔に急降下するかたわらで、ワニがぽっちゃりしたジュラ紀のカモノハシを捕まえている。もう一頭のカモノハシは草に覆われた土手を逃げ回る。別のイラストでは、メガロサウルスがハリモグラのお尻に食らいつく。これらの多くを手掛けたのは、多作なアーティストのアリス・ウッドウォードだった。彼女は姉妹たちとともに、アートを通じて科学

＊16　米国古生物学の大物のひとりであるオズボーンが、民族と進化に関する人種差別的思想をもっていたことはあまり知られていない。彼はロバート・ブルームらと意見を同じくしていた。ブルームと彼の人種観については第7章で詳述する。

に多大な貢献を果たし、その作品は当時の科学界の権威たちによる数多くの書籍、記事、学術論文に掲載された。

『星雲から人類へ』は、生命の壮大な叙事詩を世界に広めた。ナイプは進化の鮮烈な物語を、文章と挿画で表現した。同書には当時最新の発見が数多く盛り込まれていたものの、進歩史観の影響は色濃かった。原始的な中生代のカモノハシは、相変わらず最初期の有袋類とともに、爬虫類の時代に生きていた。メインテーマは生命進化だったが、ダーウィンとウォレスの自然淘汰理論によりそれが事実と認められたあとも、人々は依然として、進化は生命を究極の目標に向かって高めていくという、改善のイメージをもちつづけていた。哺乳類の系統には栄光が約束されていて、物語が地質学的により新しい時代へと進むと、能力に長けた有胎盤類の台頭で山場を迎える。この進歩の最高到達点は、当然ながら人類だった。

こうした生命史観はすでに時代遅れだったが、一般大衆が科学的知見の移り変わりに気づくには、長い時間を要した。古生物学者たちは、中生代の哺乳類化石が、現代の世界には知られていないグループのものであると理解していた。大洪水以前のオポッサムや、ジュラ紀のカモノハシといった概念は葬り去られた。二〇世紀初頭の科学者たちは、恐竜時代の哺乳類がユニークな存在だったことや、かれらがさらに過去の地質学的年代にルーツをもつ系統から進化したことを知っていたのだ。

それでも、謎に包まれた哺乳類の起源や、巨大爬虫類の天下に思えた中生代世界でかれらが果たした役割について、誤解が絶えることはなかった。哺乳類進化学の発展の勢いにポップカルチャーが追いつくのは、さらに一世紀後の話だ。オーウェンは三畳紀、ジュラ紀、白亜紀の哺乳類について、「下等で小さく、ネズミやトガリネズミに似た、もっとも愚かで知性に欠けるタイプの哺乳類」との烙印を押した。この評価はじつに一五〇年にわたって、一般大衆と大部分の科学者の脳裏に焼き付いてきた。

このような哺乳類の祖先像は、現代世界への道を切り拓いたダイナミックな動物たちの真の姿とはかけ離れたものであることを、今のわたしたちは知っている。かれらは生態学的なパイオニアであり、解剖学的な魔術師だった。わたしたちの祖先は、ただ爬虫類の兄弟たちから分岐したのではない。爬虫類の進化の旅路が始まってもいないうちに、かれらを置き去りにしたのだ。哺乳類の祖先は、恐竜がまだ影も形もない頃に「陸を支配した」。血気盛んな拡散主義者であり、食性の革新者であり、背中の帆が自慢の傾奇者であり、大きな脳をもつマイクロ忍者だった。

さあ、ほまれ高きわれらが哺乳類の、本当の起源の物語に耳を傾けよう。

第3章　頭にあいた穴ひとつ

けれどもかれらは現れた、ゆっくりと
岸辺や川の土手あたりに
屋根板と二重らせんに
ベースロックのそばに、ホワイトアダー川沿いに
肺魚やほかの四肢動物が
歴史の闇から這い出した
ジャスティン・セイルズ『ローマーのギャップ（Romer's Gap）』

完璧な姿で世に出るものはない。現実はギリシャ神話ではないのだから。今日わたしたちが哺乳類と呼ぶ動物も例外ではない。かれらの、いや、わたしたちの進化の歴史は、ほかのすべての地球上の生物のそれと絡みあっている。けれども、わたしたちの系統がそれ以外と袂を分かち、地質学的時間のジャングルの先へと道を切り拓きはじめた瞬間は、確かにあった。恐竜が現れるずっと前のことだ。今のわたしたちが知る大陸は、当時はすべてつながっていた。たったひとつの大洋であるパンサラッサと、超大陸パンゲアだけが存在した。このヤヌス［訳注：物事の始まりを司るローマ神話の神］の世界に、わたしたち哺乳類の起源がある。鍵を握るのは、穴《ホーリー》のあいた頭骨だ。

約三億五〇〇〇万年前、アフリカと南米はプレートテクトニクスのスクラムの中心で身を寄せあっていた。南極とオーストラリアはその南側につながり、あわせてゴンドワナ大陸を形成した。一方、北米、

ヨーロッパ、アジアの大半（アフリカに寄り添っていたインド亜大陸を除く）は、北半球に広がるローラシア大陸の一部だった。超大陸から伸びた指が何かをつまもうとするように、中国の一部と東南アジアは南北に伸び、東の島弧をなしていた。大陸と島々に取り囲まれた部分は、パンサラッサ以外の唯一の広大な水塊である古テチス海で、浅く暖かなサンゴのゆりかごだった。

赤道をまたいで走る中央パンゲア山脈は、斜めがけしたバッグのストラップのように、ゴンドワナとローラシアの境界線をなした。この山脈はパンゲアの二つのパーツが衝突してできたもので、地殻が押し上げられるこうしたプロセスを、地質学者は「造山活動《オロジェニー》」という、どこか肉感的で的を射た名前で呼んでいる。造山活動によってできた連峰のなかには、現在もその姿をとどめるものもある。北米のアパラチア山脈、モロッコのアトラス山脈の一部、それに国内最高峰のベン・ネビス山を含めた、スコットランド高地の一部もそうだ。

当時の地球の平均気温は二〇℃と快適だった（現在はわずか一四℃だが、急速に温暖化している）。最南端付近には氷河もあったが、パンゲアの大部分は熱帯湿地の密林に覆われていた。今の地球にこんな場所はどこにもない。この時代のジャングルをさまようのは、まったく未知なる体験だ。

これが石炭紀の地球。陸生動物として、また産業を営む動物として、わたしたちが最初の一歩を踏み出した場所だ。

石炭紀、スコットランド。ジャングルのなかを蛇行する大河の支流のひとつを、あなたはカヌーで下っている。暑く湿った空気が肺に流れ込み、活気がみなぎってくる。赤道はすぐ近くだ。あなたは元気いっぱい、というかハイだ。マラソンでも登山でもかかってこい！　そんな気分になるのは、地質学史上もっとも酸素濃度の高い大気を吸い込んだせいだ。現代のわたしたちが呼吸する大気の酸素濃度は二〇%ほど。だが三億六〇〇〇万年から三億年前には、大気の三分の一が酸素だった。周囲の樹の幹にある黒ずんだ傷跡から、この生態系がたびたび森林火災に襲われてきたことがわかる。落雷を発端とするこうした火災は、可燃性の高い大気のなかで猛威を振るった。

焼け焦げた幹に触れてみると、この「樹」がじつは樹でないことがわかる。現代のわたしたちは、マツの下で松ぼっくりを拾い、ユーカリが風にそよぐ音に耳を傾け、葉を落としたオークの枝の下を散歩し、湿地でマングローブの気根をかきわける。こうした森林をなす木々はすべて、進化的にみれば新参者だ。最初の森林は、シダ、コケ、トクサの巨大な祖先や親戚で構成されていた。いまでは取るに足らない林床の住人で、じめじめした場所で旺盛に繁茂する植物と思われているが、かれらは最初の森林の王者であり、セコイア並の巨体を誇った。

こうした「木々」の化石化した幹は、スコットランドのグラスゴーにある「フォッシル・グローブ（化石の木立）」などの場所で見ることができる。グラスゴーは公園ネットワークのおかげで、ヨーロッパでもっとも緑に恵まれた都市のひとつだ。ヴィクトリアパークの古い採石場の中にあるフォッシル・グローブは、この街で屈指の知られざる名所で、中心街からバスで行ける。立派なクリの木立や、鮮やかに咲き誇る花壇が彩る野原を抜けて、ツツジの並木道を進むと、ひっそりとした窪地にたどりつく。ヴィクトリア調の小さな建物が、何かの入口のように中心に立っている。中に入れば、時空を超えて、石炭紀のスコットランドが広がる。

砂岩の床に鎮座する、一一本の切り株。直径と高さは一メートルほどで、上端は平らになっている。ついさっき木こりが通りかかって切り倒していったようだ。これらは三億二五〇〇万年前のリンボク

Lepidodendron で、現代のミズニラやヒカゲノカズラの古代の親戚にあたる。石炭紀前半のパンゲアの森林は、リンボクやその近縁種からなる小葉植物（lycopsid）の天下だった。維管束植物[*1]のなかでもっとも古い系統のひとつであり、巨木のような祖先たちは高さ三〇メートルを超えた。産業革命を支えた石炭の大部分は、もとはこうした植物の落ちた枝だった。

リンボクを大工の作業台に持っていっても、喜ばれはしないだろう。幹のほとんどが表層と樹皮からできていて、木材になる部分がほとんどないからだ。グラスゴーの化石木は灰色だが、幹から伸びる根は地面に食い込んでいて、かつて生命が宿っていたことを確かに感じさせる。幹のいたるところから針のような葉が伸びていたはずだ。成長するにつれ葉が落ちると、幹にはかぎ針編みのようなひし形の痕が残り、てっぺんにだけトゲトゲを残すヘアスタイルになった。

フォッシル・グローブの幽玄の美は、リンボクの根本が泥に埋まり、枯死してできたものだ。植物体は腐って鋳型だけが残り、それが砂質堆積物に満たされて、石に変化した。化石は一八八七年、公園の造成中に発見された。化石木の価値を認めたグラスゴー地質学協会は、全体を発掘し、その場で保存することを提言した。保護のために建物が建てられ、一八九〇年に公開が始まって、市民も科学者も太古の森への時間旅行を楽しめるようになった。石炭紀の終わりまでには、気候の寒冷・乾燥化が進み、マツ、イトスギ、イチョウ、ソテツなどの裸子植物が、小葉植物に代わって地上を支配しはじめる。だが、石炭紀前半のこの頃はまだ、ミズニラのいとこが王者だった。

赤道スコットランドの川をたどって湿地林を旅するうちに、たっぷりの酸素で高揚した気分は過ぎ去ってしまう。高い酸素濃度のもうひとつの産物に出くわすからだ。シダに覆われた下層植生ががさがさと音を立て、数十本の脚の動きにあわせて揺れる。すべて一匹の生き物の脚だ。ここには怪物たちがいる。

乾いた大地に初めて進出したのは、わたしたち脊椎動物ではなかった。まず菌類が、次いで植物が、約四億七〇〇〇万年前のオルドビス紀に最初に根を張った。約五〇〇〇万年後、節足動物が続いた。かれらはおよそ七〇〇〇万年にわたって繁栄を享受し、それからようやく背骨のある動物たちが、陸への進出に取りかかった。

節足動物はおおざっぱに「虫」とくくられることもあるが、実際には体節、硬い外骨格、関節のある付属肢をもつ、すべての動物の総称だ。昆虫のほかに、甲殻類（カニなど）、クモ形類（クモなど）、多足類（ヤスデとムカデ）などが含まれる。たくさんの脚と外骨格は、地上のパイオニアにうってつけの素質だった。強固な外部装甲は、水の外の重力に耐え、生存に不可欠な体内の水分を閉じ込める。こうして古生代の節足動物パラダイスが花開き、かれらは急速にたくさんの形態に多様化した。

クモとヤスデは先駆者のなかの先駆者だった。四億二三〇〇万年前のアバディーンシャーの地層から見つかったヤスデであるニューモデスムス *Pneumodesmus* は、空気呼吸の最初の化石証拠をもたらした。外骨格に気門と呼ばれる小孔が空いていたのだ。気門は体内の血管や臓器とつながっていて、酸素を取り入れ二酸化炭素を排出するガス交換を担った。この効果的な仕掛けは、収斂進化によって節足動物の複数のグループで独立に獲得され、今日まで維持されている。

＊1　維管束植物（対義語は非維管束植物）は、水分を根から葉へ、栄養分を葉から植物体のほかの部分へ輸送する組織（木部と師部）をもつ植物をさす。また、これらは染色体を一セットではなく二セット備えた胞子体を経て生殖をおこない、真の根、葉、茎のパーツからなる。コケなどの非維管束植物はこうした特徴をもたない。

けれども、体に呼吸用の穴がいくつも空いていると、ある問題が生じる。気体を排出するだけでなく、水分も漏れ出てしまうのだ。昆虫や多足類がたいてい小さい理由のひとつがここにある。大きく成長するには大量の酸素が必要で、そのためには気門をより大きく、より多くしなければならない。だが、やりすぎると干からびて死んでしまう。今日の地球上で最大級の昆虫であるタイタンオオウスバカミキリ *Titanus giganteus* は大人の手のひらほどに成長するが、かれらが多湿な熱帯雨林に生息するのは偶然ではない。研究により、昆虫の体が大きくなるにつれ、効果的なガス交換をおこなうために、気門とそこから体内に続く管（気管）が体内空間に占める割合が増えることがわかっている。このスケールアップには限界があり、最大体長の本来の上限は約一五センチメートルとされる。タイタンオオウスバカミキリは、現在の陸生節足動物が物理的に可能な限界にいるのだ。

けれども、節足動物の体サイズの上限は、大気に占める酸素の割合が高ければ変わってくる。こうした条件では、昆虫の体に、よりパンチの効いた気体が取り込まれる。あなたがおそるおそるシダの葉をかき分け、石炭紀の下層植生のなかで蠢くものの正体をつきとめようとしたとたん、一〇〇人分の足音の主が姿を現した。行く手を横切っていくのは、自転車サイズのヤスデだ。

スコットランドのアラン島のラガン湾には、この巨大生物の痕跡が残されている。岩石記録のなかに平行に続く二本の点線は、アルスロプレウラ *Arthropleura* が駆け回った痕。この巨大ヤスデこそ、史上最大の節足動物だ。たくさんの足跡は、まるで紙箱に刻まれた「ここから開ける」の印のようだが、間隔は手のひらほども離れている。大西洋をはさんだカナダのノバスコシア州では、幅が五〇センチメートルも離れた同じような足跡も見つかっている。よほど熱狂的な多足類学者でないかぎり、身の毛もよだつ姿だったに違いない。

驚いてひっくり返り、空を見上げたあなたに向かって、リンボクの樹冠の隙間をかいくぐり、ハイタカのような生き物が急降下してきた。いや、こいつはもっと危険だ。ヘリコプターのように飛び去る姿を見て、あなたはその正体が、腕ほどの長さのトンボだと気づく。節足動物は、陸の先駆者だっただけでなく、いち早く空をも支配した。このような初期のトンボの親戚は、史上最大の飛翔昆虫だ。捕食者であるかれらはほかの昆虫を食べたが、未来からタイムトラベルしてきた美味しそうなヒトの闖入者がいたら、喜んで味見したかもしれない。

現生種の一〇倍サイズの巨大昆虫は、石炭紀には珍しくなかった。節足動物の化石は、石炭紀の最初期の地層からはまだ見つかっていないものの、時代が下るほどにますます豊富に、多様になっていくことから、ずっと前の時代から地上の生を謳歌していたと考えられる。石炭紀の地球は、カゲロウやゴキブリのもっとも古い親戚、サソリなどのクモ形類、またのちに絶滅したいくつかの昆虫のグループなどがいたるところを這い回る、昆虫学者のユートピアだった。

昆虫だらけの湿地林の水辺に身を潜めていると、あなたはついに、この旅の理由に出会う。緑が鬱蒼とした池や水路の水面に、何かが浮かんできた。大きさはあなたの前腕ほどで、細長い体をしている。二つの大きな眼が長い顔の側面についている。胴体から突き出た四肢で、ぬかるんだ地面から体をどうにか持ち上げ、こんがらがった水草のなかを進んでいる。身をくねらせてあなたに近づいてくるさまは、まるでディスコに来たお父さんだ。この四肢がやがて、地球の生命進化の道筋を大きく変えることになる。自然は最初の指《デジット》を獲得した。デジタル時代の幕開けだ。

石炭紀の湿地林で、最初の四肢動物は無脊椎動物を追い、水から出た。この始まりの動物たちの歩みの先に、哺乳類王国があった。というか、両生類王国も、爬虫類王国も、鳥類王国もあった。かれらは背骨と四本の脚をもつすべての動物たちの共通祖先なのだ。[*2] その物語の輪郭はまだ不明瞭だが、デボン紀前期から石炭紀後期にかけての化石が大量に発見されたことで、章立ての一部ははっきりしてきた。いくつものピースが合わさって、上陸の全容が明らかになったのだ。

確実に四肢動物（英名のtetrapodもそのまま「四足」を意味する）の祖先といえる生き物たちは、完全な水中生活を送っていた。硬骨魚類のなかの肉鰭類（Sarcopterygii）と呼ばれるグループだ。シーラカンス、肺魚、四肢動物（もちろんヒトを含む）は、あわせて肉鰭類を構成する。つまり、外見こそ似ていないが、わたしたちヒトはきわめて派生的な魚なのだ（この言い回しは世界の古魚類学者のお気に入りだ[*3]）。

すべての四肢動物の共通祖先を含むグループは、四肢形類（Tetrapodomorpha）と呼ばれる。最初期のメンバーの多くはデボン紀の地層から産生し、かつては赤道上にあったが、現在はグリーンランドやカナダ北極圏に位置する。これらの地層は石炭紀よりもやや古い、約三億六〇〇〇万年前のものだ。化石を発見した古生物学者のジェニー・クラックやニール・シュービンは、寒さにも孤立にも、ホッキョクグマにもひるまなかった。極北の堆積層からは、四肢動物の祖先候補が次々に見つかった。どれがわたしたちの直接の祖先なのかはわからない（どんな化石についても、何かの直接の祖先と断言することはそもそもできない）が、ご先祖様はおそらくアカントステガ*Acanthostega*に似た動物だったはずだ。ヒトの腕の長さくらいのサンショウウオに似た動物で、扁平な頭をもっていた。眼は頭頂部にあり、いつもイライラしているかのように空を見上げていた。突き出した四肢の先から、パドルのように幅広の指が伸びていて、尾は方向舵のように扁平だった。

四肢形類が見つかるのは北極圏だけではなく、スコットランドにも地元っ子がいる。マレーの町エルギンの近郊（この場所については後述）で発見されたエルギネルペトン*Elginerpeton*は、アカントステガなどの初期四肢動物の祖先や近縁種に似ていた。かれらに共通のボディプランが、今日の地球を闊歩するすべての脊椎動物の出発点だったのだ。

驚くべきことに、アカントステガの四肢には八本の指があり、ほかの四肢形類は七本だった。あとになってようやく、指のマジックナンバーが五に定まった。これにはおそらく、体重を支えるための実用的な理由があったのだろう。指が多すぎると扱いづらく、手首やくるぶしの柔軟性が制限されるため、陸上移動は難しい。だが、アカントステガは体重を支える方法に悩みはしなかった。かれらはおそらく完全水棲だったからだ。現代のオーストラリアの肺魚（ネオケラトドゥス）のように、アカントステガには肺もエラもあった。この適応はきっと、溶存酸素の少ない浅瀬で生き抜くのに役立っただろう。

四肢や指は、肉鰭類の魚たちが水から出られるように発達したわけではない。進化は最終目的を念頭に進むわけではないのだ。むしろ、四肢はかれらが水の中を移動するのに役立った。パドルとして使って、密生した水生植物をかき分けたのだろう。四肢と胴体がなす角度や、肩や腰の構造を分析し、古生物学者たちはすでに、初期の四肢形類は水中の浮力がなければ自重を支えられなかったと知っている。だが、空気を取り込む肺と、四肢のあるボディプランがいったん揃うと、指の多い動物たちがこうした適応を転用し、乾燥したすみかを利用しはじめるのに、長くはかからなかった。

デボン紀の終わりと石炭紀の始まりの間には、化石記録の欠落がある。ローマーのギャップという名

*2　一部の四肢動物はのちに二本、あるいはすべての脚を捨て、水中に戻った。恩知らずもいいところだ。

*3　この真実はニール・シュービンの『ヒトのなかの魚、魚のなかのヒト』ですばらしく饒舌に語られている。ぜひこの本を読んで、今日のわたしたちの体のなかに、肉鰭類としての出自がどのように刻まれているのか確かめてみてほしい。

前がついていて、脊椎動物の進化に魅せられた米国の古生物学者アルフレッド・シャーウッド・ローマーにちなんだものだ。ローマーはとりわけ「魚から四肢動物への移行」に取り憑かれていた。肉鰭類の魚のなかの一群が、すべての四肢動物の祖先となる、記念碑的な進化の旅だ。一九三〇年から一九七〇年にかけて刊行されたローマーのすばらしく詳細な名著の数々は、すべての現生脊椎動物の解剖学的構造を網羅しており、緻密な記述と的確なイラストのおかげで、今でもなくてはならない文献だ。

ローマーは、四肢形類の化石記録には、物語の語り手である化石が、単純にまったく得られない時期があることに気づいた。知識のギャップだ。この化石不在の時代を、のちの研究者たちが彼にちなんで名付けた。デボン紀末、三億七五〇〇万年前から三億六〇〇〇万年前にかけて、二度の大量絶滅が地球上の生命を激減させた。その後の一五〇〇万年（石炭紀の序盤）の間、化石記録は奇妙な沈黙を保った。地球の大気中の酸素濃度が極端に低下したことで、化石化が起こりにくくなったという説もあるが、単純に動物の数が減っていた可能性もある。このローマーのギャップを超えると、四肢動物は水の外でもまばたきひとつせずに[*5]自重を支えられる陸上生活者として、多様化をとげる。

長い間、わたしたちは水から陸への移行がどのように起こったかを知らなかった。けれども最近になって、ギャップが埋まりはじめた。最新の発見の多くはスコットランド発で、TW:eed（四肢動物の世界：初期進化と多様化）プロジェクトに参加する研究者たちが、新種の初期陸生脊椎動物を次々に発掘している。プロジェクトは分野のパイオニアである古生物学者ジェニー・クラックらの主導で進められていて、成果のひとつがアイトネルペトン・ミクロプス *Aytonerpeton microps* だ。名前は「小さな顔をしたアイトンの這行者」を意味する（アイトンは発見場所であるスコットランドの行政区）。

針のような歯と、それが収まる穴がたくさん並んだ顎をもつアイトネルペトン（チーム内では「タイニー」の愛称で知られる）だが、頭骨の長さはわずか五センチメートルしかない。つまり彼女[*6]は、同時代のほかの四肢動物と比べてかなり小さかった。ずらりと並んだ小さく鋭い歯で、そこらじゅうにいた無脊椎動物を捕まえて食べたのだろう。節足動物の成功のおかげで、水から一歩踏み出そうとする初期四肢動物には、おいしいご褒美が約束されていたのだ。

脊椎動物の陸上進出について語ろうとすると、進化に目的があったかのような言い方をしてしまう落とし穴を避けるのは難しい。当然ながら、進化の旅路に最終目的地はない。ランダムで、偶然によってルートが決まる。分岐が起こるのは、予期せぬ変異や行動が、たまたまその瞬間に有益だった時だ。この無慈悲なランダムさに恐れをなす人がいることは、過激な宗教信者による反進化論的主張を見てのとおりだ。けれども、進化がこの上なく美しいのは、何よりもこうした幸運な偶然のおかげだ。

わたしたち四肢動物の祖先が、陸上生活のために適応を進化させたことは一度もない。すでに備えていた適応が、たまたま叩き台として好都合だったおかげで、それらを利用して陸上に進出できたのだ。こうした現象は学術用語では外適応（exaptation）と呼ばれ、進化のしくみの重要な要素のひとつだ。ある目的のために進化した形質が、ほかの目的のために転用される。タイニーがスコットランド

＊4　この時代の四肢動物にまぶたがあったのかどうかは定かではない［訳注：原文では"without batting an eyelid"という慣用句が使われている］。こうした動物たちが専門のスティグ・ウォルシュ（第1章に登場）に聞いてみたところ、「僕の勘だけど、眼を守って湿度を保つ構造は必要なかったんじゃないかな。どこかの時点でそういうものが進化するのは必然だろうけど……正直、考えたことなかった」とのこと。彼はもう新しい研究計画書を書きはじめていそうだ。

＊5　わたしの好みでメスだったことにしているけれど、科学的裏づけはまったくない。

の下層植生のなかをのそのそ進みはじめることは、必然でもなんでもなかった。もっと言えば、ぐにゃぐにゃのパーツを全部外側にもってきた（節足動物に聞いたら、きっとイカれてると言うだろう）奇妙な動物の一群が、いっぱしの地位に登りつめることだってそうだ。

さて、湿地林を探検するわたしたちは、とうとう起源に行き着いた。少なくとも、脊椎動物の系統樹の幹にあるたくさんの起源、枝分かれの根本のひとつに。多湿な下層植生のなかでさきほど出会ったその生き物は、名をウエストロシアナ *Westlothiana* といい、化石が発見されたスコティッシュ・ボーダーズ地方の行政区ウエストロージアンにちなんでいる。もちろん、わたしたちの進化の歴史はもっと昔までさかのぼることもできる。例えば肉鰭類の魚と条鰭類（肉鰭類以外の硬骨魚類はすべてこちらに属する）の魚の共通祖先を探して、汽水の入江に分け入ってもいい。あるいはもっと昔の、最初の多細胞生物が出現したエディアカラ紀の狂騒に飛び込んで、ヘルニア矯正クッションのような、扁平で不定形な生き物を見つけてもいい。だが、ウエストロシアナほど哺乳類の物語の始まりにふさわしい動物はいないだろう。最初期の陸生動物のひとつだっただけでなく、ウエストロシアナの骨格には、わたしたちが属するグループである有羊膜類との類縁関係が見て取れるからだ。

石炭紀が続くなか、大災害が蒸し暑い小葉植物の湿地林を襲った。石炭紀雨林崩壊と呼ばれるできごとが、湿地の木々を壊滅させたのだ。崩壊の原因ははっきりしないが、現在の北西ヨーロッパにあった火山の噴火による気候変動を示唆する証拠が見つかっている。森林は残ったものの、すっかり様相は変わった。いまや断片的で、裸子植物で構成されていた。球果や種子は、現在のわたしたちにもおなじみの針葉樹や、独特で絶滅が危惧されるイチョウ、ヴィクトリア時代の植物園で愛されたヤシ似のソテツのそれに変わった。こうした木々の枝の影で、どっちつかずだった四肢形類は、ようやく完成された四本脚の陸生動物として檜舞台に立った。もはやかれらが、陸生脊椎動物の二つの大系統の祖先であることは疑いようもなかった。有羊膜類と無羊膜類である。

気候が移り変わるなか、あるグループの動物たちは、最初の四肢形類が備えていた進化的プロトタイプの多くを維持した。かれらは変わらず水に頼って繁殖し、水分を保ち酸素を与えてくれる安全な水の中に卵を産んだ。このグループは無羊膜類と呼ばれ、湿度が必要なかれらにとって、石炭紀後期の乾燥した世界は過酷な場所だった。それでもかれらは耐え抜き、いまもカエル、サンショウウオ、アシナシイモリとして生き残っている。*7

一方、残りの四肢動物たちは、二つの画期的な適応のおかげで水への依存から脱し、完全な陸上生活に踏み出した。長きにわたる繁栄を享受するかれらは、この最初の適応にちなんで有羊膜類と呼ばれている。羊膜とは、発生途中の胚を包みこむ、液体で満たされた膜の名前であり、池で見かけるカエルの卵塊にあるようなゼリー状の表層が進化したものだ。両生類の場合、このゼリー状物質が卵と周囲の水の間でおこなわれる老廃物の排出やガス交換を担っている。一方、有羊膜類では同じ機能を、羊膜が水の外で実現している。ほかの二つの膜（絨毛膜と尿膜）と合わせて、羊膜は発生途中の胚を包む膜のクッションを形成し、そのなかにいわば持ち運び可能な池である羊水を満たす。そして、卵殻がこれらすべてを内包する（さらにずっとあとになると、一部の動物は母体内部でこれらを実現するようになる）。両生類と魚類の卵にはない特徴だ。卵が獲得したこのイノベーションのおかげで、有羊膜類は祖先の地である水辺を

＊7　かれらは両生類と呼ばれることが多いが、厳密には、共通祖先から分岐した絶滅した親戚を含むグループについては、平滑両生類（lissamphibian）と呼ぶのが正しい。このグループのなかで、より新しく、現在も生き残っている系統が両生類だ。

離れて子育てができるようになった。

　しかし、有羊膜類の体には、それ以上に移行に不可欠だったと言っても過言ではない変化が起こった。水から出た脊椎動物は、水中よりも三〇倍も酸素を多く含む大気を利用できた。魚は呼吸のために大量の水をエラに通さなければならないが、乾燥した陸上で、最初の四肢動物は「口腔ポンピング」と呼ばれる方式を採用したと考えられている。口腔の上げ下げによって生じる、ふいごのようなメカニズムだ。初期の四肢動物の多くが、踏み潰されたように幅広く平たい頭部をもっていた理由も、これで説明できる。ぺしゃんこな形は広い口腔をつくりだすのだ。基本的に、最初の四肢動物はみな口呼吸をしていた。

　一方、有羊膜類は文字通り、首を長くした。二〇〇一年、古生物学者のクリスティーン・ジャニスとジュリア・ケラーは、これらの動物の肋骨の可動性を調べ、最初の有羊膜類において可動域がより大きくなったことを明らかにした(1)。初期有羊膜類の多くは頭の幅が狭く、首が長かった。彼女たちは、これらの変化には相互に関連があり、口腔ポンピングから胸の筋肉を使った胸式呼吸へという、呼吸方式の変化を反映していると気づいた。このことは、地球の生命の歴史に本質的な影響をもたらした。有羊膜類はより効率よく呼吸できるようになり、しかも姿勢を保つのに頑丈な肋骨を使わなくなった。これにより、口腔ポンピングの動物では肺への空気供給が難しくなるような、直立した姿勢と長い首というプロポーションが可能になった。口を呼吸に使わなくなったおかげで、有羊膜類は頭骨と顎の筋肉の一部を新たな採食様式に転用できた。これにより、顎の先端部分でかじり取る技術が必要な、植物食が初めて実現した。胸から大きく一息ついた有羊膜類は、足早に水辺を離れ、陸に卵を産んで、世界征服を開始した。

　わたしたちの進化史の大部分において、進化を理解する手がかりは骨だけだ。化石記録を見れば、地球の歴史上のこの時代、それぞれに陸上進出を試みていた動物たちのなかで、有羊膜類がもっとも複雑なグループのひとつだったことは明らかだ。水の外で生き抜くのに役立つ骨格の変化は、この系統のなかで少しずつ蓄積された。頑丈な脊椎、大きな脚、体重を支え足の動きを歩行に最適化するくるぶしの構造変化。古生物学者は骨格を綿密に調べ、変化を記録し、ある独立したグループに特有といえる特徴はどれなのかを考察する。こうした特徴は共有派生形質と呼ばれ、あるグループと別のグループを区別する基準となる。

有羊膜類の共有派生形質を見つけるには、鋭い観察眼が必要だ。まず頭骨をみると、骨の配置に特徴がある。前頭骨と呼ばれる骨の幅が広くなり、眼窩の一部を形成している。内側では、口腔の天井部分である口蓋が、喉の奥の方に向かって、歯がずらりと並んだ縁に囲まれている。肩の骨がより複雑になっている（一対の烏口骨が発達し、現生哺乳類では肩甲骨の一部を構成する）のは、陸上生活にともなう前肢の使い方の変化に関係するのだろう。肩甲骨が複雑になる一方で、くるぶしと手首は簡素化し、複数の骨が癒合して距骨（くるぶしの一部）を形成する。

初期有羊膜類の興味深い姿を物語る特徴はほかにもある。例えば、かれらは水の外での聴覚機能に特化した耳の構造がなく、頭部に伝わる振動を知覚していたようだ。一部の初期有羊膜類は、頭骨の構造が柔軟で、精密な咀嚼を司る筋肉が付着する部分をもたなかったことから、丸ごと飲み込めるもの以外は食べられなかったと考えられる。もちろん、かれらの生物学的特徴には、まだわたしたちの知らないこともたくさんある。例えば皮膚の角質化の有無や、羊膜のある卵がどのように進化したかがそうだ。こうした軟組織の特徴は、骨と違って化石記録にめったに痕跡を残さない。共通祖先をもとに推定することはできるが、ほとんどの軟組織形質について、存在あるいは不在を決定的に証明する化石はないのだ。

さて、とうとう四肢動物の物語の最後の分岐点にやってきた。このあとわたしたちは哺乳類ハイウェイに入る。約三億年前、小葉植物が倒れるのを尻目に最初の裸子植物の種子が芽吹き、林床を支配しはじめたころ、わたしたちの系統はすでに、いとこである爬虫類と袂を分かっていた。哺乳類は爬虫類から進化した、というのはよくある誤解だ。これが事実と程遠いことはすでに明らかになっている。ただし、哺乳類と爬虫類に共通祖先がいたのは本当だ。最初の羊膜をもつ四肢動物は、哺乳類でも爬虫類でもなかった。どちらのグループもまだ進化していなかったのだ。石炭紀、わたしたちとカメ、ワニ、恐竜、鳥、トカゲの最後の共通祖先は役目を終え、進化の黄昏のなかに消えていった。

有羊膜類は、単弓類と竜弓類という[*8]、二つの大系統に分かれた。当時の両者はロムルスとレムス［訳注：ローマの建国者とされる伝説上の双子の兄弟］のようによく似ていて、ひと目で見分けるのは至難の業だっただろう。だが、わたしたちは昔から、化石記録に現れるかれらをひとつの特徴に基づいて分類してきた。頭にあいた穴の数だ。

単弓類には、ヒトやわれらが同胞であるすべての哺乳類に加え、あとの章に登場する、想像を超えたさまざまな絶滅動物たちが含まれる。一方、竜弓類（爬虫類）は、四肢動物一族のなかで最大の成功者といえる（人類が自称する「成功」を除けば）。わたしたちと同じくらい慎ましやかな始まりから、竜弓類は途方もない形態的多様性を生み出した。カメ、翼竜、トカゲ、ムカシトカゲ[*9]、魚竜、ワニ、それにもちろん、いつも不当なくらい注目を集める恐竜。恐竜の現生の子孫である鳥は、哺乳類の二倍の種数を誇り、その多様さでバードウォッチャーを魅了する。とはいえ、爬虫類の進化の旅路を扱った本はたくさんあり、とりわけ中生代については充実しているので[*10]、ここで繰り返してみなさんを退屈させることもないだろう。かれらの姉妹群であり、この本の進化の物語の主役である、単弓類に話を戻そう。

最初の単弓類、つまり哺乳類とその親戚からなる四肢動物の系統の創始者の候補として、現在知られている動物はいくつかある。どれもノバスコシア州の石炭紀の地層から発見されたものだ。わたしたちのいちばん古い単弓類のご先祖様はカナダ生まれだったようだ。[*11]

わたしたちの系統に属すると考えられる化石のうち、いちばん最近に見つかったのがアサフェステラ *Asaphestera* だ。次の候補は、動物というより何かの予防薬のような名前だが、プロトクレプシドロプス *Protoclepsydrops* という。それから、アルカエオティリス *Archaeothyris*（喉の病気の一種？）にエチネルペトン *Echinerpeton*（何かいやらしい意味のスコットランドのスラング？）。かれらの名前から、散逸した断片的な化石を研究することの難しさがうかがえる。

アサフェステラが哺乳類の系統に加わったのはつい最近だ。名前は「目立たないもの」を意味し、これといった特徴がないせいで、かつては複数の無関係な動物の骨と一緒くたにされていた事実を的確に表している。二〇二〇年五月、この標本を再検討したカナダとドイツの研究チームが論文を刊行した。(2)

＊8　この系統を爬虫類あるいは竜弓類のどちらの名前で呼ぶかについては意見が分かれる。四肢動物の系統関係のなかの未解決部分のひとつなのだ。ただし、この議論は本書のテーマから外れるので、ここでは同義語として用いる。

＊9　ムカシトカゲ *Sphenodon* は、喙頭目《かいとう》と呼ばれる爬虫類のグループの唯一の生き残りであり、ニュージーランドの固有種だ。

＊10　わたしのおすすめは『爬虫類の台頭（The Rise of Reptiles）』。著者のドクター・スースは楽しくも不条理な絵本の著者ではなく、ドイツ系米国人の古生物学者だ。とはいえ彼も楽しい不条理に夢中だし、ネコ好きなのも同じだ［訳注：『キャット・イン・ザ・ハット――ぼうしをかぶったへんなねこ』は絵本作家ドクター・スースの代表作のひとつ］。

＊11　というのはもちろん冗談。カナダは知られているかぎり最古の単弓類化石の産出地だが、だからといって同じ時代に、世界のほかの場所に単弓類がいなかったとはいえない。単にまだ化石が見つかっていないだけだろう。

かれらは、小さく幅の広い頭骨が、初期単弓類に特有のパターンで構成されていることを指摘した。これが確かなら、アサフェステラは最古の幹哺乳類（「幹」は系統の基幹部分を意味する）のひとつといえる。

同じ地層からプロトクレプシドロプスも発見された。意味は「最初のクレプシドロプス」で、それより少し新しいクレプシドロプス *Clepsydrops* の化石もまた、別のカナダの石炭紀の地層で見つかった。椎骨が砂時計（ギリシャ語で klepsydra）のような形をしていたことにちなんだ名前だ。[*12] クレプシドロプスは骨格からみて明らかに単弓類だったが、プロトクレプシドロプスに関してはまだ意見が割れている。この種の化石は数個の椎骨と上腕骨しか見つかっていないが、その形態はほかの初期単弓類のものに似ている。つまり、この咳止め薬のような名前の動物は、わたしたちの系統の最初期メンバーかもしれないのだ。

アルカエオティリスはギリシャ語で「古代の窓」を意味する詩的なネーミングだ。この化石は、遠い昔の有羊膜類の過去を垣間見せてくれるだけでなく、わたしたち単弓類がもつ決定的な特徴をよく示している。石炭紀にさかのぼる共通祖先以降、わたしたちはみな頭骨の両側にひとつずつ、側頭窓と呼ばれる穴をもっている。解剖学用語で窓（fenestra：ラテン語で「窓」）とは、骨にあいた穴全般のことだが、この穴にはきわめて重要な意味がある。側頭窓は眼のすぐうしろにあり、すべての単弓類において左右一つずつだ。単弓類の英名 synapsid は「ひとつのアーチ」を意味する。窓がひとつなので、頭骨に単一のアーチが形成されるのだ。わたしたちの側頭窓は、側頭骨、鱗状骨、後眼窩骨に囲まれている。[*13] 眼のうしろ、頬骨の上にあるへ

図１　単弓類（左、哺乳類系統）と双弓類（右、爬虫類系統）の頭骨の模式図。側頭窓に注目。

こみに指をあててみれば、あなたも自分の側頭窓の存在を感じられる。今度はそのまま、歯を食いしばったり、力を抜いたりしてみよう。側頭窓に筋肉が通っているのがわかるはずだ。この穴のおかげで、口を開閉する筋肉が付着する部分が確保されている。初期四肢動物における穴の配置の違いは、咀嚼や採食の方法の違いと結びついているのかもしれない。

新たな研究により、爬虫類の系統にみられる頭骨の穴の数のパターンは、従来考えられていたよりも複雑であることがわかった。穴の獲得と喪失が複数のグループで起こったからだ。ほとんどの爬虫類は穴ふたつの双弓類だが、カメは穴のない無弓類だ。爬虫類の進化史のなかでは、初期集団が一つまたは複数の窓を獲得し、のちに喪失するできごとが、たびたびあったのかもしれない。一方、単弓類はほぼ例外なく単一の側頭窓をもつ。[*14] 単弓類と竜弓類の最大の違いにあいまいな部分はなく、頭の両側にひとつずつあいた穴は、わたしたちを定義づける一貫した特徴だ。アルカエオティリスの「窓」は、頭骨の窓であり、わたしたちの過去への窓でもある。持ち主がわたしたちの系統樹の根本に位置することを、はっきりと証明しているのだ。

一方、エチネルペトンの名前の由来は「トゲトゲのトカゲ」で、あまり有益とはいえない。学名はいったん命名されると、たとえその意味がのちに不正確で誤解を招くものとわかっても、変更ができない。

＊12　古典教育を受けた西洋の古生物学者が、このような視覚的類似に基づいて種を命名するのをいい考えだと思うとは驚きだ。とはいえ、映画シリーズやデスメタルバンドにちなんだ最近の学名を見て、未来の人々は何を思うだろう？

＊13　初期の単弓類では、頬骨、鱗状骨、後眼窩骨が側頭窓を構成した。骨の配置は単弓類の進化の過程で多少変化したが、効果は同じだ。

＊14　ややこしいことに、単弓類のひとつのグループは、頭骨にとても小さな第二の穴をもつ。小さいとはいえ、どんな法則にも面倒な例外はあるものだ。生物学はいつでも、ぱっと見の印象よりもはるかに複雑だ。

このルールのせいで、単弓類とそのいとこである爬虫類の間に明確な線引きをしようとする現代の古生物学者にとって、かれらは頭痛の種だ。エチネルペトンは、哺乳類系統に属するにもかかわらず、不運にも永遠に「トカゲ」の名を背負うはめになったのだ。

学名だけでなく、俗称も時にうっとうしいくらい頑固だ。哺乳類の祖先である単弓類に対しては、かつて「哺乳類型爬虫類」という通称が広く使われていた。こうして文字にすることさえ耐えがたい名前だ。哺乳類の起源に関する名著のいくつかにもこの呼称が使われていて、次世代の学生や一般大衆への「延焼」になかなか歯止めがかからない。廃れた専門用語の残骸でしかないのに、なじみのある基準に立ち返るほうが簡単で、そのせいで不適切な名称の延命が続いている。本当は、「哺乳類型爬虫類」なんて呼び名は、頭に（左右ひとつずつ）あいた穴よりも必要ないのだが。

過剰反応と思われるかもしれないが、けっしてムキになっているわけではない。「哺乳類型爬虫類」という言い回しは、わたしたち自身と、ミルクで結ばれた兄弟姉妹たちの起源に関する、根本的な誤解に基づいている。分類学的に言って、母親への侮辱だ。哺乳類の起源の真実はそれよりもずっと魅力的だし、起源を知ることで、わたしたちの人間観や、この地球でともに暮らすほかの動物たちへの眼差しは一新されるはずだ。

進化のしくみを理解しようとするなかで、哺乳類であるわたしたちは、化石記録のなかに哺乳類らしさを見出し、自分が属する系統の発端を突き止めたがる。わたしたちは時間を、始まりから半ばを経て終わりへと向かう、直線的な体験として知覚する生き物であり、どんな創世の物語もこうした構造をもつ。わたしたちの言葉は、こうした物語を美しく綴るにはもってこいだが、一方であいまいさに満ちていて、科学的な厳密さの追求に向かない。使い慣れていない人にとって学術用語が不可解なのは、こうした理由からだ。どの研究者も厳密にまったく同じ物事について議論していることを保証し、誤解を防ぐためには、きわめて具体的な専門用語が必要なのだ。杓子定規に見えるかもしれないが、そうではない。用語の選択にこだわるのは、明確性という目的があってのことだ。

進化のことになると、聞き慣れた言葉の代わりに正確な言葉を使うのはとても難しい。ある動物が進化のプロセスを通じて、別の動物に「変わる」とか「なる」と言われがちで、わたしもこの本で何度かは使ってしまうだろう。でも、これらは「なぜなぜ物語」[*15]だ。そうなってしまうのは、わたしたちが進化を逆さまに見て、何もかもを現生種と比べるからだ。この方法にはメリットもある。古生物学は比較解剖学を基礎としていて、あとの章ではバイオメカニクスや生態学の分野でのこうした比較を通じて、絶滅動物の暮らしについて何がわかるかを見ていく。一方で、実際にはランダムでしかないところに必然性を見出してしまうという副作用もある。そして、そのせいで重要な区別を見落としてしまう。先へ進む前に、ここではっきりさせておこう。爬虫類の外見と、爬虫類と哺乳類の共通祖先の外見は、何が違うのだろう?

アサフェステラ、プロトクレプシドロプス、アルカエオティィリス、エチネルペトンの復元像は、どれもみなトカゲに似ている。みな小型で、あなたの前腕ほどもなかった。四肢は側面から突き出ていて、長く先の尖った尾は、いかにも爬虫類らしく身をくねらせてのそのそ歩く体のうしろで、揺れたり引きずられたりした(爬虫類は今も魚と同じように、胴体を左右に波打たせて移動する)。最初の単弓類に毛や羽毛は

*15 ラドヤード・キプリングが一九〇二年に発表した児童書の古典であるこの本は、さまざまな動物の特徴の起源をラマルク的話法で説明している。つまり、どの動物も自分自身のために、それぞれの特徴を発達させることを選んだという設定だ。進化的には正しくないが、子どもたちに読み聞かせるにはいい本だ。

なく、がさがさした丈夫な表皮が貴重な水分を内に保っていた。長い吻に唇はなく、単純な形の尖った歯がびっしり並んで、昆虫や魚を噛み砕いた。

初期単弓類の頭骨には、目立たないが固有の特徴がいくつかあった。おもな共有派生形質である、頭骨の左右にひとつずつ大きな穴があったことに加えて、眼の後ろの部分を構成する骨がより幅広くなって傾斜し、鼻にあった中上顎骨（septomaxilla）が肥大化していた。とはいえ、外見は爬虫類のようだったし、行動もおそらくそうで、かれらと共存していた最初の竜弓類とよく似ていたはずだ。けれども厳密には、かれらはいずれも爬虫類ではなかった。

見た目はともかく、初期有羊膜類、つまり単弓類と竜弓類を「爬虫類的」と呼ぶのは正しくない。むしろ、現生爬虫類を「初期有羊膜類的」と形容すべきなのだ。ほとんどの現生爬虫類の分類群、とりわけトカゲは、先祖を彷彿とさせる数多くの特徴を維持している。かれらは表面的にあまり変わっていない、ちょっとレトロなグループだ。[*16] 一方、哺乳類は劇的に、明白に変化した（鳥類もそうだ）。この変化は素人目にも明らかだ。ウシとカメレオンを、あるいはワシとイグアナを見間違える人はいない。でも、石炭紀のウシの祖先とワシの祖先となると、かなりそっくりだったはずで、間違えるのは無理もない。この区別には解剖学の詳細な知識が不可欠だ。かれらの違いを見分け、それぞれがどのように別々のグループとして勃興したかを解き明かす手段は、解剖学以外にないのだ。

かれらがよく似ていたせいで、哺乳類の起源を探る初期の古生物学者や解剖学者は、時をさかのぼるほどに化石が「爬虫類的」になると考えた。そのため、哺乳類は爬虫類のある一派から進化したとみなされ、こうして「哺乳類型爬虫類」という用語が生まれた。しかし、ますます多くの化石が見つかり、詳細な分析がおこなわれた結果、今のわたしたちは、哺乳類が爬虫類から進化したのではないと知っている。初期単弓類の爬虫類っぽさは、爬虫類との共通祖先である、初期有羊膜類のボディプランの名残にすぎないのだ。

哺乳類と爬虫類、単弓類と竜弓類の間の断絶は根深い。その端緒は石炭紀、陸上生活のパイオニアたちの時代にさかのぼる。両者の化石のほとんどは、かつて赤道付近にあった土地の地層から見つかっている。そこは古代世界の蒸し暑い森林で、おそらくかれらはまだ、もっと寒く乾燥した環境では生きていけなかった。双子を親が見分けるように、建国のきょうだいを見分けられるのは古生物学者だけかもしれないが、かれらの違いは本質的なものだった。

石炭紀の化石林はわたしたちの初期進化を育むとともに、もっと最近になって、産業革命の原動力にもなった。数千万年にわたって存続し、突如として崩壊して化石になった森林は、世界に張りめぐらされた石炭の鉱脈を生み出した。こうした資源の開発と、西洋の帝国主義、植民地主義は分かちがたく結びついている。化石燃料の燃焼は急速な人為的気候変動を引き起こし、今まさに数億の、とりわけ途上国の人々の生活を激変させつつある。この流れは、あと数百年は止まらないだろう。

言ってみれば、石炭紀はわたしたちが「世界デビュー」を飾った時代であると同時に、わたしたちが最終的に破滅する遠因になるかもしれないのだ。

＊16　もちろん、実際には爬虫類も、解剖学的および遺伝的に大きな変化を経験してきた。その物語を伝えるのは、別の語り手に任せたい。

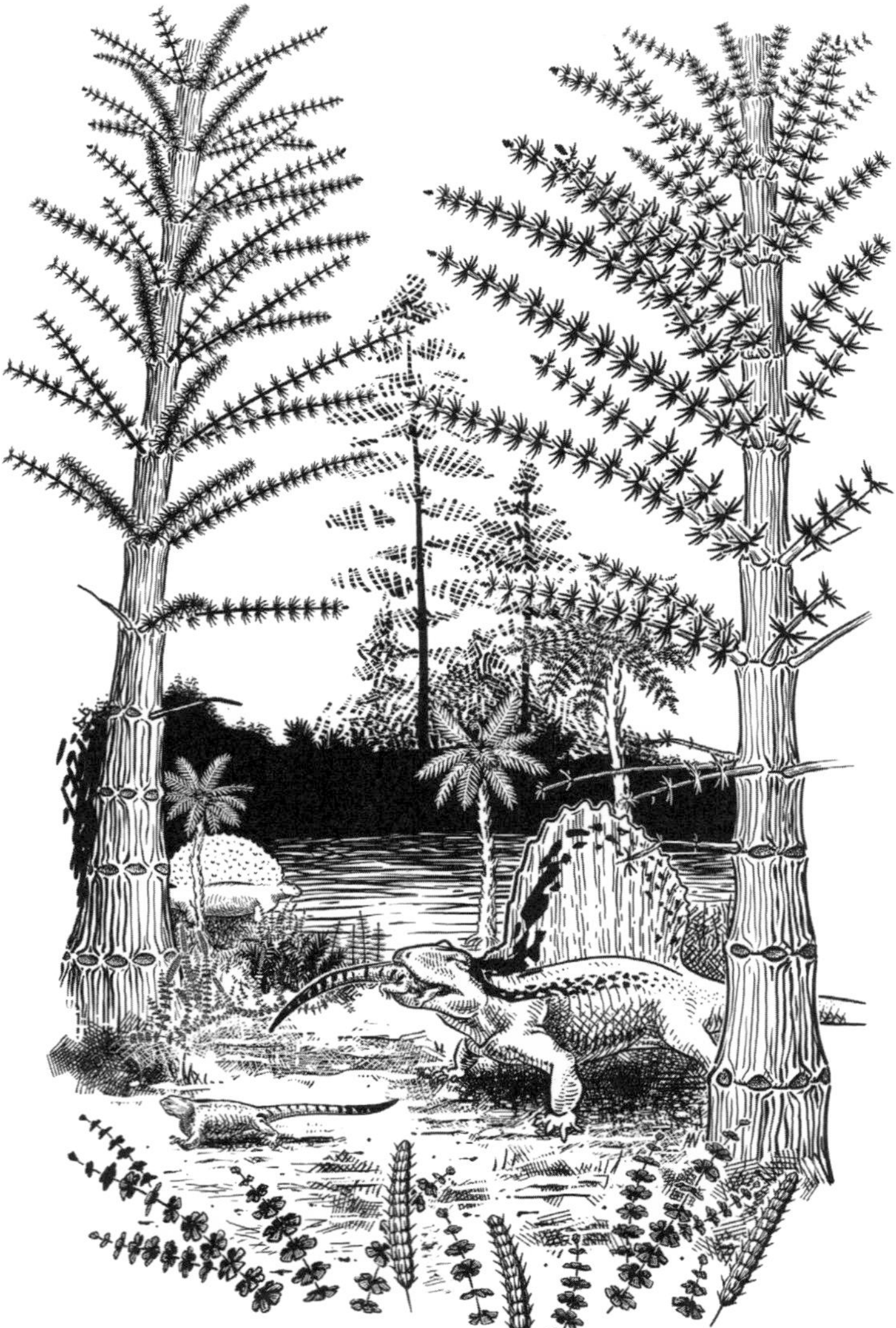

第4章　最初の哺乳類時代

これらのグループはみな、いまではきわめて独特なので、わたしたちは自然と太古の昔を振り返り、それぞれ最初はどんな風に独自の道に踏み出したのだろうと考える。そうするたびにわたしたちは、じつに奇妙な歴史に直面する。そして、自然という名の大著をさらに深く読みこみ、あらゆる国の地表を引っかき回して、どうにか説明を見つけ出したくなる衝動に駆られる……

アラベラ・バックリー『生命のレースの勝者たち（Winners in Life's Race）』

歴史の授業でわたしがいちばん好きになれなかったのは、王朝と戦争だった。わたしが受けた授業はほとんど例外なく、中年の白人男性が、ほかの中年の白人男性とかれらが起こした戦争について教えていた。こうした戦争はいつも裕福な白人男性の気まぐれから始まり、かれらは裕福な白人の妻とともに帝国を築き、他国を侵略し、やがて滅亡したと思ったら、また新たな帝国、王、戦場に送られた兵士たちがそれに取って代わる。軍事史や王国史にわくわくする要素があるのは確かだけれど、勝利の栄光にばかり力点をおくのは、浅薄な歴史解釈だ。それにきわめて女性蔑視的で、ヨーロッパ中心の見方でもある。ふつうの人たちは何をしていたのだろう？　オーストラリアでは、アルゼンチンでは、何が起きていた？　わたしたちの過去は、ただの王様の名簿でも、揺れ動く国境線が引かれた地図帳でもないはずだ。

これまで歴史書を書いてきた人も、歴史書に書かれてきた人も、たいていは男性だった。[*1][(1)][(2)] 同じことが、進化の歴史にもあてはまる。征服に関係する言葉は、わたしたちが進化について話す場にも忍び込む。動物による支配、ジャングルの王者、陸・海・空を制する。ほかのすべてのグループは、従者のようにかれらの影に隠れてしまう。生命の興亡を、いつも抑圧的な帝国のそれに重ね合わせて話すなんて、あまりに退屈だ。

そうはいっても、地球上でそれぞれの動物のグループが、多様性と個体数に関して山あり谷ありを経験してきたのは事実だ。デボン紀が「魚の時代」と呼ばれるのは、実際に魚だらけだったからだ。海の中も化石記録も魚類にあふれ、またかれらは、ほかの動物がスタート地点にも着かないうちから、とても興味深いことを試しはじめていた。例えば「甲冑」魚（これまた意味深な表現だ）がそうだ。人類の歴史がそうであるように、わたしたちが描く生命進化の歴史にもバイアスがかかっていて、そこには語り手の文化的背景が反映される（わたしも例外ではない）。どの生物が「支配者」かという認識は、わたしたちがフォーカスする（あるいは見過ごす）ものに偏っていて、場合によっては完全に見当違いのこともある。

例えば、いまのわたしたちは「哺乳類の時代」を生きている。お察しのとおり、わたしは哺乳類が大好きだ。それでも、わたしたち哺乳類が過去六六〇〇万年にわたって支配的な生命形態だったと言うのは、ちょっと視野が狭すぎる。哺乳類の現生種は五五〇〇種あまりだが、鳥類は一万八〇〇〇種、魚類は三万五〇〇〇種以上だ。[*2] 脊椎動物だけを見てもこのとおり。昆虫に目を移せば、甲虫だけで一五〇万種を超える。哺乳類の時代という呼び名の理由として、地球上で最大の脊椎動物が哺乳類であることもあげられる。わたしたちはやたらとサイズに執着するが、歴史と科学における男性優位を考慮すれば、さもありなんだ。加えて、体型や数限りない環境のなかでの生活様式が飛び抜けて多様であることも理由にあげられる。ただ正直なところ、わたしたちは単にモフモフの兄弟姉妹たちに甘いだけなのかもしれない。

しかし、ほんとうの「哺乳類の時代」は、じつはずっと昔にあった。進化学の教科書を斜め読みしただけでは、見落としてしまったかもしれない。最寄りの本屋のポピュラーサイエンスコーナーに、そんなテーマの本はきっと見つからないだろう(この本が出るまでは)。この時代はスキップされがちだ。わたしの歴史の先生たちが、石器時代からまっすぐに第一次世界大戦まで話を進め、途中の時代にあった中国文明の偉大な発明や、メラネシア人の途方もない太平洋諸島進出を無視したように。わたしたちは、魚からすぐさま恐竜に進み、途中の二億五〇〇〇万年のギャップをいとも簡単に飛び越えてしまう。せいぜい「哺乳類型爬虫類」という誤解(ときには恐竜と一緒くたにされる)にちらりと目配せするだけで、そそくさとメインディッシュの爬虫類の時代にかじりつく。

この失われた数億年の間に何があったのだろう？　動物たちは、陸を這い進みはじめてから、実写版ゴジラになるまで、何をしていたのだろう？　さあ、歴史を覆い隠すやぶを伐りはらって、脊椎動物が大繁栄をとげた最初の時代に光をあてよう。この時代の動物たちは、植物食を合理化し、頂点捕食者の実地試験をおこなった。単弓類は、大きさに関してもかたちに関しても、驚くべき多様性を実現し、生息環境に適応したさまざまなライフスタイルを編み出した。知られざる地質時代は、真の最初の「哺乳類」時代だったのだ。

＊1　あくまで一般論だが、おおむねそうだった。
＊2　二〇二〇年六月一五日の時点で三万五五一九種。Eschmeyer's Catalogue of Fishes より。

わたしたちはぶざまにガタガタ揺れながら砂利道を進んだ。クレーターのような陥没穴のせいで、車は飛び跳ね、不協和音を奏でつつ、海へと向かう。道が途切れたところで車を停めると、さらに二台の普通車と一台の四輪駆動車が続いた。運転していたのは、ネイチャースコットとエルギン博物館[*3]の職員たちだ。車を降りたわたしたちを、典型的なスコットランドの冬の天気が出迎えた。きらめく陽射しは見せかけで、空気はガラスのように鋭い。北海直送の風の破片は、袖の中にすべり込み、骨に突き刺さる。

わたしはエディンバラにあるスコットランド国立博物館で自然科学部門主幹を務める、ニコラス・フレイザーのチームの一員としてやってきた。フレイザーは大学院でのわたしの指導教員のひとりで、専門は三畳紀の古生物学。地球史上もっとも破滅的な大量絶滅（詳しくは後ほど）のあと、クラッシュしたコンピューターのように生命が再起動した時代だ。スコットランド北東部マレーのエルギン周辺の採石場は歴史上、世界でもっとも早くペルム紀と三畳紀の動物化石を産出した場所のひとつで、そのおかげで保護区に指定された。エルギンにやってきたフレイザーは、三畳紀の専門家として、またスコットランド最大の博物館の研究主幹として、このマレーの砂岩採石場を古生物学的観点から引き続き保護していく必要があるかどうかの調査に協力してほしいと依頼を受けていた。

わたしたちは海に向かう道を歩きはじめた。道の両側には、生い茂るハリエニシダが棘だらけの恐ろしげな壁をつくり、視界を遮っているので、道をそれる気にならない。やがて海岸に到着した。足元の崖下には砂岩の海食棚が広がり、緩やかに傾斜して荒波の打ち寄せる海に沈み込んでいる。強烈な風のせいで息がしづらい。塩分と海藻の腐卵臭が鼻をつく。不穏な雲に覆われた、五〇キロメートル先のマレー湾の反対側の海岸がぎりぎり見える。間にある海は暗く落ち着きがない。点々と見える船の乗組員たちは、きっと楽天家なのだろう。

こんな僻地までガタガタ震えながらいったい何を見に来たんだろうと思いはじめたそのとき、カーブを曲がったところで視界がひらけた。足元に広がるのは、幅一〇〇メートル以上の採石場だ。後壁は荒々しい崖で、採石業者が上部から掘削孔を掘り、表面を発破で取り去った痕跡が、ピンストライプ模様をなしている。左手にある三棟の錆びた小屋は、潮風と年月による風化がひどく、そっと触れただけで崩れてぺしゃんこになりそうだ。採石場の中心には、どう測っても数メートルを超える巨岩が鎮座している。その向こうにはがれきの山々が連なり、砂利道が合間を縫って走り、大きな水たまりがきらめいている。

ここクラシャックは、スコットランド各地に建築資材を提供する現役の採石場だ。同時に、スコットランド屈指の足跡化石の産地でもある。ペルム紀の足跡をすばらしい保存状態で見られる場所は、世界で数えるほどしかない。

クラシャックで大地は皮を剥がれ、淡黄色のはらわたを見せている。二億六〇〇〇万年前の砂岩はきわめて軟質で、そのせいで長年利用されないままだった。けれども一九九〇年代、スコットランド博物館と王立博物館が収蔵品を統合し、エディンバラのスコットランド国立博物館に保存すると決めたとき、クラシャックの砂岩が新館の外壁被覆材として選ばれた。異例の建築意匠をめぐる議論は、スコットラ

＊3　英国で最古の独立博物館のひとつであり、開館は一八四三年。すばらしい化石コレクションと郷土の歴史的遺物が揃っていて、一見の価値ありだ。

ンドの新聞各紙に話題を提供した。一方、ジャーナリストはほとんど触れなかったが、クラシャックの操業再開によって掘り出されたのは、好みの分かれる建築資材だけではなかった。この沿岸の採石場での発破と採掘により、石化した砂丘に点々と残された、はるか昔に絶滅した動物たちの足跡が新たに発見されたのだ。

現在、ここでは砂利生産のための小規模な採石だけがおこなわれている。[*4] 操業権を貸与する事業者は新たな区画への拡張を検討していて、その意思決定プロセスへの助言のために研究チームが呼ばれたというわけだ。わたしたちの仕事は、クラシャック採石場にまだ法的保護が必要なのか、それとも足跡化石はもう打ち止めなのかを判断することだった。

わたしたち七人が足を踏み入れたとき、採石場は無人だった。ゆっくりと崩壊する砂岩からこぼれ落ちた、水を含む厚い砂の層に靴が沈み込む。わたしたちは円形劇場のような採石場の中心にある巨岩まで歩みを進めた。エルギン博物館のスタッフが、業者が手をつけなかったこれらの巨岩には足跡が残っていることが多いと教えてくれた。わたしたちは這い進み、よじ登りながら足跡を探した。岩の表面に触れると、砂粒が指先を軽く引っ掻く。ブユに刺された痕のような、わずかな膨らみ。

さらに先にはダブルベッドほどの厚板状の岩が転がっていた。近づいてみると、鮮やかなピンク色の表面に、斜めに日光が差し込んだ。突然、ペルム紀の足跡が鮮明なレリーフとして姿を現した。まるで潮の引いた夕方のビーチに犬や海鳥が残した、濡れた砂の上の足跡だ。最初のうち、クラシャックの足跡は交互についた凹みにしか見えなかったが、やがて食い込んだり引きずったりしたような爪痕も目に入るようになった。ヒトの拳ほどの足跡もあれば、拇印ほどのものもある。指も確認できる。のそのそ歩きのリズムをつかみ、前肢と後肢が近づいては離れる動きを追えるようになると、目立たない痕跡の正体も見えてきた。
ペルム紀の獣たちの亡霊が、そこらじゅうを歩き回っていた。

ペルム紀（Permian）という地質年代は、もちろんヘアスタイルからついたわけではなく、ロシアの一地域に由来する。ペルミ市（ペルミ地方という行政区画の中核都市）のある学校のそばにある、何の変哲もない灰色の岩の塊に、こんな碑文の刻まれたプレートが飾られている。

ペルミ地方を探検したスコットランドの地質学者にして、
古生代最後の時代であるペルム紀の命名者、ロデリック・インピー・マーチソンに捧ぐ。(3)

マーチソンの地質学的冒険の記念碑は、ウラル山脈を発してペルミ地方を流れる、大河ヴォルガ川の支流であるチュソヴァヤ川の川岸にもある。こちらの記念碑は、ペルム紀のサメの一種ヘリコプリオン *Helicoprion* の歯のイラスト入りだ。渦巻状に成長する奇妙な歯を下顎に備えたこのサメは、缶切りのついた「ジョーズ」の赤ちゃんのようだった。マーチソンはスコットランドが数多く輩出した地質学者のなかでもっとも有名なひとりであり、一八四〇年代に友人たちとおこなったロシアでの地質学調査によって、この遠く離れた地の山々と人々にしっかりと指紋を残した。この時代をペルム紀と命名したこと

＊4　クラシャックの石の一部は、異才アントニ・ガウディが設計した驚異の建築、バルセロナのサグラダ・ファミリア教会に使用されている。建築開始から一三五年が経過したが、いまも未完だ。クラシャックの石が選ばれたのは、地元スペインのムンジュイックの石に似ているため。

は、彼の功績のひとつだ。

ペルム紀（二億九九〇〇万年〜二億五二〇〇万年前）の地球は、表面的には石炭紀の特徴を残していた。大陸はまだ身を寄せあっていたが、前の時代に始まった海面下降は続き、それまで内海だった広大な地域が陸地として出現した。世界は半分が水、半分が陸という形で両極端に分断され、過酷な環境が形成された。極付近に広がる涼しい温帯林は、石炭紀初期の密林の世界の名残だった。しかし乾燥化が進んだことで、構成は針葉樹とシダ種子植物に変わっていた。極そのものは、何にも遮られない海流と漸進的な温暖化、それに陸地の乾燥のおかげで、氷に覆われてはいなかった。古テチス海の沿岸には、モンスーンが季節ごとに陸地にもたらす雨によって、緑豊かで湿潤な環境が発達した。

海から離れると、赤道から中緯度にかけて広がる超大陸の果てしない内陸部分は、四〇℃を超える高温に達した。ゴンドワナとローラシアの灼熱の内地。スコットランドも、そんなパンゲア北部の中心にあった。今日のナミブやサハラのような、乾燥し強風が吹き荒れる砂漠の一部で、生きていくには過酷な地域だったはずだ。それでも、太古の砂丘から見つかる化石は、生命がここに適応し、さらには繁栄したことを物語る。

ペルム紀の複雑な生態系は、進化の壮大な叙事詩を語る人々に無視されがちだ。古生物学者ではない誰かの話には、たいてい五〇〇〇万年の空白がある。だが、ペルム紀はただの地質年代ではなかった。もうひとつの地球だったのだ。そこに生きた動物たちは、進化の初めての通し稽古だった。巨獣たちのなかには、もっとも早い時代に植物食を採用した四肢動物がいた。かれらはとてつもない大きさに成長し、正真正銘の大物となって、トリケラトプスよりずっと前に角を獲得し身を守った。最初の高速走行するハンターが、サーベルのような牙を閃かせてうろついていたからだ。大型化しなかった被食者は、身を縮め、地中深くまで穴を掘って難を逃れた。

恐竜だらけの地球でさえ想像するのは難しいかもしれないが、ペルム紀の白昼夢《ドリームタイム》の奇抜なキャラクターたちは、もはやエイリアンそのものだった。にもかかわらず、かれらはわたしたち自身の前兆だ。恐竜のいないペルム紀の世界は、わたしたち哺乳類のもっとも古く、もっとも並外れた祖先たちの遊び場だったのだ。

一一月のスコットランドの採石場は、ペルム紀の灼熱の砂漠とこれ以上ないくらいかけ離れていた。もこもこに着込んだわたしは、砂岩のがれきの山をよじのぼって化石を探した。足跡の研究は、生痕化石を研究する生痕学（ichnology）と呼ばれる学問の一環だ。足跡以外にも、巣穴や糞など、動物そのものの化石ではないが世界にその動物がいた証拠となるものを研究の対象とする。スコットランドは足跡生痕学の発祥の地で、背骨と四肢を備えた動物の足跡が採石場で見つかったところから始まった。これらはわたしたちの祖先である単弓類や、かれらと同時代に生きた動物たちのもので、みなパンゲアの灼熱の中央部《ハートランド》に暮らしていた。

スコットランド南西部の丘陵地に位置するダンフリースは、エルギンと同時代だがさらに古い地層を有する。一九世紀初頭、コーンコックル・ミューアと呼ばれる場所の採石場労働者たちは、建築資材として切り出していた赤みを帯びた砂岩層のなかに、たくさんの模様があることに気づいた。これらの一部は地元の好事家が収集し、別荘の壁に風変わりな意匠として使われたものさえあった[4]。

一八二八年までに、奇妙な模様はヴィクトリア時代のナチュラリストたちの関心を惹いた。ウィリアム・バックランドもそのひとりだった。最初の恐竜をメガロサウルスと命名し、そこまで派手さはないが重要性では引けを取らない中生代の哺乳類アンフィテリウムを発表してから、わずか四年後のことだ。

バックランドがスコットランド南部の足跡について知ったのは、ラスウェルの教区牧師で地質学者でもあったヘンリー・ダンカンから送られた石膏型を見たためだ。「教授は……この岩石がまだやわらかい状態のときに、生きた四足動物が上を歩いたに違いないと確信していた……」[5]

バックランドはダンカン牧師に、「どれだけ費用がかかってもいいので」もっと標本を送ってほしいと頼んだ。そこでダンカンは友人のジェームズ・グリアソンとともに、コーンコックルの採石場を訪れた。グリアソンはそこで見たものをこう描写している。

膨大な数の痕跡が間断なく続いている。痕跡どうしが等間隔であること、指先が外側を向いていること、足先で地面をかすめたあとでしっかりと押し付けられていること、指先部分がかかと部分よりも深く沈み込んでいること、動物の足にあった三つの爪の痕がはっきり見て取れること、これらの特徴がすぐさま観察者の目に止まり、たったひとつの説明を認めざるを得なくなる。

そう、四足動物がこの砂丘を「洪水以前に」歩いたという説明だ。

グリアソンの著述と同じ年、ダンカンもこれらの足跡の記録を残した[6]。グリアソンは概要を簡潔に示した一方、ダンカンは「ウサギの足から子馬の蹄までさまざまな大きさの」比類なき足跡化石について雄弁に詳述した。彼は細かなディテールまで入念に観察し、足跡の大きさや間隔だけでなく、深さや形状も記録した。ほとんど前例のない試みとして、ダンカンは足跡の形態から、それを残した動物の行動や体格を推測した。砂がどのように押しのけられているかに注目することで、彼は動物が急斜面を登っていたのか降りていたのかを見抜いた。「片方の前肢を慎重に下方にすべらせ、しっかりと安定させてから、もう片方を同じように前に出し、後肢は交互にそれらのあとを追った……」。ダンカンはまた、一部の足跡は前肢の痕のほうが後肢のそれよりも深くなっていたことから、痕跡を残した動物は、頭と肩まわりががっしりした体格だった可能性を指摘している。

ペルム紀のこれらの足跡を残した動物の正体はまだ知られていなかった。当時、世界はまだ最初の恐竜の記載に湧いていた。人類誕生よりはるか昔の太古の地球に、何かしらの哺乳類（限りなく広い意味で）がいたというアイディアは、ストーンズフィールドでの哺乳類の顎の発見により、ようやくおぼろげに提示されたばかりだった。

地質学者たちは、コーンコックルの地層は新赤色砂岩に属すると知っていた。この名前は、より古い旧赤色砂岩との対比で命名されたものだ。ほとんどの博物学者の考えでは、新赤色砂岩の時代には爬虫類だけが生息していた。したがって、これら最初期の足跡は、現生のもっとも近い親戚である爬虫類、つまりワニやカメと比較された。

バックランドは奇遇にもリクガメを飼っていた。足跡を観察し、またダンカンやその他の文通相手がそれらを残した動物の候補を挙げるのを読んで、彼は実験することにした。エキセントリックなバックランドらしい、パイ生地を使った実験だ。

「最初に、一匹のワニにやわらかいパイ生地の上を歩かせました」と、彼はダンカンへの手紙に書いている。「そして足跡を取りました……（次に）三種のリクガメに、パイ生地、濡れた砂、やわらかい粘土の上を歩かせました……」[7]。バックランドの妻がパイ生地を、バックランド本人がリクガメを提供した。ワニの出どころははっきりしないが、バックランドはワニ肉を好んで食べたので、生きたワニも入手できたのだろう。この結果、バックランドは足跡をリクガメのものと判断した。彼はこう結論づけた。

「現生のどの種とも一致はしませんでしたが……足跡の形状には、現生のリクガメのものと多くの共通点がみられます……したがって、あなたの赤色砂岩時代の野生リクガメは、わたしの捕囚となっている鈍重で不活発な連中よりも、より活発に速く移動したものと、わたしは考えます」

解剖学者のリチャード・オーウェンは、ダンカンの足跡標本を *Testudo* 属に分類した。リクガメと水棲のカメすべてを含む分類群であるカメ目（Testudines）に由来する名前だが、のちに「カメの痕跡」を意味するケリクヌス *Chelichnus* に改名された。[*5]

もちろん、コーンコックルの足跡とバックランドの捕囚たちがパイに残した足跡が似ていたのは、単なる偶然だ。リクガメやその仲間は三畳紀まで出現しない。[*6] 最初の記載から数十年のうちに、コーンコックルとその他のペルム紀の化石産地（エルギンにほど近いホープマン砂岩層など）で見つかった多くの足跡に学名がついた。命名者たちはそれぞれに異なる爬虫類や両生類を容疑者にあげたが、大昔の濡れた砂の上を這っていった可能性がもっとも高い、ある系統の動物たちと足跡が結びつくのは、ようやく一九世紀末から二〇世紀初頭になってからのことだった。かれらはどんな爬虫類よりも、あなたやわたしと近い関係にある。かれらは石の表面だけでなく、わたしたちの進化の歴史のページにも、消せない痕跡を残していった。

かれらの尻尾をつかむため、まずはテキサスに飛ぼう。たいていの人はテキサスと聞くと、カウボーイ、牛、保守主義、最高のホスピタリティを思い浮かべる。だが、テキサスが「赤い州」なのは支持政党の話だけではない。テキサスのブーツの下の地層は、鉄を豊富に含む小豆色の堆積岩で構成され、化石燃料と単弓類化石でいっぱいなのだ。

堆積岩は、砂や泥といった細かな粒子が層状に堆積し、年月を経て石化してできる。テキサスおよび隣接するニューメキシコとオクラホマの地盤の大部分をなす「赤色層《レッドベッド》」は、世界でもっとも厚いペルム紀の堆積層のひとつであり、高低差一〇〇〇メートルを超える。魚類や両生類で満ちあふれた温暖なデルタで形成され、とりわけ古い時代の地層には、赤道直下の高温多湿の環境が記録されている。これらの地層は、面積にして約二二万平方キロメートル、地質学的時間にして二億二五〇〇万年（オルドビス紀からペルム紀後期まで）をカバーしている。最初期の単弓類の化石記録が残されている場所は、ここを含めて地球上に数えるほどしかない。

第3章でわたしたちは、単弓類系統の創設メンバーに出会った。爬虫類系統のいとこたちとほとんど区別がつかず、物語のスタートはずいぶん心もとないものだった。しかし、ペルム紀に入ると、控えめに登場した単弓類の拡散がはじまる。おもなグループとして、頭の小さなカセア類、長い鼻面のオフィアコドン類、植物食のエダフォサウルス類、肉食のスフェナコドン類の四つが出現した。これらの動物たちは、しばしば総じて「盤竜類（pelycosaur）」と呼ばれる。「骨盤トカゲ」を意味する、またもや不幸な命名だ。[*7] かれらは断じて爬虫類ではなかった。盤竜類という用語は時代遅れなのだが、ペルム紀のより新しい時代に登場したほかの単弓類と区別する目的で、いまでも頻繁に使われる。聞き慣れない名前

＊5　*Testudo* はリクガメの属のひとつ。かつては動物の学名と動物の足跡の学名は区別されていなかった。のちに足跡は、独自の生痕属（ichnogenus）および生痕種（ichnospecies）として命名され、それらを残したと考えられる動物種と区別されるようになった。

＊6　じつはカメ目の進化的起源や、カメ目の爬虫類の系譜における位置づけは、古生物学界の最大の謎のひとつだ。しかし確実にいえることとして、ペルム紀にカメはいなかった。

＊7　盤竜類（pelycosaur）という名前にはもうひとつ問題がある。ギリシャ語の前半部分が、複数の意味（木製の器、斧、盆）のうちどれを指すかがあいまいである点だ。もともとは骨盤のなかの坐骨の形状にちなんでいて、これはこのグループに固有の特徴だ。

に思えるかもしれないが、少なくとも一種の盤竜類は、読者のみなさんにもきっとおなじみだろう。

米国の悪名高き二人の化石研究者、エドワード・D・コープとオスニエル・C・マーシュの犬猿の仲と、恐竜発見にすべてを賭けたかれらの情熱については、たくさんの著作が書かれてきた。しかし「化石戦争」のなかで、かれらは巨大な爬虫類以外の動物も数多く発見した。コープはテキサスの赤色層を探査した最初の白人古生物学者のひとりであり、一八七八年にそこで見つかった複数の動物化石を記載している。[8] これらの標本をコープに送ったのはジェイコブ・ボールというスイス系米国人博物学者だが、アメリカ先住民の人々はずっと昔からこうした骨のことを知っていた。例えばコマンチ族は、現在のオクラホマにある化石産地を熟知していた。[9] コープはたくさんの初期爬虫類や両生類に加え、肺魚も命名した。しかし、彼の後世への遺産の代表格といえるのは、初期単弓類としては異例なことにスターダムにのし上がり、今日に至っても多くの人々が名前を聞いてすぐ姿を連想できる、あの動物の発見だ。

その名は、ディメトロドン *Dimetrodon*。

ディメトロドンが広く一般に知れ渡り、ほかの盤竜類がそうならなかった理由は謎に包まれている。おそらく特徴的な外見が影響したのだろう。わたしはディメトロドンを人に説明するとき、「あの背中に帆があるやつ」とよく言うが、九割の人はこれでわかってくれる。

ディメトロドンは長い胴体の側面に四肢がついていて、表面的には「爬虫類的」だ。大きな頭には尖った歯がずらりと並び、皮膚に覆われた高い帆が背骨に沿って生えていた。多くの人々とディメトロドンの最初の出会いは、アニメを通じてもたらされる。『ファンタジア』で、ストラヴィンスキーをBGMに沼地でくつろぐ姿を覚えている方もいるだろう。『リトルフット』では、なぜか二億年の時を超えてカメオ出演を果たし、翼竜とつるんだり、迷子の恐竜たちのそばを通り過ぎたりする。[*8] もちろん、ディメトロドンとその仲間たちがペルム紀の地球をのし歩いていたとき、恐竜は一頭もいなかった。

場違いなヒレのように、ディメトロドンの骨格にはひと続きの高い帆柱が背中に並び、ひとつひとつが脊椎から垂直に突出していた。神経棘《きょく》または棘突起と呼ばれるこの突起は、わたしたちにもある。背中に手を回して、背骨のあたりを触ってみよう。盛り上がったこぶがわかるだろうか？ それがあなたの脊椎から突き出している神経棘だ。ヒトではごく小さいが、ほかの動物の骨格を見てみると、その大きさはさまざまで、しかも椎骨の部位ごとに違う。ウシやウマといった有蹄類では肩の付近でもっとも発達している。バイソンの神経棘はとくに大きく、特徴的な首のうしろのこぶを形成する。これらの動物では、神経棘は首の筋肉が付着する部分だ。一日じゅう地面の草を食べるために頭を上げ下げするには、強靭な首と肩が必要で、大きな筋肉をどこかに固定しなくてはならない。神経棘はこの錨《いかり》の役割を果たしている。

一方、ディメトロドンの神経棘の役割は、一世紀以上にわたって激しい議論の的になってきた。形状と位置からいって、採食、あるいは通常の活動と異なるなんらかの特別な運動のための筋肉が付着したのではないことは、ほぼ確実だ。[*9] 全長が四メートルそこそこだというのに、中央部の神経棘は高さ二メートルに達した。平均的な三人掛けソファの幅よりも長い。この巨大な動物には、なぜこんな目立つ装

＊8　わたしも大好きな映画だが、正確さの面では壊滅的だ。アニメに科学的厳密さを求めるわけではないが、登場する動物たちはすべて、まったく別の地質年代に生きていた。
＊9　神経棘の胴体に近い側には、背中の筋肉の付着による損傷がみられるが、これはすべての脊椎動物に共通の特徴だ。

備が必要だったのだろう？
長い神経棘の目的を考察したコープは、一八八六年にこう述べている。「機能は想像しがたい。この動物が水中で行動し、背泳ぎをしていたのでないかぎり、この帆あるいはヒレは活発な運動を妨げたはずだ」[10]。彼はまた、同様の奇妙な突起がほかの初期単弓類にもみられることにも触れている。エダフォサウルス *Edaphosaurus* のように、なかにはメインの神経棘に加えて、二次的な小さな棘が主棘から水平に突出している種もいた。

この動物は間違いなく奇抜な外見をしていた。もしかしたら、背中の装飾は、現代にもあるような当時の灌木の枝に似ており、やぶや疎林の環境に溶け込むのに役立ったのかもしれない。あるいは、こちらの可能性のほうが高いが、これらの帆桁は、神経棘すなわち帆柱と膜でつながって、ひとつの帆を形成し、ペルム紀の湖を航行するのに役立ったのかもしれない[11]。

コープは帆のアイディアに本気で入れ込んでいて、この構造は陸上生活ではなく水陸両生への適応だと考え、持ち主の動物を海上の船にたとえた。背骨を帆として風を捉えたとしたら、盤竜類は水面を横向きにサーフィンしなければならない。水の中を移動する方法として、地球上のほかの動物たちがみなそうしているように泳ぎを身につけるよりも、こちらの方がすぐれた進化的解決策だったと考えるのは、どう考えても無理がある。わたしたちはすでに、ディメトロドンが完全な陸上生活者だったと知っている。かれらの「帆」は、遊泳や風を捉えることとは無関係だった。
単弓類の背中の棘の用途に関して、もっとも一般的な解釈は体温調節だ。このアイディアが生まれたのは一九四〇年代で、アルフレッド・ローマーなどの大物が理にかなった説明として擁護した。仮説によると、ディメトロドンやその仲間の単弓類は現生爬虫類と同じく外温性（いわゆる冷血）だった。体を温めるため、かれらは側面を太陽に向けて日光浴し、熱を吸収した。帆のある単弓類のほとんどは鋭い歯をもつ捕食者だったので、体を温めることにより、帆のない鈍重な獲物よりもすばやく動き回り、優位に立つことができた。体が熱くなりすぎたときは、日陰に入り、帆に血流を集中させて、効率的にクールダウンすることができた。

帆を体温調節に使うというのは、直感的に正しそうに思える。この構造は動物が成長するにつれより大きくなったが、この関係も熱交換が帆の機能だと仮定した場合に予測されるものだ。研究者たちは、ディメトロドンとエダフォサウルスの神経棘を丹念に調べあげ、血管の経路の復元までおこなった。一九八六年、スティーブン・ハークという研究者がこの問題をさらに掘り下げ、太陽熱放射、帆の角度、対流熱伝導、代謝熱生成を数理的に導出し、ディメトロドンの帆の体温調節性能がどれほどのものだったかを厳密に計算した。その結果、帆は日中に体温を三〜六℃上昇させることができたと、彼は結論づけた。「深部体温は日の出の約一時間後から徐々に上昇し、正午の一〜二時間前に上昇が止まる」。ちょうどランチに間に合う時間だ。

この温度変化は、体温調節仮説のほかの支持者が計算した数値よりもはるかに小さかった。「帆の効果は、期待されていたほど劇的なものではない」と、ハークも論文のなかで認めている。[12] さらに、帆には放熱機能がほとんどないこともわかり、ディメトロドンのクールダウンの役には立たなかったようだ。一方、エダフォサウルスの帆はディメトロドンに輪をかけて体温上昇の効率が低かったらしい。ハークの研究の一〇年後、別の研究[13]により、コープをおおいに悩ませたエダフォサウルスの神経棘にみられる奇妙な水平突起は、帆の吸熱性能よりも、むしろ放熱性能を高めるものであることが示された。これは、クロスバーの存在により通過する空気の流れに乱流が生じることと、帆が空気に接する表面積が増加して血液から熱が失われることによるものだ。

こうしたモデルはみな、盤竜類の生理について数々の仮定をおいている。その最たるものが、外温性（冷血性）だ。外温性とはすなわち、外部環境を利用しなければ自分の体を温められないことを意味する。現代の外温性動物、例えばトカゲは、日光浴で体温をあげなくてはならないが、現在の地球に棲む数万種の冷血な日光浴好きのなかに、背中の棘でできた構造で効率をあげる動物は一種たりともいない。しかも、熱交換の物理特性は体のサイズとともに変化するにもかかわらず、背中の帆は小型の盤竜類にもあった。例えばディメトロドン・テウトニス *Dimetrodon teutonis* は、体高が学校で使う定規ほど（最大三〇センチメートル）しかなく、このサイズでは帆は吸熱効果も放熱効果もほとんどなかったはずだ。また、神経棘の断面を顕微鏡レベルで観察した古生物学者のアダム・ハットンロッカーは、内部や周囲に主要な血管が通っていた証拠を見いだせなかった。かつて血流促進の証拠とみられていた断面の穴は、血管侵入ではなく急速な成長の結果である可能性が高いとわかった(14)。こうして、この特異な構造に、また別の説明が必要になった。

一九〇〇年代初頭、盤竜類は長い神経棘を支柱として大きな脂肪の塊を形成したという説が提唱された。背中にこぶのある単弓類は、棘の周囲に蓄積した脂肪という形でエネルギーを貯蔵していたのかもしれない。エダフォサウルスはとりわけ有力候補だった。追加の水平突起に厚い結合組織が付着し、脂肪のこぶを支持して固さを保った可能性があるとみられたためだ。一九七〇年代になっても、一部の研究者はこの解釈を支持していた。ディメトロドンと異なり、エダフォサウルスの帆は体が成長しても大きくならず、この事実も仮説に合致するように思えた。

しかし、積み重なったのは背中のこぶ仮説に対する反証のほうだった。研究者たちは、長い神経棘をもつほかの動物に注目した。背中の長い棘は、まったく別々の動物のグループで何度も現れた。ディメトロドンとエダフォサウルスでさえ、見た目は似ていても遠い親戚でしかなく、盤竜類の二つの異なるグループに出自をもつ。ディメトロドンは肉食のスフェナコドン科であり、エダフォサウルスは植物食のエダフォサウルス科の代表だ。長い棘の構造は、共通祖先に由来するものではなく、収斂進化によって形成された。収斂進化はふつう、異なる系統の動物が同じ生存上の課題に直面したときに起こる。そのため、両者が同じ理由で長い神経棘をもっていると考えるのは理にかなっている。

そして、恐竜にも帆をもつものがいた。スピノサウルス *Spinosaurus* やオウラノサウルス *Ouranosaurus* だ。かれらもじつは脂肪の詰まった「肉モヒカン」を背負っていたのだろうか？　一九九八年、ジャック・ボウマン・ベイリーという研究者が、実際にそうだったと主張した。論文のなかで、彼は恐竜の神経棘と現生動物のそれを比較し、恐竜の構造は現代のバイソンのものと似ていると論じた[15]。さらに彼は、オウラノサウルスの化石にあった骨化した腱を、この説を支持する証拠としてあげた。腱は神経棘の間隙を通り、骨のように変化していて、構造の強度を高めていた。

こぶのある恐竜という仮説は興味深いものだが、盤竜類の謎を解く助けにはならない。両者を比較したベイリーは、恐竜の棘はペルム紀の盤竜類のそれとはあまり似ていないことに気づいた。恐竜の棘は非常に太く、オールのようだが、盤竜類の棘は編み針のように先細りの形状だ。盤竜類の棘はまた、体のサイズと比べてはるかに長く、体高の六五％を占めた。恐竜では三五％未満、バイソンでは四五％だった。

ベイリーらが主張したこぶという解釈には、根本的な問題があった。現生の二種のバイソン、つまりアメリカバイソン *Bison bison* とヨーロッパバイソン *Bison bonasus* は、いずれも肩に立派なこぶをもつが、これらはほとんどが巨大な筋肉であって、脂肪を蓄積しているわけではない。そして、実際に脂肪を蓄えるこぶをもつ動物（ラクダの背中にある一つか二つのこぶは有名だ）は、ふつう骨格を見てすぐわかるようなこぶの支持構造をもたない。小型有袋類のオブトスミントプシス *Sminthopsis crassicaudata* のように、尾に脂肪を貯める動物も同様だ。尾の神経棘も、すでに述べたように、ふつうは脂肪ではなく筋肉を支えている。

恐竜が奇妙な骨の棘で何をしていたかはさておき、ディメトロドンやエダフォサウルスが脂肪を背負っていたとは考えにくい。もっと極端な仮説として、神経棘は皮膚でつながっておらず、文字通り棘として突き出ていて、防御用だったというものもある。テキサス北部で見つかったディメトロドン・ギガンホモジェネス *Dimetrodon giganhomogenes* の化石には、棘が折れたあと再生した痕跡があった。[16] 古生物学者のエリザベス・レガらは、骨の微細構造を調べ、棘は四肢の骨よりも負荷に強かった可能性を示した。つまり、攻撃に耐えられたかもしれないわけだ。でも、誰が襲ってくるというのだろう？　ディメトロドンは頂点捕食者に近かったので、追い払わなくてはならない相手といえば、スフェナコドン類のほかの誰かくらいだろう。棘はきわめて細く、先細りの形をしていて、十分な防御になったとは考えにくい。今日、棘で身を守る動物はたいてい小型（ハリネズミやヤマアラシなど）で、全身を覆う棘を広げてうかつに手を出せない針山になるのが常であり、杭のように一列に並べたりはしない。

コープはもうひとつ、カモフラージュ仮説もあげていた。エダフォサウルスの分岐した棘は、やぶのように見えたのでは？　ディメトロドンの棘は、川岸の葦に隠れるのに役立ったかも？　またしても、現生の動物たちが仮説の反証になる。待ち伏せ型捕食者のほとんどは、隠密行動と配色によって身を潜める。エキセントリックな装飾でカモフラージュするのはほとんど例外なく小動物で、たいていは自分が捕食するためではなく、捕食を避けるために用いている。絶対にありえないとは言わないが、盤竜類の派手な飾りがじつは身を隠すためのものだった可能性は低いだろう。

残る仮説はひとつだけ。盤竜類はセクシー・ビーストだった、というものだ。

性淘汰は自然淘汰の作用のなかでもっとも強いもののひとつであり、ときにやりすぎとしか思えないような結果を生み出す。かつて性淘汰理論は完全にオスだけの視点で体系化され、ダーウィンがいう「メスの獲得をめぐるオスどうしの闘争」[17]に偏っていた。大袈裟な装飾、目を惹く羽色、ありえないような付属器官、堂々たる体躯、笑ってしまうようなダンスで、動物界のオスたちは、同種のメス以外も虜にしたのだ。博物館の収蔵品でさえオスに偏っていることが、最近の研究で明らかになっている。

ナタリー・クーパーらの研究[18]により、自然史博物館の収蔵標本、とくに鳥類の標本のうち、六〇%がオスのものであるとわかった。この結果は、種内の多様性にオスが占める割合が相対的に低い動物に限ってみても同じだった。論文著者たちは、このバイアスの一因として、「とくにオスがメスよりも大型であったり、カラフルであったり、装飾や角などの武器を備えている場合、大型で『見栄えのする』オスの標本が意図的に選ばれ」てきたと指摘する。標本の偏りは、一般市民も研究者も含めた、わたしたちの動物の多様性の理解に影響を及ぼす。サンプリングの偏りは研究結果にも悪影響を与え、動物学の重要な要素を見落とすことにつながりかねない。

性淘汰のメカニズムに関する旧来の解釈もまた、ジェンダーバイアスに歪められていた。多くのシナリオにおいて、「選ぶ側」にいるという意味で、権力を完全に掌握しているのはむしろメスのほうだ。性淘汰の運転席にいるのはたいていメスであり、とりわけフウチョウのように、過剰なまでに美しい装飾をもつ動物はこのパターンにあてはまる。

盤竜類の背中の帆を説明するもっとも有力な仮説は、配偶相手を魅了するのに役立ったというものだ。クジャクの尾羽のように、帆が大きいほどメスに好印象を与え、適応度の指標となったのかもしれない。みなが釘付けになるような、鮮やかな配色をしていた可能性もある。例の骨折でさえ、性淘汰で説明できるかもしれない。大きな背中の帆を側面から見ると、持ち主は実際よりもずっと大きく見え、ライバルは怯んだことだろう。動物の世界に直接の身体的闘争はきわめてまれであり、たいていの動物は負傷を恐れ、できるかぎり全面衝突を避けるように努める。野生動物ドキュメンタリー番組では、（例えばアイベックスの）オスどうしが円を描くように歩きまわり、相手の品定めをするシーンが定番だ。どんな大きさのどの脊椎動物のグループにも（それどころか無脊椎動物にも）、こうした行動がみられる。シルバーバックのゴリラからクワガタまで、動物たちは体を持ち上げ、体を膨らませてライバルと対峙し、願わくば相手を退散させようとする。それでも両者譲らずとなれば……テキサスのディメトロドンは、こんな風に棘を折るはめになったのではないだろうか。

もちろん、この仮説も完璧ではない。批判者たちは、盤竜類のオスとメスの特徴に、神経棘を含めて明確な違いがみられない点を指摘する。たいていの動物では、性淘汰が形づくったこのような構造はオスのものの方が大きく、ときにはメスには一切存在しない。だからクーパーたちが指摘するように、博物館標本がオスに偏るのだ。オスとメスのこうした違いは性的二型と呼ばれ、さまざまな異なる淘汰圧によって形成されうる。多くの昆虫、魚、爬虫類ではメスのほうが大型で、とくにメスが巣の防衛に投資したり、食料の乏しい時期を乗り越えなくてはならない種では、こうした傾向が顕著だ。わたしたち哺乳類では、逆にオスの方が大きいパターンがおなじみで、これは性淘汰が原動力であることが多い（ただし、常にではない）。

理屈の上では、体の大きさと比べた帆の大きさを利用して、帆のある盤竜類をオスとメスのグループに分けることは可能なはずだ。しかし、盤竜類に性的二型があったかどうかを確実に判断できるほどの数の化石がまだ見つかっていない。ディスプレイ形質がふつうオスにおいてより顕著なのは確かだが、常にそうというわけではない。メスのディメトロドンも、食料、なわばり、配偶相手をめぐってライバルに警告を発したのかもしれず、そうだとすれば性別による違いは小さかっただろう。

帆があった理由が何であれ、ディメトロドンをはじめとする盤竜類の背中の高い帆は、かれらに少なくともひとつの栄えある戦果をもたらした。ヒトの興味の枠のなかに、確かな居場所を確保したのだ。

盤竜類の発見当初から、西洋の科学者たちはかれらが爬虫類よりも哺乳類に似ていることに気づいていた。「このように、ペルム紀の爬虫類と両生類はそれぞれの現生種よりも、お互いに、また哺乳類によく似ている」[19]と、コープは一八八〇年に述べている。彼だけでなく多くの研究者たちが、これらの動物の四肢や頭骨に哺乳類との類似性をはっきりと見出したが、それでも「哺乳類型爬虫類」の呼び名が廃れることはなかった。

盤竜類の主要系統のひとつがカセアサウルス類だ。二つの科からなり、ひとつはカセア科、もうひとつは近縁のエオティィリス科だ。エオティィリス科の化石記録はきわめてまれで、現時点では三属だけが知られており（ただしこれを書いてからまもなく、暫定的に四つめの属とされる、前章に登場したアサフェステラの記載論文が発表された）、科の名前になったエオティリス *Eothyris* はたったひとつの頭骨しか見つかっていない。だが、この頭骨はじつに見事だ。長さはわずか六センチメートルだが、幅が広く扁平で、獰猛そうな歯が並んでいる。もっとも印象的なのは、犬歯のような牙が上顎の左右から、一本ではなく二本ずつ生えていることだ。噛みつくたびに二対の刺し傷を与えたのだろう。

カセア科の歯と体は、エオティリス科とはまったく違うストーリーを語る。超小顔のカセア *Casea* の名を冠したこのグループは、球状の小さな頭と先の丸い歯をもっていた。帆はなく、ずんぐりした長い胴体から同じように長い尾が伸びていた。鼻面と鼻の穴が大きく、頭骨は幅広で寸詰まりの形をしていた。そして頭は冗談みたいに小さかった。

カセアを「小顔」と言うのは、南極を肌寒いと言うようなものだ。頭は約二〇センチメートルに達したが、それが計一・五メートルの樽のような胴体と尾にくっついていたのだから。姉妹種のコティロリンクス *Cotylorhynchus* は約四メートルに達したが、プロポーションはよく似ていて、やはり頭は豆粒サイズだった。[*10] カセアの口の中には小さな歯が口蓋を取り囲むように並び、舌をつなぎとめるよく発達した器官が植物食だったことを示す。この仕掛けを使って植物を持ち上げ、口蓋に押し当てて潰してから飲み込んだ。このようにカセアとその親戚たちは、新たに繁栄をとげた裸子植物を頬張りながら、むしゃむしゃと進んでいった。

カセア科は植物食に特化した最初期の動物のひとつだが、同時代の植物食者はかれらだけではなかった。石炭紀が幕を閉じる直前、盤竜類のゴルドドン *Gordodon*（エダフォサウルスに近縁）や、出自に諸説あるデスマトドン *Desmatodon* と呼ばれる動物が出現した。後者については、最近では単弓類とみなす説が唱えられているものの、爬虫類により近い可能性もある。これらに加えて、ディアデクテス *Diadectes*

と呼ばれる、がっしり体型が印象的な動物もいた。こちらは四肢動物なかの独自の枝に属し、おそらく有羊膜類だった。こうした動物たちの系統関係がどんなものであれ、植物食が本格的に花開いたのはペルム紀だった。

あまり重要そうには思えないかもしれないが、植物ベースの食生活を確立することは、四肢動物にとって大きな転機だった。昆虫や微生物はすでにベジタリアンな生き方を採り入れていたが、脊椎動物では事情が異なり、越えるべき壁がいくつもあった。最大の課題は、植物が硬い素材でできていることだ。植物細胞の主成分はセロルースで、特定の酵素がないと分解できないが、脊椎動物はこれをもっていない。そのため、いくら鬱蒼とした緑に覆われていても、石炭紀後期からペルム紀前期にかけての動物たちは、植物を食べたところで十分な栄養を得られなかった。初期四肢動物たちは、品数豊富なスーパーマーケットを無一文で歩きまわっていたようなものだ。

では、カセア科はどうやってこの問題を解決したのだろう？　乗り越えるには、腹をくくる必要があった。

植物細胞の難消化性という問題を片付けるのに、植物食者は微生物の力を借りる。今日の植物食者を考えるとき、わたしたちが思い浮かべるのはウシやヒツジといった家畜、あるいはヌーやシマウマといった野生動物だ。これらの哺乳類はすべて有蹄類と呼ばれる、植物食を旗印に膨大な数の種に分化し、

＊10　ただし、頭が小さいのはカセア科の専売特許ではない。エダフォサウルスの頭も同じようにちっぽけだった。餌をあまり噛む必要のない植物食者にとって、大きな頭と口は必要ないのだ。

大成功を収めたグループだ。

有蹄類はふつう蹄の数を基準に二つのグループに分けられる。奇蹄目と偶蹄目だ。ウマ、バク、サイは前者、それ以外はすべて後者であり、ここから二つの系統が深い分岐をもつことがわかる。その名に反して、両者は必ずしも指の数ではっきり区別できるわけではない。明確な判断基準はむしろ、どの指で体重を支えるかだ。奇蹄目では、体重はおもに第三指、つまり中指にかかる。一方、偶蹄目では、対称軸が第三指と第四指の間にあり、特徴的な割れた蹄を形成する。足の形がそれぞれの動物の根本的な違いと言われても、ピンとこないかもしれない。だが、奇蹄目と偶蹄目は、生理的特徴の面でも本質的に異なっている。注目すべきは胃だ。

奇蹄目は後腸発酵動物で、偶蹄目は前腸発酵動物だ。ゾウ、齧歯目、ウサギ、コアラと同様、奇蹄目は植物消化の問題を、消化管の下部と盲腸で食べたものを発酵させることで解決した。盲腸とは、大腸に付属する特殊化した袋のことで、ここには植物を分解する共生細菌が豊富に生息している。ヒトにも盲腸はあるが、後腸発酵動物のそれはずっと大きく、消化に不可欠な役割を担っている。この消化方法のおかげで、後腸発酵動物は食料をすばやく分解でき、栄養価が低い食料でも生き延びられ、途方もない大きさに成長できる。過去六六〇〇万年の間に君臨した最大級の植物食者は後腸発酵動物だった。けれども、スピードは代償をともなう。これらの動物たちは、前腸発酵動物ほど効率的に食物から栄養を抽出できないので、大量に食べなくてはならない。そのため一部の後腸発酵動物は、膨大な距離を移動して、ようやく生きるのに必要な食料を得る。かれらは食物の栄養を最大限に利用するため、しばしば自分の糞を食べる（とくに体の小さい後腸発酵動物にみられる）。動物の世界では珍しくないとはいえ、ヒト基準で考えるとあまり自慢できる行為ではない。

図２　盤竜類の頭骨には、鋭い歯をもつ肉食動物（ディメトロドン）から、小さな頭の植物食動物（エダフォサウルス、カセア）まで、豊かな多様性がみられる。

前腸発酵動物は、問題解決に異なるアプローチをとった。偶蹄目に加え、有袋類と齧歯目の一部の種、ナマケモノ、ツメバケイ（鳥の一種）が、植物から栄養を吸収する方法として前腸発酵を収斂進化させた。この消化方法は、かれらの生理的特徴にいくつもの驚くべき変化をもたらした。

前腸発酵動物には、ウシ、ヒツジ、ヤギ、シカ、キリンなどの反芻動物が含まれ、かれらは複数の部屋に分かれた胃をもつ。有袋類やナマケモノといった反芻をしない前腸発酵動物は、大きく細長く間仕切りのない胃をもつ。反芻動物の複胃のひとつひとつは、消化プロセスの異なる段階に特化していて、それぞれ共生細菌叢の力を借りている。最初の二部屋は瘤胃と蜂巣胃だ。この二つが胃の最大容積を占め、ここで細菌が植物細胞を分解する仕事にはげむ。これらの胃のなかの食物は、ふつう口に戻され、再度すり潰される。これが反芻と呼ばれる行動だ。近づいてみると、前腸発酵動物の吐く息はしばしば甘い植物臭がする。発酵した胃内容物を繰り返し噛みしめているからだ。

食物は葉胃と呼ばれる次の部屋を通過し、最終的に「真の」胃である皺胃に到達する。食物のなかにとり残された共生細菌は、ここで不慮の死をとげることになる。胃液がすべてを分解し、次なる目的地である腸へと送り出すからだ。チーズをつくるときに使う、反芻動物の胃で分泌される酵素であるレンネットは、この皺胃から得られる。そう聞くと胃がむかむかするかもしれない。この四段階のプロセスのおかげで、前腸発酵動物は食料からより多くの栄養を得ることができ、食べる量が少なくてすむが、消化にかかる時間が長く、一度に多くの餌を処理できない。このように消化器のしくみが異なるおかげで、ウマは北米において、牧草の質が悪くウシを飼えない地域でも生きていけるのだ。また、処理効率の問題により、前腸発酵動物は体サイズに上限を課されている。[20]

植物食者としてどんな方法をとるにせよ、植物を食べるには微生物の協力が必要なので、どこかにかれらの居場所をつくらなければならない。植物食者は一般に、大きな胴体に発酵槽と長い腸を収め、食料からできるだけ多くの栄養をしぼり取る。噛む必要のない動物は、肉食動物よりも相対的に小さな口でもやっていける。要するに、口は植物を入れるただの穴なのだ。神経棘についての考察でわかったように、太い首とがっしりした肩は有用だ。鋭くないヘラ型の歯は、葉を押さえ、茎からむしり取る役目を果たす。

こうした法則は、二億八〇〇〇万年の間ほとんど変わっていない。カセアやコティロリンクスといったカセア科や、エダフォサウルスに代表されるエダフォサウルス科にみられる幅と厚みのある胴体は、おそらく細菌がうようよいる発酵槽を備え、食べたものから栄養を残さず吸収しつくしたのだろう。かれらが共生細菌をどのように獲得したかは不明で、化石から答えが得られる可能性は低い。微生物は最初、初期四肢動物が腐敗した植物質、あるいは植物食の昆虫を食べたときに取り込まれたのではないかと考えられている。やがて植物分解細菌の一部が消化管の中で生存し、宿主との共生関係が発達した。より多くの微生物を体内にもつ動物ほど、植物質からより多く栄養を吸収でき、生存に有利になったのだ。

植物食は陸生動物のなかで複数回独立に進化したが、植物食に特化した適応としてもっとも古いもののひとつを、石炭紀後期からペルム紀前期にかけての単弓類に見出すことができる。かれらの系統はニッチの最前線で、その後の五〇〇〇万年にわたって繁栄を続けた。

だが、クラシャック採石場の岩石はそれよりずっと新しい時代のものだ。年代推定によるとペルム紀の終盤で、この頃にはすでにまったく新しい活発な獣たちが、旧世代の盤竜類に取って代わっていた。かれらは現代的な食物連鎖のβテストを実施し、生存者をあとに残して、わたしたちに絶滅と再生に関する重要な教訓を授けた。最初の哺乳類時代、その最盛期の申し子がかれらだった。

Moschops
Bos
Estemmenosuchus
Oudenodon
Biarmosuchus
Gorgonops
Canis
Glanosuchus
Tiarajudens
Suminia
Felis
Diictodon
Procynosuchus

第5章　血気盛んなハンターたち

……巨大な牙や鋭い爪をもつ原始の哺乳類たちに至るまで、古の神は生きとし生けるもののすべてを、今もそうであるように、狩るものと狩られるものにお分けになった……

ヒュー・ミラー『岩石は語る（Testimony of the Rocks）』

化石は、まるで地質学的時間の洞窟に反響するこだまだ。こだまと同じで、化石はときに嘘をつく。暗闇の中を進むにつれ、あなたの聞く音は歪む。小さなさざめきが雷鳴になり、うしろの物音が前から聞こえる。沈黙し微動だにしないものはけっして見つからない。脇道のなかの叫び声は岩に飲み込まれる。

古生物学者であるわたしたちは、しょっちゅう化石記録のなかを手探りで進もうと悪戦苦闘している。記録が豊富なら、誰かが投光照明を点けてくれたようなもので、鍾乳石の位置を記録したり、壁画の写真を撮ったりできる。だが記録が乏しければ、闇の中でつまづくばかりだ。

足跡の研究では、ライトが点いているように感じることはほとんどない。傍目には一目瞭然に思えるかもしれない。だが、足跡化石を見つけることと、現生種の足跡の観察は別物だ。化石の場合、どの動物が残したものなのかを正確に知ることは、ほぼ不可能だ。現代なら、動物の足跡を見つけたら、その地域の動物相を調べれば容疑者リストを絞り込める。けれども、足跡などの生痕化石を研究する生痕学者には、二つの必須情報がたいてい不完全にしか、あるいはまったく手に入らない。この岩石はどれだけ古いのか？　その時代に何が生きていたのか？

岩石の年代を知るいちばんわかりやすい方法は、世界のほかの岩石との関係を調べることだ。理屈の上では、上層にある岩石は、下層にある岩石より新しい。しかし、地質学はわたしたちをからかうように、地層をパンケーキのように持ち上げてひっくり返す。堆積岩がまったく形成されない時代もあるし、浸食作用によって地層が取り除かれることもある。例えば氷河が移動しながらあたり一面の表層を削り、時間がつくりあげた書物からページが抜けてしまうのだ。こうした現象は、研究者たちをたびたび混乱させてきた。例えばスコットランドのエルギン近郊の採石場では、ペルム紀の地層がデボン紀のすぐ上に存在し、石炭紀が完全に抜け落ちている。

岩石に含まれる生物的要素も年代推定の手がかりになる。進化のパターンについての理解が深まるにつれ、動植物のグループがいつどこで現れ、また姿を消したかの特定が進んだ。これを生物層序という。岩石の中にどのグループが存在するかを記録することで、研究者たちはその岩石が層序のどこに位置するかを絞り込むことができる。アンモナイトや三葉虫、植物の花粉や種子は、とりわけ生物層序による年代推定に有用だ。三葉虫は際立った特徴をもち、ワラジムシやダンゴムシに似ている。かれらは海生で、アンモナイトと同じく非常に多くの種がいたので、岩石の年代推定に適している。

生物層序のおかげで、ヴィクトリア時代の科学者たちは、エルギン周辺の地層で起こっていることに気づいた。深い層からは魚、それも古の魚の時代に生きた、甲冑をまとった見慣れない魚が見つかった。しかし浅い層には、完全に陸生の脊椎動物の骨や足跡があった。明らかに、この上部の地層は、以前に提唱されたよりもずっと新しいものだった。

過去一〇〇年の間に、地質学者は放射性年代測定という新たな手法を手に入れた。生物層序、放射性年代測定、その他の手法を組み合わせて岩石の年代を推定した結果が、年代層序表だ。話し言葉のなかでは地質年代と呼ばれることが多い。本やテレビでおなじみの、地質時代の名前が順番に積み重なり、色分けされ、年代が書き込まれたあの表だ。年代層序表の公式バージョンは、国際層序委員会が数年ごとに発表していて、地層がどれだけ古いのかに関する、最新かつもっとも正確な情報が盛り込まれている（www.stratigraphy.org から無料でダウンロードできる）。

年代層序表を眺めていると、時間をさかのぼるにつれて、年代にプラスとマイナスをあわせた記号と、別の数字が添えられるケースが増えていくのに気づく。これはそのまま、年代が以下の数字を足し引きした範囲に収まることを意味する。許容誤差があるのだ。どれほど正確な地質年代測定の手法にも、許容誤差は存在する。数百年のこともあれば、数万年、ときには数百万年に及ぶ。

放射性炭素年代測定をご存知の方は多いだろう。炭素の自然崩壊率を利用して生物標本の年代を推定する手法であり、^{14}Cと呼ばれる不安定な炭素同位体の量がおよそ五七〇〇年で半分に減少することを前提としている。この時間を半減期という。

あなたは生きている間、食物から^{14}Cを吸収し、体内の^{14}Cレベルは周囲の環境と一致する。けれども、あなたが死に、^{14}Cが新たに補充されなくなると、^{14}Cは崩壊しはじめ、はるかに安定性の高い炭素である^{12}Cに変化する。サンプルの年代を特定するとき、科学者は^{14}Cと^{12}Cの比を調べ、それを大気中の水準と比較する。不安定な炭素同位体の崩壊速度がわかっているので、それをもとにサンプルが^{14}Cを取り込むのをやめた時期を計算できる。これが放射性炭素年代測定だ。

しかし、サンプルが約五万年前よりも古いと、放射性炭素年代測定の信頼性は下がり、やがてまったく使えなくなる。^{14}Cの量が少なすぎて測定できなくなるからだ。これより古い年代測定には、カリウムやウランといった別の元素が使われる。炭素と同様、カリウムのある同位体（^{40}K）は崩壊してアルゴン（^{40}Ar）に変化し、その半減期は約一二億年だ。ウランの崩壊には複数のルートがあり、半減期は七億一〇〇〇万年または四四億七〇〇〇万年で、いずれも鉛（Pb）に変化する。

途方もないタイムスケールだが、こうした元素の変化率を計算することで、岩石の年代をおおまかに推定することができる。計算は複雑で、結果は常にピンポイントの時点ではなく、一定の範囲として示される。誤差範囲を恐れる必要はない。むしろ、慎重に科学の手続きがなされた証拠であり、答えがどれだけ正確かを示す指標なのだ。

けれども、すべての岩石が年代推定に向いているわけではない。最適なのは火山岩だ。これらは噴火のあと地表で急速に冷やされてできるため、化学的性質が写真のように忠実に保存されている。一方、堆積岩はいわばコラージュだ。内部に含まれる小さな粒子は、岩石そのものより何百万年も古いかもしれない。山肌からこぼれ落ちた粒子が、有機物と混ざりあい、できあがった混合物が堆積岩、ということもある。このように年代がごちゃまぜになっていると、ほとんどの化学的な年代推定手法は通用しない。その代わり、化石が見つかるのはふつう火山岩ではなく堆積岩だ。古生物学者は化石を発見すると、そのすぐ上とすぐ下の火山岩の正確な年代測定の結果を利用して年代を絞り込む。次に、化石を世界の他地域で見つかった化石と比較し、また進化や生物層序に関する知見と照らし合わせる。これにより、年代の幅はさらに狭まり、絶滅生物を地質年代の枠組みのなかに位置づけることが可能になる。

ただし、古生物学者が年代の範囲を絞り込んだというとき、その幅は往々にしてあなたが思うよりも広い。化石と地層を相手に研究している人々は、数百万年単位のものの見方に染まっていて、「古い」

や「新しい」の基準が世間からずれている。ペルム紀の化石の研究者にとっては、恐竜でさえ「新しすぎ」て好みに合わない。どの時代に注目するにせよ、古生物学者にとって、放射性年代測定が示す許容誤差はたいした問題ではない。化石記録の写真の解像度が、数百万年よりも高くなることはめったにないのだ。

足跡化石が誰のものなのかを突き止めようとしている生痕学者にとって、地質時代の許容誤差のおかげで容疑者リストは膨大だ。そこから足跡の形を精査して、ひとつひとつ除外していく。理想をいえば、足跡から足の形がわかり、そうしてシンデレラは王子様と結ばれる。だがもちろん、実際には、靴のサイズが同じ人は何億人もいる。

そのうえ、足跡の解像度はたいてい高くない。スコットランドの太古の砂丘を歩いたのが誰かを解き明かそうとしたウィリアム・バックランドのように、誰でもころっと騙される。砂は移動し、泥は流れる。足はすべったり、引きずったり、沈んだりして、不定形の穴を残すかと思えば、固い地面にはほとんど跡がつかない。地面が傾斜していれば動物は歩き方を変え、足の位置を調整する。そこへさらに、動物が通ったあとのプロセスが積み重なる。雨が足跡を満たし、風が輪郭を削り、洪水が凹凸をぬぐい去る。数百万年の年月が足跡を傾け、切り刻み、こそげ落とす。こうした作用の影響を紐解く作業は複雑で、ときには「なんらかの動物がはるか昔に通りかかった」としか言えないこともある。

スコットランドの採石場の岸壁に残るペルム紀の足跡は、世界でここだけというわけではない。同じような痕跡は、ドイツ、北米、アルゼンチンでも見つかっている。最近の研究で、これらは少なくとも五つの異なるグループの動物が残したものであることが示唆された。そのなかには、新たなる単弓類の適応放散を経て、ペルム紀に繁栄を謳歌した動物たちもいた。

盤竜類の雑多な連中のなかから、新たなグループが出現した。かれらは温血性、代謝の高いライフスタイル、さらにもしかしたら体毛まで、わたしたちが哺乳類と結びつける主要形質の数々を獲得した。加えて、かれらは史上初めて、今日のわたしたちにおなじみの生態系の構成を確立した。多数の植物食動物に支えられた、少数の肉食動物というものだ。

この革命集団は獣弓類と呼ばれる。スコットランドの灼熱の内陸を歩き、すべての哺乳類がつづく道を切り拓いたのは、この動物たちだった。

祖先のなかから頭角を現してまもないうちから、獣弓類は特別だった。ロシア、南アフリカ、中国（かれらの化石を探すには、これらの国々が最適だ）の化石記録に最初に現れたときから、かれらは多様で、それまで地球の歴史上に登場したどんな動物ともまったく違っていた。

すべての獣弓類がひとつの共通祖先から進化し、独自のグループを形成することは明白で、かれらの頭骨には容易に見分けられる共通の特徴がある。まず、異歯性をもちはじめ、犬歯と切歯（前歯）の形状が、犬歯より後ろの奥歯とは異なっていた。顔の部分の骨もまた、特殊化した犬歯を収めるように変化した。哺乳類の物語の後半部で見ていくが、歯が複雑化し、食物処理において異なる役割を担うようになることは、哺乳類系統が実装したもっとも重要な進化的発明のひとつだ。

初期単弓類の下顎は複数の骨で構成され、これは最初の脊椎動物から受け継いだ形質だった。しかし、これらの骨も変化した。最大のパーツは歯骨（現代のすべての哺乳類の下顎骨にあたる）で、すべての下の歯を収納するこの部分が徐々に大きくなっていった。残りの骨は顎の後部にあった。このうちのひとつである角骨には、初期は小さな切れ込みがあったが、やがて反転板（reflected lamina）と呼ばれるシート状の骨が現れた。この部分の機能ははっきりしないが、哺乳類の耳の形成に一役買ったのかもしれない。これまた哺乳類のスーパーパワーのひとつで、詳しくは本書の後半で取り上げる。頭骨のうしろ半分が全体的に分厚くなり、顎関節が強化されるとともに、これまでも単弓類の頭骨に固有の特徴だった窓は大きくなった。こうした変化を総合すると、獣弓類は頭骨の周囲により大きな筋肉を発達させ、噛む力が強くなったことが示唆される。これにより、新たな食の世界が開けた。

研究者たちは、獣弓類の共有派生形質、すなわち骨格の独自の特徴を、じつに四八個も特定している。これらの特徴を前の時代の盤竜類のものと比較すると、獣弓類は間違いなく肉食性のスフェナコドン科から生じたとわかる。両者には共通の形質が非常に多くみられ、かれらのつながりは古生物学的にみて「確実」にかぎりなく近い。つまり、あの帆を背負ったおなじみのディメトロドンは、わたしたちにかなり近い（といっても距離のある）親戚なのだ。

獣弓類の頭骨に起こった変化は重要だが、自然淘汰がかれらに授けたもっともラディカルな変更点はほかにある。わたしたち哺乳類の古代の祖先は、ここに至って初めて、今日のわたしたちが知る哺乳類らしく動くようになったのだ。最初期の単弓類はまだ、現代の爬虫類の多くがそうであるように、側面についた四肢で這い進んでいた。四肢の骨の形と接合のしかたのせいで、かれらの四肢の動きには制約が多かった。盤竜類にハイタッチはできなかったのだ。獣弓類ではすべてが変わった。肩甲骨は縮小し、胸のあたりで複雑に組み合わさって動きを制限していた複数の骨がなくなった。腰まわりも変化した。四肢で最大の骨である大腿骨の先端部分が丸くなり、寛骨のソケットにきっちり収まるようになった。それまで両者はただ接しているだけだった。

こうしてすっきりと合理的な配置になったことで、四肢は胴体の下に位置するようになり、左右の距離が縮まった。この変化が地球の生態系に与えた影響は、今日にまで及んでいる。その意味を詳しく知るために、広大なロシアの大地へ獣弓類の骨を探しに行こう。

シベリア鉄道が完成するまで、ヨーロッパからロシアの極東に到達するには、大西洋を渡り、米国を横断し、さらに太平洋を超えるほうが、シベリアを踏破するよりも近かったらしい。シベリア鉄道は地球上で最長の旅路のひとつだ。二〇代の頃、子どもの頃からの旅好きと『ドクトル・ジバゴ』への憧れに後押しされ、わたしはモスクワからウラジオストクまでの九二八九キロメートルにわたる、地球上でもっとも広くもっとも寂しい大地をまたぐ大移動を体験した。

すばらしい旅だったが、同時に数字で見る以上の遠さが身にしみた。相席のキャビンは夜には氷点下で、ひび割れた窓を氷が覆った。それなのに日中は信じられないほど暑く息苦しかった。わたしはキャビンを逃げ出し、旅路のほとんどを客車の間の連結部分に立って過ごした。ディーゼルの臭いがして、気温はマイナス一〇℃を下回ったが、孤独な氷の世界のなか、わたしは茫漠たる風景を眺め、はるか遠くの山々が通り過ぎるのを見送りつつ、「ララのテーマ」やデヴィッド・ボウイの「ライフ・オン・マーズ」を子守唄のように小声で歌った。[*1]

ペルム紀にロシアは存在しなかった。あの数千キロメートルにおよぶタイガや山脈が、海からこれ以上ないくらい離れているというのに、ずっと存在しつづけたわけではないと言われても、想像するのは難しい。雄大なウラル山脈は現在、巨大なユーラシア大陸を二つに分断しているが、そこにかつては古ウラル海と呼ばれる浅い海があった。大陸は古ウラル海をはさんで、現在のヨーロッパとロシアの西端をあわせた部分と、シベリア、カザフスタン、中央アジアの残りの地域に分かれていた。石炭紀が終焉を迎えてペルム紀に入ると、海の出口は閉ざされ、その下の大地はひしゃげた。折れ曲がった部分が隆起してできたウラル山脈は、二億五〇〇〇万年前に治癒した傷跡だ。現在、ロシアは地球上で最大の大陸のかなりの部分を占めるが、ペルム紀にはそれよりはるかに巨大なパンゲアの、頭と肩の部分でしかなかった。

スコットランドの地質学者ロデリック・インピー・マーチソンがロシア全土を旅し、ペルミの近くでウラル山脈の地図を作成した一八四一年には、旅をスピードアップさせる鉄道はなかった。最初の線路が敷設されたのは一八九一年のことで、それから二六年後、はかり知れない困難と犠牲の果てに、ついにシベリア鉄道が開通する。建設作業を担ったのは、中国人労働者、兵士、国外追放者、犯罪者だった。線路の下には遺体が埋まっている。洪水、地滑り、腺ペスト、酷寒、コレラ、炭疽菌、盗賊、トラの犠牲になった労働者たちだ。

それよりはるかに古い遺体もまた、ロシアの国土の岩盤の中に眠っている。ロシアは世界有数のペルム紀の獣弓類化石の産出地なのだ。古い時代の単弓類はおそらくパンゲアの暖かく湿潤な赤道付近のみに分布していたが、その子孫はまたたく間に全世界、すなわちローラシアとゴンドワナの全土に拡散した。

かれらは冷血でも、前時代の呼び名である「哺乳類型爬虫類」でもなかった。最初の複雑な地上生態系の中枢を占める、敏捷なハンター、凶器を備えた植物食者、高い枝先の曲芸師、深い巣穴に潜む隠遁者だった。ペルム紀の最盛期は、地球がのちの進化のあらすじを予告した、ドリームタイム[*2]だったのだ。

＊1　「ララのテーマ」は映画『ドクトル・ジバゴ』（一九六五年）の印象的なテーマ曲で、映画の全編を通して流れ、ロシアの弦楽器バラライカが使われている。デヴィッド・ボウイは一九七三年の日本ツアーのあと、シベリア鉄道に乗ってヨーロッパに戻った。彼は道中、どんな歌を口ずさんだのだろう？

こんなふうに伝説的な動物には、伝説的な名前が必要だ。もっとも古いグループで、わたしたちのいる系統樹の枝からもっとも遠い者たちは、ビアルモスクス類と呼ばれる。ビアルモスクス亜目を代表するビアルモスクス *Biarmosuchus* の名前は、ロシアの白海周辺地域をさす古ノルド語のビアルマランド（Bjarmaland）に由来する。ビアルモスクス類は、特徴的な大きな犬歯に加え、現代の哺乳類にはない、強膜輪と呼ばれる眼球を取り囲む骨でできた輪をもっていた。眼球を支えるこの輪は、ビアルモスクス類だけでなく、ほかの獣弓類や初期単弓類（および爬虫類）にもみられることから、共通祖先には一般的な形質だったが、のちに失われたとみられる。

ビアルモスクス[*3]の骨格を眺めると、前のめりな姿勢が印象的だ。木の枝に向かって駆け出そうとしているブルテリアを思わせる。生きていたときには外耳（現代の哺乳類にみられる、突出し方向転換して音を拾う皮膚のひだ）はなく、単なる穴があいていて、祖先のものに似た単純な構造の内耳につながっていた。前肢はブルテリアよりも左右に開き気味についていたが、ペルム紀のロシアという新天地を縦横無尽に駆けまわり、枝のかわりにディナーを追い回していた姿は容易に想像できる。盤竜類も活動的だったが、ビアルモスクスとその仲間は明らかに、もっと遠くまで、もっと速くたどり着けるつくりをしていた。

ペルム紀には恐竜こそいなかったが、代わりに恐頭類《ディノセファリア》がいた。この名前は恐竜とのつながりを示すものではなく、単に語源が同じなだけだ。獣弓類のこのグループは「恐ろしいトカゲ」ではなかったが、「恐ろしい頭」をもっていた。[*4]いかめしい顔つきからの命名で、かれらの頭骨には厚く発達する、骨の肥厚化（pachyostosis）と呼ばれる傾向があった。しかし見かけによらず、恐頭類は猛獣ばかりではなかった。最初期に出現したグループでありながら、かれらのなかには肉食、雑食、そして完全な植物食のすべてがみられた。一時期かれらはもっとも個体数の多い獣弓類の一系統となり、その骨化石はロシアだけでなく、中国、南アフリカ、ジンバブエ、ブラジルでも発見されている。

もっともカリスマ性を備えた恐頭類は、南アフリカのモスコプス *Moschops* だ。この動物は本物の「ぽっちゃりくん」で、キングサイズのベッドより大きく、ナイトクラブの用心棒のような体型だった。でっぷりした胴体には植物質を処理するのに必要な消化管が収まっていた。今日の大型動物がたいていそうであるように、モスコプスも植物食だったのだ。筋骨隆々とした肩と短い首、恐頭類に特有の分厚い頭骨、下向きに急角度で傾斜した顔と背中。全体的に、モスコプスは三角形に脚が生えたような外見だった。

一九八三年、モスコプスは同タイトルのストップモーションアニメの主役となり、英国のテレビで放映され一躍有名になった。海を越えてデンマークでも放送されたほどだ。しかしディメトロドンと同じで、アニメのなかのモスコプスはなじみのない地質年代に放り込まれ、ジュラ紀や白亜紀から来たまとまりのない家族や友だちと日常を過ごすことになった。アロサウルス、ディプロドクスおじいちゃん、

＊2　ドリームタイムは、オーストラリアのアボリジニの文化と精神性の根幹をなす要素であり、「ドリーミング」とも呼ばれ、大地と動植物の創造のときとみなされている。

＊3　じつはビアルモスクスの化石は、はるかに大柄な成体になる前の若齢個体の骨格と考えられているのだが、ここでは例としてちょうどいいので当初の記載にならった。実際にはエオティタノスクス *Eotitanosuchus* またはイヴァノトサウルス *Ivanotosaurus* と同一種の可能性があり、そうだとすると成体の全長は五メートルに達したかもしれない。

＊4　ややこしい話だが、恐頭類のなかにはディノサウルス *Dinosaurus* という属があり、オーウェンが恐竜という単語を考案した数年後に名付けられた。また、*Dinocephalus* という属名は恐頭類ではなく、カミキリムシの一グループのものだ。かれらの頭もきっと恐ろしげなのだろう。

トリケラトプスのミセス・ケリー、レックスおじさん、ミスター・イクチオサウルス。それでも、アニメ制作陣には脱帽だ。モスコプスをテレビに引っ張り出し、「牛顔」を意味する学名を定着させて、お茶の間に愛されるキャラクターにしたのだから。

一方、モスコプスの兄貴分のエステメノスクス *Estemmenosuchus* はラジオ向きだった。ロシアで発見された雑食性動物で、母親にしか愛せない、骨の肥厚化を極限まで推し進めた顔をしていた。エステメノスクスの頭からは角が全方位に突き出し、頭骨のなかで花火が上がったようだった。一対のごつごつした突起の下に小さな丸い眼が位置し、両頬からさらに一本ずつ装飾が飛び出していた。モスコプスと同様、かれらもマッチョ体型で、全長は三メートルに達した。

エステメノスクスの頭骨のレプリカが、カナダのドラムヘラーにあるロイヤル・ティレル博物館に展示されている（オリジナルはこの種のすべての化石と同じくモスクワの古生物学研究所収蔵）。カナダの頭骨は、不気味な照明の下で仰天したように口を開けていて、来館者をもれなく同じ表情にする。わたしは同博物館を訪れたとき、来館者たちが列をなし、エステメノスクスのグロテスクさをあげつらいながら写真を撮っては通り過ぎることに、一抹の悲しみを覚えた。哀れなかれらは恐竜の一種と誤解され、二重に侮辱を受けていた。わたしたちには奇抜に映る姿のおかげで、この巨獣は同時代のほかの動物たちから、きっと一目置かれていたのだろう。また、こうした特徴はおそらく、求愛ディスプレイのなかで適応度の指標として機能した。トリケラトプスなど、数千万年後に現れた二番煎じな角竜たちと同じように、エステメノスクスやその他の恐頭類にみられる頭の装飾と骨の肥厚化は、防御に加えて、頭をぶつけあう競争でも威力を増す役割を果たしたと考えられる(1)。

これに関しても、獣弓類は自然界の偉大なイノベーションを先取りして進化させ、ほかの系統が追随するはるか以前に完成させていたようだ。[*5] トレンドセッターであるかれらは、絶滅動物の特徴として圧倒的な知名度を誇るあの武器も、いの一番に進化させた。剣歯、すなわちサーベルのような牙だ。

世界でもっとも人気のある絶滅動物のひとつとして、絶対に外せないのが剣歯ネコだ。恐竜を除けば、かれらのように一目でそれとわかり、現生種に似たものがおらず、本や映画など各種メディアのスターであり、子どもたちのお気に入り巨大生物の殿堂に不動の地位を築いた動物はそうそういない。ヒトと同時代に生きていたことも大きな強みだ。だが、剣歯ネコと呼ばれる動物たちのなかには、収斂進化を通じ、過去四二〇〇万年の間に極端に大きな犬歯を独立に獲得した、比較的遠縁のたくさんの動物たちが含まれる。

もっともよく知られた、もっとも新しい剣歯ネコのひとつがスミロドン *Smilodon* だ。サーベルタイガーとも呼ばれるが、トラとスミロドンはどちらもネコ科ではあるものの、スミロドンはトラとは異なる絶滅した系統に属する。ロサンゼルスのラ・ブレア・タールピットのタールから引きあげられた数百の骨のおかげで、スミロドンは非常によく知られている。屈強な体格の待ち伏せ型捕食者であり、並外れて巨大な犬歯に加えて、それで何かに噛みつけるよう、極端に大きく開く口も進化させていた。

だが、剣歯「ネコ」はほかにもたくさんいた。スミロドンと同じネコ科には近縁のメガンテレオン *Megantereon* がいたし、それよりやや遠縁のネコ科ではないグループとして、ニムラヴス科とバルボウロ

＊5　恐頭類よりわずかに新しい（現代により近い）ペルム紀の爬虫類の一系統であるパレイアサウルス類も、恐頭類が絶滅した直後に同じような頭部の装飾を発達させた。かれらもまた大柄で屈強な植物食者だった。

フェリス科に属する、通称「偽剣歯ネコ」たちがいた。ネコ科とその親戚だけではない。食肉目[*6]が新生代初期に主要な肉食獣の地位に登りつめる前、肉食に特化して適応放散をとげた別の哺乳類グループがいた。肉歯目と呼ばれるこの系統のなかからも、剣歯をもつスペシャリストであるマカエロイデス *Machaeroides* が出現し、四〇〇〇万年以上前に初期のウマを捕食した。さらに、剣歯を備えたハンターの出現は北半球だけにとどまらない。有袋類もまた、ブームに乗り遅れまいとこの適応に独自の解釈を加え、スパラッソドン類と呼ばれる謎めいた南米のグループのなかから、ティラコスミルス *Thylacosmilus* が約二二〇〇万年前に出現した。[*7]

犬歯の形や大きさこそ違っていたが、こうした多様な動物たちは、生きていくのに好都合な方法はえてして生命史のなかで繰り返し出現するという事実を裏づけている。大型化した犬歯は、殺しだけでなく、種内競争にも使われることがある。タスク（tusk）［訳注：日本語の「牙」は鋭く尖った歯全般を指し、後述の区別と一致しない］を含めれば、ジャコウジカやセイウチ、ラクダや霊長類、ブタの仲間の大部分にもこうした特徴がみられる。タスクはたいてい長く伸びた犬歯（ゾウのタスクは例外的に門歯）だが、タスクと剣歯にはちょっとした違いがある。タスクは生涯にわたって成長しつづけるが、剣歯は生え変わるのだ。ただし、この区別を化石記録にあてはめるのは難しく、同じ系統のなかで剣歯らしきものとタスクらしきものの両方がみられることが珍しくない。異なる成長段階にある同種の動物化石が豊富に発見され、両者を区別できることはまれなのだ。

哺乳類進化の黎明期から見渡してみると、犬歯の巨大化はけっして斬新なアイディアではない。二億五二〇〇万年以上も昔の獣弓類のなかに、最初の剣歯獣がいた。巨大な犬歯に利点を見出した主要グループは、ゴルゴノプス類とアノモドン類の二つだ。どちらも哺乳類進化の物語のなかで重要な役割を果たしたが、どちらもいまでは絶滅し、現生の子孫はいない。

ゴルゴノプス *Grogonops* ほど伝説的な名前をもつ獣弓類はいない。命名者はリチャード・オーウェンで、ギリシャ神話に登場する、生きたヘビの髪をもち、視線だけで相手を石に変える三姉妹のゴルゴーンにちなんでいる。[*8] ゴルゴノプス自身は石に変わって久しいが、それでも恐ろしげな見た目は健在だ。この動物は捕食者で、オートバイほどの大きさに成長した。長くたくましい四肢により高速で移動できたようだが、それ以上に生活様式を物語る最大の特徴は牙だった。サーベル型の犬歯が、ほかの歯のはるか下にまで伸びていたのだ。

ゴルゴノプス類はペルム紀後期に出現すると、短期間に生態系の主要捕食者として、現在のアフリカ、ロシア、インドにあたる地域を席巻した。大きさはさまざまで、一メートルほどのものから、クマより大きなものまでいた。ほかの獣弓類と比べ、ゴルゴノプス類は飛び抜けて多様とはいえなかった。複数の祖先形質をとどめており、以前はほかの獣弓類に比べて派生的ではない、系統樹のなかの古い枝に属するグループだと考えられていた。一九六〇年代から八〇年代にかけて、デニース・シゴグノー（のちのシゴグノー＝ラッセル）らが注目し研究を進めたことで、ようやくこの独特のグループの位置づけが明らかになった。シゴグノー＝ラッセルは、南アフリカの獣弓類の研究で一九六九年に博士号を取得し、

＊6　食肉目（Carnivora）は、イヌ、ネコ、クマ、ハイエナ、イタチ、マングース、アナグマ、アライグマ、アザラシ、アシカを含むひとつのグループだ。かれらは肉を切り裂くのに適した特殊化した奥歯をもち、裂肉歯と呼ばれる。ほとんどの種が肉を主食とするが、肉食性の動物がすべて食肉目というわけではない。

＊7　これらは厳密には有袋類ではなく、後獣下綱（metatheria）と呼ばれる上位分類群の一員で、ここには有袋類も含まれる。この区別についてはあとの章で触れる。

＊8　写真を見るかぎり、リチャード・オーウェンにも同じ能力があったかもしれない。

のちにヨーロッパの中生代哺乳類の世界的権威となった。彼女の功績は、とりわけ母国フランスと英国諸島の化石研究の基盤をなしている。

ゴルゴノプス類の特徴のなかで、不釣り合いなほど注目を浴びたのは、お察しのとおり巨大な歯だった。鋭い犬歯はときに後縁がのこぎり状になっており、加えてかれらの吻の先端には、よく発達した門歯がきっちり噛み合わさっていた。対照的に奥歯は著しく縮小し、種によっては完全になくなっていた。一方、頭骨の後端は帽子のつばのように大きく張り出し、そこに強靭な筋肉が付着してパワフルな咬合を生み出した。

剣歯をもつ動物を研究する古生物学者は、大いなる謎に悩まされてきた。スミロドンと同じように、ゴルゴノプスなどの動物の骨格には、頂点捕食者にふさわしい形質がいくつもみられ、獲物の肉を食べることに完璧に適応していたと考えられる。だが、こんな規格外の歯で、どうやって獲物に噛みつき、殺していたのだろう？

顎関節を見れば、かれらが口を大きく開け、獲物に牙を食い込ませることができたとわかる。でも、そのあとは？　最大で一トンにもなる、怒り狂った草食獣の体が口の中で暴れまわるのだ。こんな巨体が相手では、短剣のような牙はずいぶん頼りなく思える。もしも犬歯が折れ、狩りの成功率が大幅に下がれば、肉食獣は衰弱し、死んでもおかしくない。剣歯は狩りに使うにはあまりにリスクが高く、その伸長を促した淘汰圧は獲物の殺傷ではなかったと考える研究者もいる。例えばマルセラ・ランダウらは、剣歯ネコの複数の種を対象に犬歯のサイズと体の大きさの関係を調べ、肉食よりも性淘汰が犬歯の巨大化に影響を与えた可能性を指摘している。(2)

古生物学者たちは剣歯による殺害方法の解明に執念を燃やしてきた。現生の肉食獣は獲物の殺傷や闘争の際に犬歯を使う。だが、長さとすらりとした形状から考えて、剣歯ネコのそれを暴れる獲物を制するのに使えば確実に折れてしまうので、この使い方は論外だ。別の仮説として、剣歯を備えたハンターはこれらを一対のキッチンナイフのように使い、深い刺し傷を与えて獲物を「刺殺」したとも考えられる。一見もっともらしく思えるし、剣歯の基部が補強されているのも、切り裂くよりは刺す動作に適している。けれども、このやり方は、めった刺しにするうちに骨に当たって歯が砕けるリスクが大きすぎる。それに、どうしても下顎が邪魔になるはずなので、このような動作がそもそも可能だったのかどうか怪しい。

近年、スミロドンが使った殺害方法として有力視されているのが、剪断咬合（shear-bite）だ。この説によれば、ハンターは獲物を噛みつくことなく引き倒したあと、あらわになった腹部のやわらかい部分に大きく開いた傷をつけ、いったん退いて獲物が弱るか倒れるまで待った。とどめの一撃は喉元への致命傷で、疲れ果てた相手をたくましい前肢で押さえ、もがく動きを封じてから、気管を引き裂いた。

剣歯を使った殺しのメカニズムに関して、結論はまだ出ていない。ただし、どの仮説もそれだけですべてを説明できるわけではないことは確かだ。

ゴルゴノプス類については、最初の剣歯の獲得がどのように起こったのか、未解決の議論が続いている。過去四二〇〇万年の間に出現した剣歯をもつ哺乳類とは異なり、獣弓類のかれらは、飲み込む前に肉を切り刻む機能に特化した奥歯をもたなかった。強靭な顎の筋肉、長い犬歯、頑丈な頭骨、裂肉歯の不在といった特徴を総合すると、ゴルゴノプス類は待ち伏せして獲物を急襲し、獲物のいちばん肉厚な部分に深い噛み傷や裂傷を与えて、大きなダメージを負わせたと考えられる。剣歯ネコと違って、ゴルゴノプス類は攻撃時に歯を損傷することを気にかけなかった。というより、しょっちゅう歯を折っていたのだが、かれらの歯は繰り返し生え変わったので、折れた犬歯はそのうち新品に交換された。[*9] 獲物を手負いにしたあとは、剣歯ネコがそうしたと考えられているように、衰弱して扱いやすくなるまで待ったのだろう。そして大きな門歯を使って肉の塊をむしり取り、丸呑みした。

狩るものと狩られるものが繰り広げる白熱の追跡は、野生動物ドキュメンタリーに欠かせない名場面だ。わたしたちは恐るべき捕食者の物語に魅了され、地球上の至るところで演じられる、生存を賭したタンゴの意味をすぐさま理解できる。

植物食動物を基盤とし、それらを捕食する肉食動物がいる、このような単純な食物連鎖は、あらゆる文化圏で子どもから大人まで誰もが知っている。自然界のこの枠組みが初めて完成したのがペルム紀だった。太古のキャラクターたちはじつに奇抜だったが、それでもそこには、今日のわたしたちを取り巻く生態系の萌芽がみられるのだ。

第二の剣歯哺乳類であるアノモドン類は、吸血鬼とカメのハイブリッドが甲羅から這い出してきたような姿をしていた。のちの時代の種はとりわけユニークで、長くて低い位置にある胴体に、寸詰まりで高さのある頭、太く短い脚と尾をもっていた。ゴルゴノプス類と同じく、いち早く剣歯（あるいは前述のタスク）を獲得しただけでなく、かれらは歯を、さらに突拍子もないものと組み合わせた。くちばしだ。

歯とくちばしは、現代では水と油だ。わたしたちは両者を相互排他的とさえ考えている。南アフリカ、中国、ロシアで最初に化石記録に現れてから、アノモドンは顔の前面の歯を徐々に退化させ、くちばしに置き換えていったが、歯を完全に失うことはなかった。犬歯は手つかずで残り、むしろより長くなった。もっとも極端な例はティアラジュデンス *Tiarajudens* で、かれらはおそらく剣歯をもった最初の植物食動物だ。

ティアラジュデンスはブラジルで見つかった。ブタほどの大きさで、ヒトの手のひらよりも長い短剣のような犬歯を備えていた。(3) 発見されている唯一の化石は犬歯の先端が欠けているため、正確な長さはわかっていない。この歯が殺しの道具でなかったことは確実だ。ティアラジュデンスは初期のアノモドン類であるためくちばしはなかったが、口内に並んだ歯は明らかに、植物をむしってすりつぶすのに適した形をしていた。大きな犬歯はほぼ確実にディスプレイ用で、ときには闘争にも使われただろう。(4) より新しい時代のアノモドン類には、祖先ほど極端に大きなサーベル状の犬歯はみられないが、それでも犬歯はよく目立った。これらはふつうタスクとみなされ、現生哺乳類がもつタスクと同様の役割を担ったと考えられている。

一方、ロシアで発見された別の初期アノモドン類もまた、イノベーションという意味では引けを取らない。スミニア *Suminia* はキツネザルほどの大きさだった。複数の骨格が見つかっていて、そのなかには新たに形成されたウラル山脈の西側に広がる、ぬかるんだ氾濫原に流れ着いた一五頭もの幼体の骨もある。この種は、これまでにどの単弓類も進出を果たせなかった生活様式に適応したボディプランをもっていた。スミニアは樹上性で、哺乳類系統で初めて、樹の上をすみかとした動物だったのだ。*9

*9　生え変わるのにどれくらい時間がかかったかはわかっていない。絶え間ない歯の交換は、哺乳類系統でのちに失われる形質なのだが、詳しくは後半の章で。

*10　ただし、もっと古いライバルがいたかもしれない。ペルム紀前期に生きていたアスケンドナヌス *Ascendonanus* という動物もまた樹上性だったとされる。ヴァラノプス類と呼ばれる、従来は単弓類に含まれていたグループの一員だ。ところが本書の執筆中、オックスフォード大学のわたしの同僚が新たな論文を発表し、かれらはむしろ爬虫類により近縁であると論じた。科学書の執筆はこれだからやっかいだ。安定というものを知らない。本書が刊行される頃には、どんな新発見が生まれているだろう?

樹上生活は動物の体にいくつもの制約を課す。何よりもまず、木登りのためには体が十分に小さくなくてはならない。小動物のほとんどは木に登れるが、それだけでは樹上性とはいえない。ほんとうの意味で樹上生活をするには、器用さと把握力をもつ手足が必要だ。スミニアの骨格から、かれらがこうした形質を四肢動物として初めて獲得したことがわかっている。手足の長い指や、プロポーションが近縁のアノモドン類よりも現生の樹上性動物に類似していることから、かれらは枝にしがみついていたようだ。[5] 長い四肢もこのような解釈に合致する。落ちないようにグリップを追加する、自在に曲げて巻きつけられる尾さえもっていたかもしれない。

これまでのところ、樹上性アノモドン類はほかに見つかっていない。だが、スミニアがほんとうに特殊化した樹上生活者だったとしたら、獣弓類の履歴書にアピールポイントがまた増える。ペルム紀は、わたしたちから見れば大昔だが、そこにはじつに多様で現代的な生態系があった。

約二億五二〇〇万年前のペルム紀後期、アノモドン類の一系統であるディキノドン類が、前歯を完全に喪失した。代わりに獲得したくちばしは、カメのそれに似た硬いケラチン製で、強靭な筋肉と接続していた。かれらは植物の硬い茎でさえ簡単に刈り取ったはずだ。くちばしと歯の組み合わせはすばらしい発明で、ほどなくディキノドン類はウサギ大の地中生活者からカバほどもある大物までに多様化した。そのうえ、このグループは哺乳類進化の叙事詩のなかで重要な役割を果たした。大災害に見舞われながら、究極の生存者となったのだ。詳しくは次章で！

そんなわけで、ペルム紀が終わりに近づく頃、パンゲアは獣弓類でいっぱいだった。かれらの体の大きさの多様性は途方もなく、各々に新たな世界を食べ進み、あるいは互いを捕食した。今日のわたしたちが知るような食物連鎖の原型が完成し、カセア類、ビアルモスクス類、恐頭類、ディキノドン類は、消化管内の共生細菌という強力な相棒を得て、サラダバイキングを満喫した。ゴルゴノプス類は頂点捕食者の座をほしいままにした。

かれらが多様化するかたわらで、爬虫類やその他の四肢動物もまた繁栄を謳歌していた。後者のグループのうち、植物食のパレイアサウルス類など一部は巨大化したが、多くは依然としてもとの「トカゲ的」ボディプランを維持していた。陸上進出からまもない頃の単弓類もまたそうだったように。そんな代わり映えしない連中のなかに主竜様類（Arcosauromorpha）がいて、かれらはのちに主役に躍り出る。しかし今はまだ、ペルム紀の舞台に立つ、ぱっとしないエキストラの一員にすぎなかった。

再びスコットランド。凍えるような一一月の午後、わたしたちはクラシャック採石場をうろつきながら、岸壁から発破で取り去られてまもない、新たな破砕面をもつ岩石を探した。足跡はすでに来訪者が観察できるよう、ハリエニシダに縁取られた小道のそばに並べられていた。ペルム紀の足跡がいくつも残された厚板の数々には心躍ったが、これらは採石場が活発に操業していた二〇年以上前に見つかったものだ。クラシャックの岸壁の地層に、まだペルム紀の足跡はあるのだろうか？　それとも、その部分はもう切り出されてしまったのか？

一九九〇年代、キャロル・ホプキンスという地質学者がエルギン近郊で足跡化石を調査した。彼女の研究は残念ながら論文化されず、その後、足跡の大規模調査は実施されていなかった。そこへ二〇一七年、わたしが興味をもったというわけだ。記録されているこれまでの知見と、ホプキンスが発見した新たな足跡、さらにその後の職業科学者とアマチュア愛好家による発見は、すべて目録化され、エルギン博物館、スコットランド国立博物館、その他の英国内外のいくつかの研究機関にきちんと収蔵されている。

一方、近年のクラシャックは誰にも見向きもされずにいた。小道のそばの足跡は、葉の陰に隠れ、地衣類に覆われている。ほとんどは生物の痕跡というより、地質学的な偶然の産物にしか見えない。「円形劇場」のそばにある、この海岸をかつて歩いた動物に関する解説板は、ペルム紀からずっと立っていそうな佇まいだった。二度目の調査で訪れたときには、解説板はなくなっていた。

地質学のバックグラウンドをもつホプキンスは、クラシャックの岩石からペルム紀のスコットランドの環境について何がわかるかをテーマに、長年研究に打ち込んだ。乾燥した砂漠だったことは確かで、広大な黄金の砂丘が連綿と続いていた。それでも、足跡が残されたくらいだから、砂粒をまとめる程度の湿気はあったに違いない。朝露、あるいは散発的な降雨だろうか。一部の岩石にみられる不定形な模様は、乾ききった大地に落ちた雨粒の跡かもしれない。

ホプキンスは、足跡がしばしば斜面に残されていたことを指摘した。これは動物の足の下で砂地がどのように変形しているかを調べた結果だ。斜面についた足跡は、谷側の部分で輪郭がより大きく隆起する。過去の記録は、足跡の主がしばしば同じ方向に移動したことを示していて、水源に向かっていた可能性が考えられる。ペルム紀後期、ツェヒシュタイン海と呼ばれる水塊が、現代の北海と大陸ヨーロッパ北部を覆っていた。砂岩採石場からマレー湾の方を眺めると、まるでこの土地の地形が、自然淘汰が生み出すようなある種の収斂を経験したように思える。

だが、この道を歩いた動物たちは焼き直しではなく、先駆者だった。研究者たちはカメ説を捨て、これらの足跡がペルム紀の獣弓類のものだと考えるようになった。灼熱のパンゲア内陸部は、哺乳類系統の独壇場だったと、かれらは主張した。

世界各地で足跡化石が見つかるにつれ、視界が開けてきた。スコットランド南部とドイツの同様の化石産地を調べた研究者たちは、足跡化石を残した動物が少なくとも五タイプいたことを明らかにした。獣弓類はもちろんだが、ペルム紀の生態系を構成するほかの動物も含まれていた。大柄なパレイアサウルス類や、その親戚にあたる小型種などの側爬虫類（parareptile）だ。加えて、巣穴や昆虫の痕跡（同定不能の複数の足がつけたへこみ）も豊富だった。現代の砂漠とさほど違わない生息環境が容易に思い浮かぶ。動物たちは日中の厳しい暑さを乗り切るため、地中に潜り、日没後に活動したのだろう。朝露に濡れた砂地についた足跡のなかには、水辺に向かうものだけでなく、闇のなかでの夜間採食を終えて巣穴に戻るものもあったかもしれない。

クラシャックのがれきの山によじ登り、わたしたちは露出したばかりの足跡が見つかることを願った。ものすごく運がよければ、それ以上にインパクトのあるものが見つかるかもしれない。ヴィクトリア時代以降、エルギン近郊の複数の採石場で、ペルム紀とそれに続く三畳紀の古生物の足跡と骨の両方が見つかっている。これらの採石場のほとんどは、はるか昔に閉鎖され、鬱蒼とした植生に覆われ、景色に飲み込まれている。クラシャックと同じ海岸沿いでは、一八八〇年代、ペルム紀のディキノドン類とパレイアサウルス類のほぼ完全な骨格が発見された。これらはエルギンの「爬虫類」と呼ばれてきたが、これまた再考を要するあだ名だ。わたしたちはすでに、こうした動物たちのほとんどが真の爬虫類の一員ではなかったことを知っている。

クラシャックでは骨は非常に珍しい。いくつかの破片以外には何も見つからない時代が長く続いたが、一九九七年に偶然の発見が舞い込んだ。ホプキンスは採石場で研究するなかで、作業員たちと良好な関係を築いた。かれらには新しい足跡が見つかったら教えてほしい、と頼んでいたが、気に留めておいてもらったものがもうひとつあった。穴だ。
　化石を保存するのに適さない地層であっても、ときにその輪郭が残ることがある。ペルム紀のスコットランドの砂丘で動物が死ぬと、死体は埋まり、砂粒がその周囲に押し固められたはずだ。しかし、砂は間隙が豊富なので、水分が透過する。このプロセスはやがて骨を完全に破壊してしまうが、もしそれまでに周囲の砂岩が十分に密になっていれば、壁面は崩れず、骨が収まっていた空間が保存される。ホプキンスら古生物学者たちは、化石の「抜け殻」がクラシャックにあるかもしれないと期待したのだ。
　一九九〇年代後半、採石作業員たちが、誰もが望んでいたものをとうとう発見した。かれらが割った巨礫の中に、幅一〇センチメートルほどの、閉じてしわの寄った傷跡のような穴があった。覗いても中は見えなかったが、ホプキンスがはんだづけ用のワイヤーを差し込み、深さは二五センチメートルとわかった。大きな穴で、複雑な構造をしていたことから、かつて骨があった空間であることは確かだった。そこで、穴を含む部分を採石場から切り出し、ＣＴスキャンとＭＲＩを使って撮影した結果、内部にディキノドン類の完全な頭骨の鋳型があることが明らかになった。[*11]
　わたしたちのチームは第二のクラシャックの頭骨を探した。化石の発見は幸運な偶然の賜物だが、クラシャックで最初の「抜け殻」が見つかるまでに二〇〇年かかったことを考えれば、成功率は途方もなく低かった。予想通り、頭骨は見つからなかったが、新しい足跡ならわたしもいくつか発見した。砂の上をちょこまか走った、コインよりも小さな足の爪痕だけが残されていた。地元の人や採石作業員はいまなお足跡を見つけていたし、わたしたちもほんの数時間探しただけで発見に恵まれたのだから、この場所にまだまだ未発見のお宝が眠っていることは確実だ。原始のスコットランドへの玄関口には保護が必要だ。次なるペルム紀の亡霊が、いつ古の時代の砂の山から顔を出すかは、誰にもわからない。

獣弓類はペルム紀最大のイノベーターだった。この驚異のグループは、二億五二〇〇万年前の世界をわがものにした。出現し、繁栄し、狩りや消化、闘争や木登りや穴掘りといった新たな適応を進化させた。いずれもわたしたちを含む、にぎやかな単弓類の系統樹の一部だったが、これまでに紹介した動物たちはみなわたしたちのいとこであり、わずかな例外を除いて、どれもペルム紀よりあとの時代に子孫を残すことはできなかった。わたしたちはかれらの親戚だが、近い関係ではない。

わたしたちの系統を生み出した獣弓類のグループは、同時代の他系統と比べてかなり地味だった。ゴルゴノプス類や、それに似た雑食性・植物食性のグループであるテロケファルス類に近縁だった。[*12] わたしたち現生哺乳類の直接の祖先系統は、あまり印象に残らなかった。ペルム紀の最終盤、かれらは遅れてパーティーにやってきた。大部分の種はかなり小型で、表面的にほかの獣弓類と区別できる特徴はほとんどなかった。それでも、古生物学者にとってかれらはセレブだ。ぱっとしない動物たちの寄せ集めでありながら、現生哺乳類の祖先を輩出した、かれらの名は、キノドン類。

キノドン類の最初の化石記録は南アフリカで報告されたが、まもなくアフリカの他地域やヨーロッパ、ロシアでも発見された。外見は小型犬に似ていて、近縁であるゴルゴノプス類やテロケファルス類のミ

＊11　のちにこの空間のデジタルモデルが作成され、それに基づいて立体模型がつくられた。実物と模型はエルギン博物館に展示されている。

＊12　テロケファルス類には有毒の種もいた可能性があり、事実ならまたしても単弓類としては初めてのことだが、解釈は分かれている。

ニチュア版だった。しかし、骨の細部を調べてみると、かれらが最新型だったことがわかる。

キノドン類の側頭窓は大きく、ますます大型化し複雑化する顎の筋肉を収めていた。窓の上の頭頂部には、この筋肉が付着するとさかのような矢状稜が発達した。この変化は、より複雑化した歯での咀嚼と結びついていて、いまや門歯（前歯）、犬歯、奥歯は完全に機能分化し、見るからに哺乳類のものになっていた。下の歯を収める歯骨がますます下顎の主要部分を占め、後端部分の骨はさらに小さくなった。初期のグループに起こった変化の多くが、キノドン類でさらに加速した。四肢、腰、肩の変化もそうだ。これらはのちの展開を先取りし、哺乳類系統を同時代のほかの系統と隔てて、現代まで受け継がれるボディプランを生み出した。

このような太古の時代の骨格変化は、いったい何を意味するのだろう？　古生物学者にとって、それは進化のロゼッタストーンだ。けれども、わたしたちの体は単なる骨の集まりではない。わたしたちが現生哺乳類に特有のものとして思い浮かべる形質は、生身の部分にある。温血性、栄養豊富なミルク、ふわふわの毛。獣弓類の内部構造は確かに前哺乳類的だったが、やわらかい装飾のほうはどうだったのだろう？　獣弓類の生物学的特徴は、どこまでわかっているのか？

「温血」「冷血」という言い回しは、過度に単純化されたものだ。これらは動物が体温を保つのに体内で熱をつくりだすか、あるいは外部環境を利用するかをさす言葉だが、実際には、現生動物が体温を適切に保つ戦略はスペクトラムを形成する。加えて、「適切な」体温も分類群によってさまざまだ。現代に生きる動物のうち、温血、すなわち内温性であるのは哺乳類と鳥類だけだ。[*13] ほかはすべて冷血、すなわち外温性だといえる。

外温性動物は体内でほとんど、あるいはまったく熱を生成しないので、周囲の環境に頼って体を温めたり冷やしたりする。この戦略はすべての脊椎動物の祖先形質で、言い換えれば、わたしたちはみな冷血の祖先を共有している。すべての動物は基礎代謝によって一定の熱をつくりだすが、これだけでは気温が変動するなかで体を暖かく保つには不十分だ。体内に自分だけの熱源をもたず、外部環境に頼って熱交換をおこなうことのメリットは、代謝の面で節約生活ができることだ。外温性動物はあまり食料を必要としない。例えばワニは、種によっては年に数回しか食事をしない（ただし食べるときは大量だ）。

外温性のデメリットは、周辺環境の温度幅から逃れられないことだ。外温性動物のなかには、体温の大幅な変動に耐えられる種もいるが、それでも限界はある。南極に両生類や爬虫類がまったくおらず、昆虫もごくわずかしかいないことには、もっともな理由があるのだ。この酷寒の大陸に適応したのは鳥類（とアザラシなど一部の海生哺乳類）だけだ。外温性の四肢動物のもうひとつの弱点は、長時間にわたって高速移動を維持できないことで、かれらはすぐにスタミナ切れを起こしてしまう。

一方、内温性の哺乳類と鳥類はほぼどこにでも棲むことができ、ずっとアクティブだ。かれらは基礎代謝に加えて、細胞内でも追加で熱をつくりだす。石炭を炉にくべるように、脂肪や糖を燃焼させるのだ。これにより、かれらは長時間にわたって活動的でいられるが、代償として、内温性動物はいつも飢えていて、頻繁に採食して火を燃やしつづける必要がある。現生の哺乳類と鳥類はすべて内温性であり、この特徴はかれらの採食様式、生活場所、繁殖様式、外見、行動といった、生態のあらゆる側面と密接に結びついている。すべてを一変させたイノベーションであり、哺乳類系統が最初に獲得し、のちに恐

＊13　ただし、アカマンボウ *Lampris* など一部の魚は体温を制御できる。

竜が続いた。[*14]

哺乳類の祖先がいつ最初に内温性を獲得したかを突き止めるには、多少の推理が必要だ。研究者たちは、現代の哺乳類と鳥類の体に手がかりを求める。かれらの特徴の一部は、温血性と結びついている。

哺乳類は毛で、鳥類は羽毛で覆われていることは、子どもでも知っている。クジラなど数少ない例外（そのクジラでさえ、赤ちゃんのときは無精ひげがある）を除いて、体を覆う断熱素材は、現生のすべての内温性動物に共通の特徴だ（完全水生の哺乳類と鳥類は脂肪の層によって熱を保つ）。毛は石灰化していないため、化石に残ることはほとんどない。例外的な状況のときにだけ、地質学的偶然が太古の時代の毛を閉じ込め保存する。確実に毛といえるもっとも古い化石記録は、本書のあとの章で取り上げるジュラ紀の哺乳類カストロカウダ *Castorocauda* のものだ。わずか一億六〇〇〇万年前のものなので、この化石から毛の出現のタイミングを特定することはできない。これよりずっと前から哺乳類が毛に覆われていたことは確実だ。

少なくとも一部の獣弓類に毛があったことを示唆する証拠は、糞だ。正確に言えば糞の化石。ロシアのモスクワの東にある採石場で、古生物学者たちはコプロライト（糞石）と呼ばれる、糞が化石化したものを発見した。大きさはネコの糞くらい。中から骨の破片、魚のうろこ、昆虫の一部、さまざまな菌類や細菌が見つかったため、柔軟な食性をもつペルム紀後期の肉食動物が排泄したものと考えられている。だが、何より注目すべきは、コプロライトの内部構造のなかに、毛のようなものがあったことだ。

毛はケラチンでできていて、難消化性であるため、理論上は古生物の消化管を何事もなく通り抜けてもおかしくない。ロシアのコプロライトから見つかった構造は、大きさと形が毛に似ており、排泄の少し前にこの動物に食べられた、哀れな犠牲者のものだった可能性がある。もしそうなら、これはペルム紀の獣弓類の一部に多少なりとも毛が生えていた(数本のひげ程度かもしれないが)という、最古の証拠だといえる。ただし、問題の構造は、コプロライトの内部の鉱物が偶然つくりあげた形態、あるいはごたまぜの排泄物に紛れ込んだ菌類や何かの繊維でしかない可能性もある。

絶滅動物の体温が上昇したことを示すもっとも古い明白な証拠は、体の構造変化だ。すでに見てきた通り、獣弓類の肩と腰には修正が加えられ、これにより左右の脚は間隔が狭まって胴体の真下に伸び、体高が高くなると同時に可動域が広くなった。つまり、活動量の増加が物理的に可能になったのだ。歩き方は祖先のものとはがらりと変わり、敏捷かつ小回りが効くようになった。このような変化は、狩るものと狩られるものからなる食物連鎖の出現と軌を一にしている。さらに、体が地面から遠くなったことで、文字通り息をつく余裕ができた。活発な動物は例外なく、頻繁な呼吸で活動を支えている。燃焼には酸素が不可欠だからだ。

イヌの鼻の穴を覗いたことはあるだろうか? そこにもうひとつの内温性の手がかりが潜んでいて、これも酸素要求量の増加と関係がある。温血動物は頻繁に呼吸をするせいで、石炭紀の最初の四肢動物が直面したのと同じ問題を抱える。水の喪失だ。誰でも知っている通り、食料がなくてもしばらくは生きていけるが、水がなければおしまいだ。脱水は細胞や臓器の正常な機能を阻害する。活動中に暖かく湿った空気を吐き出すと、体から熱と水分が失われる。哺乳類と鳥類は、鼻の中に鼻甲介と呼ばれる畝を発達させることで、この問題を解決した。

鼻甲介は、鼻の中にある折りたたまれたシート状の構造だ。骨または軟骨でできていて、表面に湿っ

*14 鳥類は恐竜だ。依然として議論の余地があると言い張る声も聞かれるが、もう結論は出ている。証拠は圧倒的だ。

た組織が敷き詰められている。鼻甲介には、においの検出に使われる嗅覚鼻甲介と、呼吸に重要な役割を果たす呼吸鼻甲介の二種類がある。後者は、呼気が通過するときに熱と水分を再吸収し、これらが体から失われるのを防いでいる。

今日の地球上に生息する温血動物はみな（クジラと一部の潜水性鳥類を除き）鼻甲介をもっていて、研究により、これがなければ内温性はおそらく実現不可能だったと考えられている。このことを裏づけるように、代謝率と呼吸鼻甲介の表面積を比較すると、明らかに代謝が高いほど鼻甲介の表面積が大きくなっていて、活発な動物は水分と熱を保存する必要があるという関係を示している(7)。

この結果を化石記録にあてはめれば、単弓類系統でいつ鼻甲介が出現したかを検証できる。においの検出を担う嗅覚鼻甲介は、ほぼすべての単弓類にみられ、最初期の盤竜類にさえ存在する。これに似たものはほぼすべての四肢動物に備わっていることから、空中のにおいの検出は、わたしたちの感覚のなかでもっとも古い適応のひとつであり、四肢動物の進化のきわめて早い段階で現れたと考えられる。だが、呼吸鼻甲介となると話は別だ。最初の呼吸鼻甲介が現れた証拠とされるものは、ペルム紀の最後に登場した系統、つまりテロケファルス類とキノドン類にしか見つからない。

鼻甲介そのものは非常にもろく、化石に残らないが、鼻の中で鼻甲介を支える畝の部分は化石化することがある。X線スキャンを使って頭骨化石を詳細に調べた結果、一部の研究者は、グラノスクス *Glanosuchus* などの動物の鼻の中にある畝が呼吸鼻甲介の支持構造だったと主張している。全長二メートルの肉食動物グラノスクスは、テロケファルス類の一員であり、南アフリカで化石が発見されている。

この化石の解釈に誰もが納得しているわけではないが、もしも畝が呼吸鼻甲介の基盤だったとしたら、この構造の出現を裏づける最古の化石証拠となる。この特徴はまもなくすべてのキノドン類に共通のものとなり、わたしたちの祖先の代謝機能が、恐竜がまだ計画段階にすら達していない大昔から向上しつつあったことをはっきりと示している。

絶滅動物の代謝と内温性の関係を検討するもうひとつの方法は、骨の内部構造に注目することだ。骨格はモノではない。骨は成長する生きた組織であり、かかった負荷に応じて自己調整をおこなう。脊椎動物の骨の構造には多様性があるが、一般論として、骨幹部分の硬い外層をなす皮質骨と、骨端にあり密度がやや低い海綿骨からできている。成長と調整の大部分が起こるのは後者だ。骨には血液が供給されていて、とくに海綿骨で顕著だ。また、骨の中心には骨髄組織と呼ばれる部分がある。

骨は硬いリン酸カルシウムと、比較的やわらかいコラーゲンの混合物だ。骨の内部には、新しい骨をつくり、再び分解することに特化した細胞が存在する。破壊と再生は自然状態で常に起こっていて、かかる負荷に応じた骨のリフォームが可能なのも、この作用のおかげだ。有名な例に、プロテニス選手の腕がある。ある研究により、選手の利き腕が左右のどちらであれ、ラケットを持つ腕の皮質骨は持たないほうの腕よりも約四〇%厚くなっていることがわかった(8)。これは繰り返しボールを打つ衝撃に対する反応であり、筋肉の増加に応じて骨が強化された結果でもある。二〇一七年の同様の研究では、女性アスリートの上腕骨と、考古学遺跡から見つかった女性の同じ骨を比較している。これにより、新石器時代から青銅器時代にかけて、初期の農耕生活にともない過酷な肉体労働が増加した結果、平均的な女性の上半身が現代のアスリートと同じくらい強靭化していたことが示唆された(9)。

動物が死ぬと、骨の軟組織や血管系は分解されるが、石灰化した硬い部分は残る。このなかの微細構造には、骨のもとの構造の一部が保存されていて、そこから骨の成長、治癒、生前にかかった負荷について検討することができる。

骨の微細構造の研究は組織学のテーマのひとつであり、その第一段階は、厚さ〇・〇三ミリメートルの骨の薄片を切り出すことだ。光が透過するくらい薄いこのサンプルの作成は、組織学者にとって最初のハードルだ。博物館や古生物学者を説得して、貴重な化石を切断する許可を得るのは容易ではない。あまりにもろい化石や、あまりに貴重な化石からは、薄片をつくれない。強力なX線を使って骨の構造を可視化するという代替手法もあるが、費用がかかるうえ、あとの章で詳述するが、物理的にも限界がある。

　組織学の世界に飛び込むと、アルファベットスープのなかを泳いでいる気分になれる。たくさんの種類の骨に加えて、骨のなかの部位、骨細胞、骨の成長パターンの呼び名も無数にあり、精神的にも文字通りにも早口言葉のオンパレードだ。そのうえ骨の微細構造に影響を与える要因もまた、動物の年齢、骨が構成する体の部位、動物がおかれた環境、化石化の過程で起こった変化、薄片作成の方法など、枚挙にいとまがない。組織学の薄片標本の画像を眺めるのは、現代アートのギャラリーを訪れるのに似ている。どれも興味深いけれど、理解できるものばかりではない（こんなの五歳児にもできそうと思ったなら、それはたぶん作品を理解できていない証拠だ）。

　単弓類がいつ温血性を獲得したかを理解するため、研究者たちは骨の成長率に手がかりを求めてきた。一九七〇年代の段階で、初期単弓類の骨と、のちの時代の獣弓類の骨には違いがあることが知られていた。獣弓類により多く見られる線維層板骨（fibrolamellar bone, FLB）は、成長が速いタイプの骨で、かれらが祖先よりも急激な成長過程をたどったことが示唆された。

　二〇〇七年のレティシア・モンテスらの研究により、骨の成長率と代謝には明確な関係があることが示された。[10] これもまた、獣弓類は代謝率が高く温血化していたという仮説に合致する。この知見は最近、ペルム紀後期の二種のアノモドン類、リストロサウルス *Lystrosaurus* とオウデノドン *Oudenodon* の骨の詳細な分析によって、さらに裏づけられた。より古い時代のクレプシドロプス、ディメトロドン、エダフォサウルスと比較すると、アノモドン類の骨には急速な成長、すなわち高い代謝率の証拠がみられた。代謝率の推定値は、比較的代謝の遅い現生哺乳類、例えばハイイロネズミキツネザル *Microcebus* のそれに近い値だった。

ゴルゴノプス類の骨の構造に注目した研究でも、同様に急速な成長の証拠が見つかっている。こうした研究を数多く手掛けてきたのが、アヌスヤ・チンサミ゠トゥランの研究チームだ。南アフリカのケープタウン大学の研究者であるチンサミ゠トゥランは、組織学の世界的権威だ。彼女ほど科学のために太古の骨をたくさんスライスしてきた人は数えるほどしかいない。彼女の著書『哺乳類の先駆者たち（Forerunners of Mammals）』は、彼女らのチームが数十年にわたって積み重ねてきた、単弓類系統の組織学に関する最先端研究の集大成であり、同書のストーリーは複雑だが魅力的だ。例えばゴルゴノプス類の骨からは、成長パターンに変動があったことが示唆された。急速に成長する時期と、成長が完全に停止する時期があったらしいのだ。単純明快な筋書きでは説明できないが、獣弓類のこのグループは、初期単弓類とは異なる代謝パターンをもっていたようだ。

異なる視点からのアプローチとして、骨の構造ではなく、構成要素に注目して温血性の証拠を探した研究もある。骨や歯を構成する物質のひとつに、リン酸塩鉱物の一種である燐灰石（アパタイト）があり、そこには周囲の環境から体内に取り込まれた酸素が含まれている。酸素同位体の性質は体温、気候、降水量などの要因の影響を受ける。外温性動物は周囲の環境を利用して体温を調節するため、酸素同位体のパターンが内温性動物と大きく異なる。この事実を利用して、化石を分析することで温血性の手がかりが得られるのだ。

二〇一七年、ある研究チームが獣弓類に加え、現生の複数の種の両生類や爬虫類の骨や歯を用意し、酸素同位体分析をおこなった。結果はキノドン類における代謝率の上昇を裏づけるものだった。つまり、かれらはより温血化していたのだ。これは必ずしもかれらが現代の哺乳類に似ていたことを意味するわけではないが、かれらの代謝率は現生爬虫類よりも高かった。ほかの獣弓類のグループでは、このような内温性の確かな証拠は得られなかった。[11] 内温性への最初の一歩は、ペルム紀末から三畳紀前期の間のどこかで起こったのだろうと、かれらは結論づけた。

急速に成長する骨であるFLBが獣弓類のいくつかのグループで見つかったことは、内温性の決定的証拠のように思える。だが、科学の常として、ことはそう単純ではない。酸素同位体に基づく、獣弓類が温血性を獲得した時期の推定は控えめだ。すべての獣弓類がFLBをもっていたわけではない反面、初期の単弓類のなかにもFLBをもつものがいた。現代においても、このタイプの骨は完全に内温性動物にしか存在しないわけではなく、カメやワニの一部でも見つかっている。さらにややこしいことに、哺乳類と鳥類のなかにもFLBをもたない種がいる。FLBは、急速な成長を示すほとんどの動物にみられるが、いつも温血性の証拠とみなせるわけではないのだ。

内温性の完成度がはっきりしないため、最初の哺乳類時代のキャラクターに熱い血が流れていたのかどうかには疑問が残る。いや、むしろ内温性そのものが、哺乳類と結びついた特徴の多くがそうであるように、数撃ちゃ当たるの状況から創発してきた可能性が高い。スイッチを入れて電球が点くように、すべての獣弓類が一斉に内温性に「目覚める」ことはありえない。獣弓類のボディプランにみられる一連の変化がそうであったように、おそらく代謝率の変化も、獣弓類の系統のたくさんの枝で異なる割合で起こったのだろう。あるグループでは最小限の上昇にとどまり、別のグループでは大幅に跳ね上がって骨にまで変化の証拠が残された、というように。ひとつ確実にいえるのは、かれらがこの時代に急激な身体的変化を先導したということだ。獣弓類は間違いなく、進化のトレンドセッターだった。

獣弓類がこれほど多くの新規な適応を、これほど地球の歴史の早い段階で獲得していた事実は、過去一〇〇年間で最大の発見のひとつだ。けれども、ひとつの系統として、かれらの存在を概念的に理解することには困難がつきまとう。進化は乱雑だ。化石を解釈する新たな方法を手に入れたわたしたちは、直接的に系統をさかのぼって最古の祖先にたどりつくことはできないと知っている。新たな生物の出現に関して、誰が誰を産んだかが正確にわかることはないからだ。代わりにわたしたちは、動物のグループをマトリョーシカのようなものとして理解する。ひとつのグループは、より大きなグループに内包され、共通祖先によって束ねられる。その行き着く先が、すべての生物の直近の普遍的共通祖先、すなわちLUCAだ。ある最新の研究により、その出現時期は地球そのものと同じくらい古く、四〇億年以上前であることが示唆された[12]。

わたしたちはシンプルな物語が好きだ。ひとつの適応が別の適応につながり、時代を超えた組立ラインのように完成に近づいたと考えたくなる。だが、進化における主要な転換は、組立ラインというより、むしろラインダンスのように起こってきた。単弓類の体に生じたすべての変化を、一列になって手を繋いだダンサーたちと想像してみよう。かれらは内温性の世界記録を目指していて、達成するには、列全体がダンスホールの反対側までたどり着かなくてはならない。とびきり熱心なダンサーは駆け出そうとするが、動きの遅い隣の人と手を繋いでいるので、動きが制限される。一緒にワルツを踊らないかぎり、一座全体で反対側の壁まで進み、賞を勝ち取ることはできない。

このたとえは、獣弓類に関する膨大な研究を発表してきた研究者、トム・ケンプによるものだ。彼はこれを相関進行（correlated progression）と呼んで、すんなりとは理解しづらい状況を視覚的に表現している。彼が言いたいのは、要するにこういうことだ。温血性や、あるいはほかのどんな特徴についても、それにつながる形質の蓄積は、明確な形で一度だけ起こったわけではない。数々の変化が独立に、ばらばらなスピードで、たくさんの系統で同時進行することで起こったのだ。変化が蓄積するにつれ、やがてまったく異なる生命体、つまりダンスホールの向こう側に行き着いた。

秀逸なたとえなのだが、ダンサーたちがダンスホールの向こう側に到達したがっているかのような誤解を与えるかもしれない。自然淘汰に目標はなく、暴君のように褒賞と処刑を繰り返すだけだ。気まぐれな生存と死という形で。進化のラインで手を繋いでいるのは五歳の子どもたちで、真っ暗闇のなかで椅子取りゲームをしていると想像したほうが、もっと的確かもしれない。


採石場はいまも、太古の時代を垣間見るのにうってつけの場所のひとつだ。最初期の化石発見の多くは建築資材の採掘の副産物だったし、それは今日でも同じだ。世界各地でわたしたちが砂利をつくり、舗装材を採取し、（残念ながら）いまだに石炭を採掘するのにともなって、新たな化石が発見されている。

手つかずの自然を愛する人たちにとって、採石場は美しい場所ではない。風景のなかの傷跡であり、自然の調和を乱す存在だ。掘削機のメカニカルアームが岩の表面に突き立てられ、砂の城を崩す子どものように破壊するのを見ると、そんな不穏な気持ちをぬぐい去るのは難しい。けれども、こうした破壊の場はまた、創造の源でもある。つくられるのは新たな建物だけではない。新たな知識もそうだ。

化石を見つけるためには、化石を含む地層が露出していなくてはならないが、そんな場所はきわめて珍しい。ぴったりな堆積層が地表に現れていても、たいていは鬱蒼とした緑に覆われている。地球そのものが、大きな緑色の哺乳類のように、生命にびっしり覆われているのだ。わたしたちは、産業活動のなかで地球の皮膚に亀裂を入れてはじめて、その下に隠された、失われた世界の秘密の骨を見つけることができる。資源採掘がなければ、わたしたちは地球と人類の歴史について、ほとんど何も知らないままだっただろう。

斜面を登って車に戻る途中、わたしはうしろを振り返り、空っぽの器のようなクラシャック採石場を眺めた。曲がりくねった歩道の濡れた砂の上に、わたしたちの足跡が無数についていた。未来の生痕学者は、このごちゃごちゃした軌跡から、何を読み取るだろう？　わたしたちには知る由もない。だが、これだけは言える。わたしたちは世界各地にあるこのような場所を保存し、研究しなければならない。人類のはるかな過去の探究を続け、わたしたち自身について、またわたしたちの前に生きた獣たちについて、知識と教訓を得るために。

第6章　大災害

わたしは古生物学者なので、絶滅には慣れてますよ。
ファリッシュ・ジェンキンズ、がんの告知を受けて(1)

犬が吠えている。耳障りな車の騒音とコオロギの鳴き声。頭上では小さな鳥たちの足が、B&Bのトタン屋根を駆け回っている。誰かが隣の部屋で、ドアを開けたままメロドラマを見ている。アフリカーンス語のせりふが、日没とともに吹きはじめた穏やかな風に乗って漏れ聞こえてくる。「ゴー・アウェイ！　ゴー・アウェイ！」と叫ぶのは、「ゴーアウェイバード」ことムジハイイロエボシドリ。それとも街全体が逃避《ゴー・アウェイ》したがっているのだろうか？　わたしはにおいに顔をしかめる。薪を燃やした煙、焦げたコーヒー。タールを塗ったような漆黒のトカゲが立ち止まり、ベランダに座る痩せこけた哺乳類、つまりわたしを見つめる。もう陽は沈むのに、なんでまだ日光浴してんのさ？　トカゲはかぶりを振って、蔦の下に潜り込む。

いまのところ草はどれも黄色く枯れているが、夏のヨハネスブルグは瑞々しい緑に染まるそうだ。でも、暑さと虫の歓迎を受けるよりは、早春に来てよかったと思う。ロンドンから一一時間の夜間飛行を終え、今朝飛行機を降りると、南アフリカのこの街は英国よりも寒かった。晩夏のイングランドの暑さを回避でき、わたしはほっとした。

明日はウィットウォータースランド大学のチームと一緒にフィールドワークだ。国際色豊かな共同研究チームと、南へ七時間のロードトリップに出かけ、レソトとの国境にある小さな集落で、地元の住民たちと作業にあたる。そこでは恐竜や巨大ワニや哺乳類の祖先の化石が、乾燥草原の下からゾンビのように出現する。

三畳紀が呼んでいる。

ペルム紀のあとのこの時代、世界の動物相は過激なまでに書き換えられた。最初の哺乳類時代に栄えた獣たちは、ほぼ完全に爬虫類に取って代わられた。一億年以上にわたって体現してきた多様化と生態学的イノベーションもむなしく、獣弓類は大量絶滅事象に消し去られた。地球の生命がこれほどまでに全滅に近づいた徹底的な破壊は、あとにも先にもこれだけだ。

非鳥類恐竜の滅亡のおかげで、大量絶滅の世界では、白亜紀末がスーパースターの地位をほしいままにしている。約六六〇〇万年前のこのできごとを、いまだに誰もが話題にする。殺戮の小惑星は、確かにヘッドラインにもってこいだ。でも、奪った命の数で競うなら、最高記録はほかにある。数ある大量絶滅のなかの、ほんもののドウェイン・ジョンソン[*1]に出会いたければ、目指すはペルム紀末だ。

白亜紀末の死神は宇宙からやってきた。ペルム紀末の絶滅は、実子殺しだった。

二億五二〇〇万年前、地球生命史の壮大な最初の一章に、破滅的な中断がもたらされた。全生命の少なくとも七五%が死んだ[3]。次の地質年代である三畳紀は、世界がほぼ一掃された状態からスタートした。そこから事態は、ものすごく奇妙な方向に向かう。二足歩行でダッシュするワニや、カモノハシ顔をした水生爬虫類の登場だ。動物相は全面的に改造され、現代的な生態系が焦土のなかから姿を現した。わたしたちが知る哺乳類も、その一員だった。

母なる地球こそが、ペルム紀末にこの星に棲んでいた生き物を滅ぼした張本人だ。彼女が犯した大罪の証拠は、シベリアの景観と地層の化学特性に隠されている。

シベリアの中心を占める茫漠たる大地は、ウラル山脈のふもとから東に広がっている。ステップに似た丘陵地が連なるこの景観は、シベリア・トラップと呼ばれている。

地質的には火山性だが、ここはたいていの人が想像するような火山ではない。わたしたちがふつう想像する火山は円錐形の山で、爆発の際には頂上部が吹き飛ばされ、周囲に噴石が雨あられと降り注ぐ。だが、太古のシベリアの火山は洪水玄武岩だ。噴火は、突如として上方に吹き上がるのではなく、コンロにかけた鍋が吹きこぼれるように起こった。地殻の裂け目から、低粘性のマグマがあふれたのだ。このような噴火の原因はふつう、マントルのなかの溶岩が形成する活動中のプルームの上部で、プレートの構造的転換が起こることだ。爆発的ではないものの、溶岩はより液状で、地上にあふれだし途方もない面積を覆う。

シベリア・トラップの洪水玄武岩のスケールは想像を絶する。数百万年にわたる、複数の段階に区別される噴火により、七〇〇万平方キロメートル[4]もの土地が、噴出した溶岩の下に消えた。溶岩の量の推定は困難だが、研究によれば、三〇〇万立方キロメートルを優に超える量が地上にあふれたとされる。イメージしやすいように言い換えよう。もしこれだけの洪水玄武岩をすべて中国の上に重ねたら、その

＊1　二〇一九年、『フォーブス』が発表する俳優年収ランキングでトップに立ったジョンソンは、一年間に一億二四〇〇万ドルを稼いだ。彼の異名「ザ・ロック」が、このたとえをいっそう引き立たせてくれる。

厚みは三〇〇メートルに達する。

厄災に見舞われたのはシベリアだけではなかった。もちろん、噴火は周辺地域に生息していたほぼすべての生き物を殺し、また発生した膨大な量の灰は、すぐさま気候に影響を与えた。しかし、火山はそれよりはるかに危険な副産物を全世界に撒き散らした。硫黄を多量に含むガス、メタン、二酸化炭素が大量に放出され、気候の激変がもたらされたのだ。

人為的な気候変動により、世界の気温はいままさに上昇しているので、二酸化炭素が世界の気候に与える影響はもはやすっかりおなじみだろう。二酸化炭素は熱を捉え、熱が宇宙空間に放出されるのを妨げることで、大気を温める。いわゆる「温室効果」だ。今日のわたしたちが困難に直面しているのは、二酸化炭素濃度が四一四PPMに達する勢いで増加しているせいだ（過去一万年の平均値は約二八〇PPMで、急速なペースだ）。ペルム紀末には、この濃度が二〇〇〇PPM以上に跳ね上がったと聞けば、どれほど悲惨な状況か想像がつくだろう（推定値には幅があり、約二五〇〇PPMだったとする研究者もいる）[5]。二酸化炭素濃度は時代とともに自然に変動するものの、これほどの数値は地球の歴史上に類を見ない。例えば、デボン紀の二酸化炭素濃度は一五〇〇PPMに達したが、それでもペルム紀末と比べれば格段に低い。加えて、こうした変化はふつう比較的ゆっくりと進行するため、生命世界に適応するだけの時間の余裕がある。だが、ペルム紀末の温暖化は、人為的な気候変動と同じく、自然淘汰にもついていけないほど急速なものだった。

二酸化炭素濃度のドーピング並みの上昇は、それだけで生命に甚大な損害を与えた。さらに追い打ちをかけたのが、黙示録の第二の騎士、硫黄だ。大気中に放出された硫黄の粒子は、水蒸気を集め、凝集して雲をつくった。雲に太陽光が差し込むと、硫黄は水に溶けて硫酸となり、地獄のフェイシャルピーリングのように地上に降り注いだ。地球温暖化の高温のなか、厚い灰にすっぽりと覆われて、植物の光合成能はすでに大幅に阻害されていた。そこへ落ちてきた雨粒が、灰を洗い流し命を支えるどころか、さらに植物の身を灼いたのだ。河川に流入し、海に行き着いた酸性雨は、軟体動物やプランクトンの殻を溶かし、食物網全体を脅かした。

ペルム紀末は史上最大の大量絶滅であり、「グレート・ダイイング」とも呼ばれる。海生生物の八一%、陸生生物の七五%が消し去られた（数字にはばらつきがあるが、種のレベルでの確実な推定値がこれだ）[6]。生き残れなかった分類群のリストは膨大だ。多数の科のサンゴ、おなじみの三葉虫のすべて、巨大なウミサソリ、それにデボン紀以来一億五〇〇〇万年以上も存続してきた魚類のたくさんの系統。陸上でもすべてのグループが大損害を被った。両生類や爬虫類もそうだが、とりわけ獣弓類は深刻なダメージを受けた。昆虫でさえ例外ではなく、じつに九つの科が歴史の闇に消えた。昆虫にとっては、おそらくこれが唯一の大量絶滅だ。獣弓類のほとんどの系統は、植物食動物と肉食動物からなる食物連鎖をつくりあげたグループも含め、完全に消滅した。

ペルム紀の大量絶滅に関するわたしたちの知識は、さまざまな側面からの証拠に裏づけられている。シベリア・トラップに隠された最初の証拠は、大量絶滅の存在とその年代を示唆する。火山岩に含まれるジルコンという鉱物は、放射性年代測定に利用できる。ジルコンを構成する元素のひとつがウランであり、ウランの崩壊速度がわかっているためだ。ジルコンの年代測定によれば、洪水玄武岩の噴火はペルム紀末の約三〇万年前から始まり、三畳紀に入ったあとも少なくとも五〇万年続いた。この動かぬ証拠に加えて、世界各地の地層の地球化学的特性も惨劇を物語っている。地質学者たちは、中国の浙江省煤山や北イタリアのシウジなどの場所で、ペルム紀と三畳紀の境界の前後で炭素や硫黄の同位体組成が大きく変化していることを突き止めた。こうした元素の本来のサイクルが劇的に撹乱された証拠だ。

岩石の化学組成と化石は、海が単に酸性に傾いただけでなく、無酸素化したことも示している。これにより、ほとんどの生物にとって生存不可能なデッドゾーンが形成された。海の無酸素化は温暖化にともなって発生し、食物連鎖と海流の撹乱を引き起こす。今日の世界でも、人為的気候変動によってこうした事象の連鎖が生じている。ペルム紀末、かつて豊饒だった古テチス海の広大な領域が熱い死のスープと化し、海生生物を窒息させた。赤道付近の海水温は、夕暮れの心地よいジャグジーバス並みの四〇℃にまで上昇した。

化石証拠は、動物のグループがそれぞれどんな影響を被ったかも教えてくれる。広範囲に分布し繁栄した系統が、地質学的に言えば一瞬のうちに岩石の記録から消え去ったことが、はっきりと見て取れるのだ。生命がどうにか存続した場所でも、状況は厳しかった。高緯度の森林、例えば現在のヨーロッパの一部にあたる地域を広く覆っていた針葉樹の疎林は、影も形もなくなった。有機堆積物の残滓からは、菌類の胞子の量が急激に増加したことがわかる。おそらく大量の植物質が分解された際に放出されたのだろう。腐敗が地球を蝕んだのだ。

ペルム紀末の崩壊のスケールは、わたしたちの理解の範疇を超える。火山活動は長く続き、約一〇〇万年にわたって断続的にダメージをもたらした。しかし、その余波はさらにはるか先にまで及んだ。前の時代にあった、多種多様な獣弓類からなる複雑な生態系に匹敵する状態にまで生命世界が回復するには、じつに一〇〇〇万年を要したのだ。

火山灰の下から蘇った世界は、それまでの姿とはまったく違っていた。生命がいかに耐え抜き、そのあと三畳紀の五〇〇〇万年の間に何が起こったのかは、いまだ謎に包まれており、古生物学者たちが解明に取り組んでいる。何よりも興味深いのは、ペルム紀にあれほど繁栄し多様化した哺乳類の系統が、なぜ爬虫類に王座を明け渡したのかだ。何にせよ、この変化の行き着く先に、今日のわたしたちが知る哺乳類がいる。

もうもうと砂埃を舞い上げながら、トラックは道路脇に停まった。わたしたち四人は未舗装の路肩に降り、陽射しに目を細めた。この先、道路は橋を超えて続き、草原はレソトのドラケンスバーグ山脈のふもとまで広がっている。わたしたちの背後には、丘陵の影に隠れたケメガの集落がある。右手の平原には「ドンガ」と呼ばれる、河川が削り出した地溝や渓谷が、緻密なネットワークを形成している。赤茶けた乾いた大地は、冬の干ばつを経て、痛々しい姿をさらしていた。

わたしたちは橋の脇から平らな河床に降りた。水泳プールほどの幅だが、ビスケットのように乾ききっている。この地形を形成した豪雨は見当たらないが、水が残したしるしは生痕化石のように明らかだ。削られてなめらかな地層、崩れ落ちる河床の側面は、激流による侵食の典型だ。

「鉄砲水の危険はないですか?」わたしはフィールドワーク仲間たちに尋ねた。ウェットティッシュのようにいつもじめじめした国から来たわたしにとって、涸れ川に関する知識は、映画やネイチャードキュメンタリーで見たものがすべてだった。チームの二人の南アフリカ人と一人のスワジランド人は、こうした地形やそこに潜む危険をきっと熟知しているのだろうと、わたしは思った。かれらは顔を見合わせて、「たぶん平気」と答え、川下へと歩みを進めた。橋脚に目をやると、大きな石の塊や建築資材のがれきが、丸い穴に角材を叩き込んだように、支柱との隙間に詰まっている。たぶん平気だ。涸れた河床の幅が広がり、唐突に消えた。わたしたちが立っている地層が、テーブルの端のように急になくなっている。わたしたちは一緒に縁まで歩き、下を覗いた。車ほどもある厚板状の岩が、青緑色の水たまりに無造作に転がっている。岩石層のどこかに隠れている源泉からの滴がここに集まり、河床そのものは、少なくとも四階建のビルほどの高さの急峻な峡谷の底から、先へ先へと蛇行している。これが雨季なら、わたしたちは押し流され、壮大な滝の下へと真っ逆さまだ。水の浸食作用が崖を徐々に後退させるせいで、滝は草原の真ん中をムーンウォークしていた。

「行き先はあそこ」と、ララ・シシオが目の前に口を開けた大穴を指さす。彼女は帽子のひもを尖ったあごの下できつく留めた。彼女の同僚のミヒール・デ・コックが、無精ひげをかきながら下降ルートを確かめた。彼はうなずき、「ドリルを取ってくる」と言った。シシオとデ・コックは、このフィールドワークでなくてはならない役割を担っている。ほかのチームメンバーにとっての最優先事項は、新しい化石を見つけ、前年までに発見された化石に保存処置を施してラボに運ぶこと。一方、シシオとデ・コックの目的は、石そのものだ。

ケメガの周辺の地層は、カルー・スーパーグループと呼ばれる巨大な地質学的連続体の一部だ。南アフリカとレソトの大部分で見つかるほか、周辺のマラウイ、ナミビア、スワジランド、ザンビア、ジンバブエでもところどころで顔を出す。ドイツよりも広い面積を覆っているだけでなく、この鉱床の厚みは何キロメートルにも及び、一億五〇〇〇万年もの地質学的時間を閉じ込めている。

カルー・スーパーグループのいちばん古い外側の輪郭部分は石炭紀にさかのぼる。次にペルム紀の地層が南アフリカの大半を厚く覆い、さらに三畳紀の輪がダーツの的のように重なる。中心にレイヤーケーキの上のチェリーのように鎮座するのはジュラ紀の溶岩で、ここはレソトの領土と一致する。このあとの数億年の間に形成された若い地層は、ほとんどが削り取られ、洗い流された。

わたしたちはエリオット層とその下のモルテノ層が出会う場所まで歩いた。どちらの地層も昔から、三畳紀後期からジュラ紀前期にかけてのものと知られている。地層の中に保存された動植物の化石に注目する、生層序学などの伝統的手法に基づく知見だ。これらの地層は、進化の歴史の決定的瞬間を記録している。

ペルム紀末の徹底的な破壊のあと、生命はどうにか立て直したが、三畳紀末には再び、ずっと小規模ではあるものの大量絶滅が起こった。[*2] 今回は黙示録的というほどのスケールではなかったが、それでも生態系のありさまは、またもや再構成された。動物進化におけるこの重要なできごとについて、わかっていることは少ない。あるグループがなぜ滅び、ほかのグループがどのように生き延びたのかは明らかになっていない。真実を解き明かすには、もっと化石が必要だ。

モルテノ層とエリオット層の正確な年代は判明していない。これらの地層は途方もない面積を覆っていて、渓谷の中にも外にもあり、ジュラ紀の斜面の下からも顔を出す。おそらく両者の正確な年代は露頭する場所によって異なり、ケメガ周辺から発見された数々の化石は、長ければ二〇〇〇万年もの時間に隔てられている可能性がある。アフリカのこの地域では、発見された化石の時系列がきわめてあいまいなので、古生物学者がそこから動物のグループの変遷を考察するのは難しい。

シシオはこの問題を解決するためにやってきた。彼女とデ・コックは、モルテノ層とエリオット層の多数の地点からドリルで岩石サンプルを採取し、古地磁気学（過去に起こった地球の磁場の変動を分析する学

＊2　正確には、三畳紀末には二度の大量絶滅があった。カーニアン期に起こった規模の小さいほうの重要事象は、カーニアン多雨事象と呼ばれている。

問）と放射性年代測定の手法を用いて年代を特定する。

前述の通り、堆積層に対しては、ほとんどの放射性年代測定手法はあてにならない。堆積岩は侵食され再凝集した時点よりも古い岩石の粒子でできているからだ。しかし、堆積層からも使える手がかりを集めることはできる。一部の堆積岩は、シベリアの洪水玄武岩の正確な年代測定に貢献した、あのジルコンを含む。ジルコンにはウランやトリウムといった放射性元素が含まれ、これらの崩壊速度から、もとの火山岩を形成した噴火と冷却が起こった年代を推定することができる。侵食と二次堆積（岩石が二度目に特定の場所に堆積すること）が起こったのが、噴火のあとなのは確実だ。したがって理論上、この放射性年代測定により、堆積層が最大でどれだけ古い時代に形成されたかという上限が特定できる。噴火より前に堆積したはずはないからだ。

シシオはすでに、エリオット層の別の地点のサンプルの相対年代の分析をおこなっていた[7]。ケメガの結果を以前の結果と照らし合わせれば、二地点間の関係を読み解くことができる。こうした研究により、最終的に地域全体での堆積層の形成の歴史が明らかになれば、古生物学者はその時間的枠組みのなかに、重要な発見を位置づけることができる。

わたしは小柄なシシオが涸れた滝の縁から大胆に這い進み、急峻な渓谷に分け入っていくところを眺めた。わたしの仕事場は滝の上だ。同じく古生物学者のキャスリーン・ドールマンと一緒に、わたしは崩れ落ちる川の土手に向かった。友人たちが岩石をドリルで砕くかたわらで、わたしたちは侵食された堆積層をふるいにかけ、化石を探すのだ。

南アフリカのこの地域では、地面は骨だらけで、雨季がそれらを少しずつ断片的に露出させる。化石探しは喉が乾く。季節は冬で、現地基準では寒いのだが、日中で一五〜二〇℃と北国出身のわたしには暖かい。空気はひどく乾燥していて、髪をかき上げると手の中でひび割れて折れ、しかも電球のソケットに指を突っ込んだように静電気が走る。

調査初日はエキサイティングだった。紫がかった灰色の風化した地表から、骨が次々と見つかったのだから、誰だって大成功だと思う。けれども、単体の骨はありふれていて、損傷がひどく、たいてい採集する価値はない。科学者がほんとうに期待しているのは、完全な下顎や頭骨、願わくば全身骨格であり、種の多様性や動物たちがどう移動し生活したかを考えるのに使える材料だ。このような標本となると発見のハードルは上がる。それでも、一緒に作業にあたる地元の人たち（かれらは絶えず新たな化石や有望な調査地候補を見つけている）からの情報と、これまでのケメガでの調査結果から、そんな化石が存在することはわかっている。ドールマンは涸れた滝の脇の土手にまっすぐ進んだ。同じ場所を探すよりはと思い、わたしは反対側の土手まで歩いて、丘陵に食い込んだドンガに目星をつけた。

かつてはただ「レッドベッド」と呼ばれていたエリオット層は、ほとんどが泥岩とシルト岩でできている。岩は軟質で、ハンマーで軽く小突いただけで崩れ、紫から赤のあざのようなグラデーションをもつ破片がこぼれ落ちる。このエリアはかつて川が蛇行しながら横切り、平原に生命の息吹をもたらすとともに、泥を少しずつ堆積させていた。川はときに死体も運んだ。穏やかな三日月湖に葬られたそれを、二億年後のわたしたちが掘り返しているのだ。

一時間後、わたしは土手の上に立ち、渓谷を見下ろしながら、ラクダのように水をがぶ飲みしていた。眼下でドールマンが手を振っている。わたしはボトルを置いて、急ぎ足で彼女のところへ向かった。わたしがもろい斜面を登ったり降りたりして時間を無駄にしている間、彼女は二、三メートルしか進んでいなかった。合流して理由がわかった。まわりにあるすべての塚から骨が突き出ている。地質学ハンマーを手に、ゆるい土壌に埋まった骨のひとつをたどってみると、斜面の地中深くまで続いていた。骨の集合体だ。状態もいい。彼女は古生物学者にとっての金塊を掘り当てたのだ。

ドールマンは携帯電話を取り出し、グループメッセージを送った。チームの残りのメンバーは別の調査地で、去年見つかった骨のジャケット［訳注：化石を保護するための石膏の覆い］づくりやクリーニングの作業をしていた。まもなく、わたしたちのトラックの隣に二台目が停まり、見知った人影がこちらに向かって河床を大股に歩いてくるのが見えた。プロジェクトのリーダーである、ヨハネスブルグのウィットウォーターズランド大学の研究者、ジョナ・ショイニアーだ。米国出身のショイニアーは世界屈指の古生物学者であり、南アフリカの次世代研究者育成の熱烈な支援者でもある。泥まみれのジーンズと色あせたTシャツという格好で、科学者というより農場労働者のようだが、彼の立ち居振る舞いは礼儀正しいカウボーイだ。強烈な陽射しのせいで、すでにトースト色に日焼けしている。それとも、一〇日間のシャワーなしテント生活のせいだろうか？　数日前、チームの別の古生物学者がこんな冗談を言っていた。ショイニアーがフィールドワークを愛しているのは、大好きな二つのこと、つまり喫煙と不潔を、心ゆくまで楽しめるからだと。

ショイニアーは紙巻きタバコを手に、いつもの穏やかな雰囲気で現れた。「何か見つかった？」ドールマンが骨を見せ、わたしたちは一緒に発見場所の検分に取りかかった。わたしたちが慎重に掘り出し、近くの岩の上に置いていた完全な骨を、彼が拾いあげた。自分の唇をつまみ、満足げにうなづく。彼の眼はアビエーターサングラスに隠れて見えないが、明らかに嬉しそうだ。「こっちは竜脚類みたいだけど、こっちは……」彼は三つに割れた四肢骨をつまむと、解剖学的に正しい位置で合わせ、そして言った。「こっちはラウイスクス類っぽいね」

「それっていいことですか？」爬虫類に明るくないわたしは聞いた。ショイニアーは控えめにうなづいた。「うん、いいことだよ」

ケメガで最初に化石を発見したのは、地元の羊飼いのドゥマングウェ・ティオベカだった。発掘作業中、彼はたびたびわたしたちを訪ねてきて、雑談しつつ、自身の発見から始まった調査の進展の度合いを確かめていた。長身の彼は、たいてい短いドレッドヘアの上に野球帽をかぶっている。わたしは彼と握手した。暖かい手は乾いて硬く、灌木の幹を思わせた。

一帯は羊と牛の群れの通り道で、ティオベカのような羊飼いたちは家畜に草を食べさせながら毎日何キロも歩く。冬は埃っぽく、餌に乏しい。牛たちは立派な角だけでなく、肋骨まで木琴のように目立ってくる。村の生活の厳しさを物語るように、ドンガで牛の頭骨や四肢骨が見つかることも珍しくない。ティオベカが最初に骨を発見したのは、彼が曽祖父母の墓の近くを歩いていたときだった。牛にしては大きすぎると思った彼は、同じ村に住むスジニアネ・ララネとテンバ・ジカ＝ジカに骨を見せた。村の長老であるララネは、彼が見つけたものの正体を知っていた。骨の化石だ。ララネは恐竜や翼竜について読んだことがあり、自分でも見つけたいと昔から思っていた。こうしてかれらは、骨が恐竜のものであること、この発見が間違いなく研究者から注目されること、コミュニティの大きな助けになるかもしれないことに気づいた。

村の長老たちは助言を求め、ウィットウォーターズランド大学進化学研究所のショイニアーに連絡をとった。現在、ショイニアーと彼のチームは、村人たちはもちろん、南アフリカの他大学、ヨーロッパや米国の研究機関とも共同で調査をおこなっている。かれらはみな、ケメガのコミュニティに役立つ形で化石の発掘と研究を進める。研究者たちは、すべての新発見を積極的に村人たちに知らせ、発掘地への訪問をいつでも歓迎するとともに、村人たちから土地に関する膨大な知識を学んでいる。ショイニアーのチームは、週末にスライドショー形式で古生物学についてのトークを開催し、化石、進化、地質学に関する質問に答えた。ララネはほぼ毎日チームに加わり、一緒に発掘しつつ、わたしたちに専門知識を授けてくれた。彼の観察眼は鋭く、ここ数年で何度も重要な発見をなしとげた。ララネは野菜畑の上にプラムの花が咲く自宅の庭で、成果の一部をわたしたちに見せてくれた。

地元の議員や有力者も村を訪れ、発掘作業が地域経済にどんな恩恵をもたらすかについて議論した。研究はまだ始まってまもないが、この場所が南アフリカで最大級のボーンベッド［訳注：古生物の骨の化石を多量に含む地層］となる見込みは十分にある。コミュニティにとってかけがえのない財産だ。

週の初めにメインの発掘場所に到着したとき、わたしたちを出迎えたのは、古生物学の発掘調査と聞いてたいていの人が想像する通りの光景だった。乾ききった風景と、チェックシャツとTシャツ、つば広ハットにサングラスの発掘チーム。こんなステレオタイプを決定的にしたのは、映画『ジュラシック・パーク』の序盤で、古生物学者たちが北米のバッドランドでヴェロキラプトルの全身骨格を発掘するシーンだ。ここには一抹の真実も含まれている。著しい侵食を受けた場所では骨が露出しやすいし、服装は陽射しからの防御と耐久性という実用面で選ばれる。だが、わたしたちのチームは無骨なアウトドア派の男性ばかりではないし、きゃしゃなブラシでそっと掃いただけで完全につながった全身骨格が姿を現すことはありえない。そこはハリウッドの創作だ。

がしゃんと大きな音をたて、わたしはハンマーとのみが入った道具袋を降ろした。目の前の発掘現場には、二つの巨大な石膏型が、ベージュ色の砂埃で汚れた巨大なマシュマロのように鎮座している。幅二メートルのそれは、人工の大穴のなかにあり、底は雨季に流れ込んだ土砂でぬかるんでいる。ほつれた黄麻布の端があちこちから顔を出し、熱い風にたなびいている。

前の年、チームは恐竜の全身骨格一体と、大量絶滅を乗り越えた獣弓類系統であるディキノドン類のものと思われる小さな骨の集合ひとつに焦点を絞った。周辺の発掘をおこない、化石は型で保護した状態で「墓穴」に置き去りにされた。調査のタイムリミットが近づくなか、チームは化石を石膏に浸した麻布で覆って保護層をつくり、この硬い殻が次回の調査まで化石を風雨から守ってくれることを願った。

フィールドワークの第一週は、大穴を広げて掘り進め、そのあと古い石膏を取り去り、新しい層を重ねることに費やされる予定だ。二週目に重機オペレーターが到着するので、そこで重さ数トンのマシュマロをひっくり返してもらって、裏側にも保護処置を施す。そのあとは化石を平ボディトラックに載せ、ヨハネスブルグまで七時間のドライブだ。ウィットウォーターズランド大学のラボでは、南アフリカ人の化石プレパレーターチームが、ごちゃまぜになった岩石の中身を、ついに科学のために取り出す日を待っている。

ケメガのボーンベッドは、南アフリカで最高の三畳紀化石産地になるかもしれない。わたしたちがいまやるべきことは、採集だけだ。

三畳紀は、中生代の三姉妹のなかの見過ごされがちな長姉だ。ジュラ紀のような派手さもなく、白亜紀のように自信に満ちあふれてもいない。誰からも理解されない内気なお姉さん。でも、じっくり時間をかけてあげれば、彼女がいちばんの話上手だとわかる。

三畳紀はアイディアの宝庫だ。五一〇〇万年にわたるこの時代は、ペルム紀末の厄災に始まり、円環を描くように、再び大量絶滅で幕を閉じる。その間の年月は波乱に満ちていた。生命が全滅の瀬戸際からいかに復活するかをわたしたちに教えてくれるのは、三畳紀をおいてほかにない。

大量絶滅はまれなできごとだと、わたしたちは考えがちだ。ヴィクトリア時代の人々は、神がつくりだし育てあげたこの世界で、絶滅が起こるという事実をなかなか受け入れられなかった。今日のわたしたちは、数百万年の間に種が消え去ることを理解している。人間活動による最近の種の絶滅は恥ずべきことだという、適切な認識をもっている人も少なくない。だが、人はこのような終焉に対して、不吉な諦観を抱きがちだ。死が一定の規模を超えると、わたしたちの感覚は麻痺してしまう。コメディアンのエディ・イザードはかつて冗談で、死が数十万の単位になるとわたしたちは言葉を失ってしまい、それに対する反応は不条理にも無関心なものになると語った。[*3]

進化が残した死体の山を研究する古生物学者は、生命のはかなさに鈍感であると同時に、誰よりもそれを痛感してもいる。わたしたちは次の大量絶滅までの小休止、この惑星の拍動の間の一瞬に生きているにすぎない。

化石記録からは、少なくとも二〇の大量絶滅が知られている。どれを「主要」なものとみなすかは、統計の問題だ。一九八二年、ジャック・セプコスキーとデイヴィッド・ラウプという二人の古生物学者が、化石記録のなかの海生無脊椎動物の系統の数に注目した。かれらは地質年代を通じていくつ系統が誕生し、いくつ消滅したかを調べあげ、これを通常の背景絶滅率と比較した。生物種が存続できる期間は、平均で一〇〇万〜四〇〇万年にすぎない。種が出現する（種分化の）頻度と滅亡する頻度は、規則正しい呼吸のように、増減を繰り返してきた。

セプコスキーとラウプはデータに基づき、化石記録のなかで絶滅率が種分化率を大幅に上回った五つの時期を特定した。地球がパターンを乱し、急に息を呑んだ瞬間だ。ペルム紀末の事象は群を抜く規模で、三畳紀末と白亜紀末がこれに続く。残りの二つはさらにはるか昔、デボン紀とシルル紀に起こった。以上が古典的な「ビッグファイブ」だ。近年、いくつかの大量死の瞬間がさらにリストに追加された。恐るべき生命の急減は、ペルム紀末の一〇〇〇万年前と、三畳紀の間にもあった。それにもちろん、ひどく近視眼的なとある類人猿が原因の、現在進行中の大量絶滅も忘れてはいけない。[*4]

わたしたちはまた、大量絶滅の原因の特定にも執着しがちだ。大規模な火山活動、小惑星、海面水位の変動、気候変動、プレートテクトニクス。たいていは複数が組み合わさって、自然環境があまりに急速に、あまりに劇的に変化した結果、それまでの環境に適応していた生物が対処できなくなる。凶禍の原因を知りたいと思うのは当然だ。とはいえ、回復の過程を理解することには、それ以上に興味をそそられてもおかしくない。

セプコスキーとラウプの研究から、ひとつの気づきが得られる。周期的な破壊にさらされつつも、わたしたちはまだここにいて、歴史を語ることができている。生命がいかにして通常運転に戻るかの物語は、進化のストーリーとして面白いだけでなく、最新の大量絶滅を引き起こしている人間活動がもたらす損失の全容を知り、今後の数世紀にわたって自然界が示す反応を予測することにも役立つはずだ。

＊3　イザードは定番のシニカルなスキットのなかで、ジェノサイドを理解することの難しさについて、彼らしい奇をてらった言い回しで、何千人も殺そうと思ったら、相当早起きしなくちゃいけないと述べた。

＊4　現在わたしたちが直面する危機を描いたすばらしい本は多数あるが、なかでもどうしても紹介しておきたいのは、エリザベス・コルバートの『6度目の大絶滅』だ。

ペルム紀末の大量絶滅を生き延びた四肢動物のグループはわずかで、かれらにとっても状況は容易ではなかった。赤道付近には巨大なデッドゾーンが広がり、陸上も海中も、極端な高温のせいでほとんどすべての生物が生きていけなかった。この時代に「石炭ギャップ」が存在するのは、堆積物をつくりだす森林がなかったからだ。同様に、サンゴもほぼ壊滅したため、ケイ素を豊富に含むプランクトンが海底に徐々に降り積もって形成される、チャートと呼ばれる岩石もまた欠落している。

地球全体が極端な物理環境におかれ、複雑な生息地が失われたことで、生物多様性に奇妙な影響が現れた。燃え盛る炎のなかから現れる不死身のターミネーターのように大量絶滅を乗り越えたグループは、直後には繁栄を謳歌するが、必ずしも長期政権を樹立できるわけではない。こうした短期的な成功者は、ディザスター分類群（disaster taxa、taxa は生物のグループをさす taxon の複数形）と呼ばれる。どんな教科書にも載っている典型例が、じつはしぶとい単弓類系統の一員だ。その名をリストロサウルス *Lystrosaurus* といい、ディキノドン類に属する。くちばしとタスクの組み合わせで、ペルム紀のほかの獣弓類と一線を画していたかれらだ。

三畳紀前期のボーンベッドを発掘していると、リストロサウルスに出会わないわけにはいかない。何事にも動じないこの植物食者は、パンゲアの頭のローラシアから、足先の南極まで、至るところで繁栄した。いまでは分断されている陸塊のすみずみまで広範に分布していたおかげで、かれらの骨は複数の大陸の化石記録に認められ、このことがプレートテクトニクス理論を支え、超大陸パンゲアの存在を裏づけた。

リストロサウルスの大きさは、種によってネコサイズからウシサイズまでさまざまだった。どの種もずんぐりして短足で、四肢のつく位置は胴体の側面と下面の中間だった。この点で、直立姿勢だったほかの獣弓類とは異なる。尾は短く、よたよた揺れるお尻にちょこんとついた三角形だった。鼻を鳴らして下生えの中をのし歩き、ペルム紀の森林消失のあとに芽生えた草本植物を餌にした。やわらかく、背が低く、硬い茎をもたない、ミズニラやヒカゲノカズラやイワヒバといった小葉植物が、剪定ばさみのようなかれらのくちばしに刈り取られた。三畳紀の幕開けの直後、脊椎動物の九〇%はリストロサウルス属だった。四肢動物のたったひとつの小さなグループが、これほどまでに地上にあふれかえった時代は、地球の長い歴史において数えるほどしかない。正真正銘の異常発生だ。*5

大災害直後の生態系を構成する生物はふつうジェネラリストで、多種多様な食料を利用し、さまざまな環境に適応する。リストロサウルスも好き嫌いは少なかったはずだ。巣穴の痕跡が残されていることから、灼熱の暑さや酸性雨を地中に避難してやり過ごした可能性があり、こうした習性も逆境を生き抜くのに役立っただろう。

回復途上の地球に生きていたのはかれらだけではない。リストロサウルスには獣弓類の凸凹な仲間たち、テロケファルス類とキノドン類がいた。生存者であるかれらは大きく数を減らしつつ、それでもどうにか耐え抜いた。古代の両生類の親戚の一部も命をつなぎ、急速に回復して水中の捕食者となった。爬虫類系統にもぽつぽつと残党がいて、かれらは陸をわがものとした。ペルム紀の巨大なパレイアサウルス類の親戚、現生のすべての爬虫類の祖先、主竜様類が、浄化された大地に共存した。最初のうち、かれらは生態系の比較的小さな要素でしかなかった。

ディキノドン類のモノカルチャーは長続きしなかった。ディザスター分類群の最大の特徴は短命であ

＊5　ヒトは同様の不均衡を引き起こしている。ニワトリもそうだ。

ることだ。ペルム紀末の大量絶滅のあと、しばらくの間は生態学的多様性が低下し、多くの生活様式が空白を保った。一五〇〇万年にわたるリハビリ期間を経てもなお、ペルム紀に竜弓類のなかのパレイアサウルス類や、獣弓類のなかのゴルゴノプス類が占めていたような、大型の植物食動物や肉食動物は存在しなかった。大物の不在に加えて、小動物も欠けていた。魚や昆虫を食べる、ネコより小さな動物が出現するまでには、長い時間を要した。それでも、こうした生活様式や体サイズの多様性が初めて進化するのに一億年以上もかかったことに比べれば、三畳紀に起こった回復ははるかに急速だった。大量絶滅を生き延びたジェネラリストというアドバンテージがあったからだ。今回はゼロからのスタートではなかった。自然淘汰はすでに、次の複雑な生態系を構築する素材を手にしていたのだ。

三畳紀の最初の二〇〇〇万年の間に、生態系の再構成が進んだ。三畳紀に花開いた多様性は、かつてない新世界をつくりあげた。研究者たちはこの大いなる回復から、複数の動物のグループが姿を消すと、無数の新たな機会が生じることを学んだ。分類群の間の生存競争は緩和し、新たな生活様式に進出する余裕ができるのだ。

これに似た進化的メカニズムが、より小規模ながらガラパゴス諸島で魔法のように作用したことを、チャールズ・ダーウィンはビーグル号での航海を終えたあとで理解しはじめた。やがて彼は、過去にガラパゴス諸島に迷い込んだフィンチが、現在この島々で繁栄する多様なフィンチ類すべての祖先であることを見抜いた。最近の噴火で形成された島々にたどり着いたかれらは、集団内の競争で新たな利点をもたらす変異をそれぞれに蓄積させた。ある鳥は種子を砕くのに便利な幅広のくちばしを獲得し、別の鳥はサボテンに穴をあけて中の昆虫をほじくり出せる細長いくちばしを進化させた。

獣弓類は生き残った。だが、リストロサウルスのフィーバーが下火になったあと、ありあまるチャンスに先に手を伸ばしたのは爬虫類系統のほうだった。初めて実家を出たティーンエージャーのように、かれらはさまざまな挑戦を始めた。その成果のひとつとして、もっとも宣伝され愛されてきた絶滅古生物である、恐竜が誕生した。

恐竜は、いまでこそすっかり中生代の主役だが、じつは遅咲きだった。三畳紀に入ってしばらくすると、さまざまな爬虫類が陸海空への進出を開始した。海では首長竜と魚竜が、パドルのような平たい四肢を獲得し、遠洋をすみかとした。これらの海生爬虫類は恐竜と間違われがちだが、両系統の分岐は古く、少なくともペルム紀中期にさかのぼる。

三畳紀の海生爬虫類のなかで、もっとも奇妙なグループのひとつがフーペイスクス類だ。古テチス海のほとりで形成された中国の堆積層から化石がみつかっている。かれらは一見ほぼワニだが、四肢は不釣り合いに大きなヒレに変化している。肩から腰にかけての背骨の上には、減速帯のような骨質の塊があった。立派な尾は短剣のように先細りに終わっていて、その反対側にある頭は冗談みたいに小さかった。フーペイスクス類に歯はなく、海生蠕虫などのやわらかい無脊椎動物を食べていた。大きさはカワウソ程度からネズミイルカ程度まで幅があった。このうち一種は、平たく敏感な「くちばし」と小さな眼をもち、機能面でも形態面でも、カモノハシのプロトタイプのような頭骨を進化させた。

陸と空でもほかの爬虫類の放散が起こった。カメの祖先は、最初は陸をのし歩き、三畳紀後期になって水辺に進出した。主竜様類からは、二つの主要なグループが出現した。ワニ系統と恐竜系統だ。どちらも最初は一見トカゲ的な動物としてスタートしたが、三畳紀の間にボディプランの改変に着手した。恐竜系統の基部から分かれたのが、近い親戚であり、脊椎動物として初めて動力飛行を実現した、翼竜のグループだ。

三畳紀には、こうした多様な爬虫類が、ニッチ空間の再獲得をめぐる競争で獣弓類に勝利した。恐竜の最古の祖先は、最初の頃はひとつのテーマでリフを鳴らしつづけ、素人目にはどれも直立姿勢の首の長いトカゲに見える。一部は二足歩行を身につけ、この特殊化をのちの祖先がおおいに活用する（類人猿が特別ではない証拠だ）。かれらは獣脚類と鳥盤類、メガロサウルスやステゴサウルスの祖先であり、一部は再び四足歩行に戻る。もうひとつのグループは竜脚類と呼ばれ、あとの時代に超大型種を生み出す。ディプロドクスやブラキオサウルスといった、首の長いメガトン級の植物食者としてよく知られるグループだ。

とはいえ、これらはみな先の話。恐竜は三畳紀末の大量絶滅を乗り越えたあと、中生代世界でもっとも重要な動物の一角を占めるようになる。南アフリカのカルーでは、恐竜の祖先の化石は地層の年代推定の重要な手がかりだ。

けれども、三畳紀の陸の支配を賭けたレースで、最初にリードしたのは恐竜ではなかった。

わたしたちがワニに抱くイメージは、ごろごろしている危険な丸太だ。川岸で何カ月も絶食したまま寝そべっていたかと思うと、渇きを癒やしに来た不運な獲物を水中に引きずり込み、つかの間の狂宴に興じる。しかし三畳紀には、ワニのいとこたちは世界でもっとも成功した、もっとも興味深い動物のひとつだった。なかにはすらりと長い脚をもつ、グレイハウンドのような小型のランナーもいて、二足歩行をしていた可能性すらある。他方、ワニらしく大型化した全長四・五メートルのデスマトスクス *Desmatosuchus* は角をもつ植物食者で、コモドドラゴンとロングホーン種のウシの異色カップルの子どものようだった。中生代の中盤にさしかかってもワニの多様化は続き、完全な海生の頂点捕食者や、丸々としたリストロサウルスのスタイルを真似たような植物食者が出現した。

ワニ系統の初期の成功者のひとつがラウイスクス類だ。ヨーロッパ、北米、ロシア、中国、アルゼンチンの化石はよく知られているが、南アフリカでは珍しい。ラウイスクス類は三畳紀の顔であり、かれらの化石が地層の年代を教えてくれる。時代を代表する頂点捕食者として、かれらはゴルゴノプス類に取って代わった。ゴルゴノプス類と同じように、爬虫類であるこのグループも、直立姿勢のおかげで高速かつ敏捷に狩りができた。骨格をみると、まるでティラノサウルスの頭をトラの体にくっつけたようだ。ペルム紀の獣弓類主体の食物連鎖を爬虫類キャストでリメイクするように、かれらが恐竜の祖先を捕食していたのは間違いない。役者が変わっても、役柄は同じだった。

ラウイスクス類の骨は南アフリカ・カルーの泥岩に散在するが、ほとんどの化石はばらばらで、保存状態もよくない。過去に採集された骨の断片の多くは、発見場所の情報が不十分だったり、まったくなかったりして、研究にはあまり役に立たない。しかし、ラウイスクス類と初期恐竜の研究は、中生代ののちの時代に形成された生態系を理解するうえで重要なピースだ。古生物学者たちはかれらの骨を手がかりに、三畳紀とジュラ紀の境界以降、恐竜が目をみはるような繁栄をとげた理由を解き明かそうとしている。

ケメガの近くの涸れ川の土手には死体が埋まっていた。ミニサイズのドンガのどれをとっても独自のコレクションを有していたのだ。チームのうち何人かがメインサイトでの発掘からこちらに配置換えされ、二日間、わたしは担当の土手の一角に専念した。ときにはひとりで、ときにはララネと一緒に、骨のラインに注意しながら、着実かつ慎重に斜面を掘り進めていった。まるでミミズを追いかけるモグラだ。しばらくすると、腕の筋肉痛は筋肉に変わった（が、数カ月のデスクワークでまたすぐに失われた）。

発掘のリズムは幻惑的だ。世界のすべてが土になる。堆積層をひとつひとつ丹念にはがして探索し、足元に土砂が積もっていくのを見ていると、心から満たされる。眼は乾燥し、鼻の穴は砂埃で詰まる。鼻をかむと、ハンカチが三畳紀の茶色に染まる。

空想に浸りつつ集中していたせいで、チームが騒然としていることに、わたしはしばらく気づかなかった。左手のほうで、みんなが立ち上がって大声をあげ、足元で見つかった何かを覗き込んでいる。わたしもハンマーを置いてそちらに向かった。

マスタード色の地面から、巨大な棘の一部が顔を出している。歯だ。日に焼けたわたしの親指ほどもある。慎重に周囲の岩を取り除くと、その下からさらにいくつもの歯が、わたしの前腕ほどの長さの上顎骨に収まった状態で見つかった。巨大な捕食者だ。周囲の骨から見て、非常によい状態の完全な骨格がありそうだ。これがもし、ショイニアーが先に同定したラウイスクス類のものだとしたら、南アフリカで見つかったもっとも完全な骨格化石になる。

カルーは世界屈指の三畳紀化石の産地であり、アルゼンチンや米国アリゾナ州とともに、三畳紀の地球の姿をもっともクリアに垣間見せてくれる場所だ。これまでの調査の成果を振り返ると、ケメガでは初期恐竜とラウイスクス類という、三畳紀を代表する二つの系統の化石が見つかった。これまでのほとんどの発見と異なり、わたしたちには発見場所と各地点の層序に関する詳細な情報がある。そこから、これらの動物の地域内での進化パターンについて、解像度の高い洞察を引き出すことができるはずだ。

チームは歓喜に包まれた。宿に戻って、村の友人たちと大ニュースを共有するのが待ち切れない。これまで調査に時間と労力をつぎ込んできた甲斐があった。それに、この化石はこれから何年も、コミュニティに観光収入をもたらすだろう。もうひとつわたしたちが期待していたのは、この骨が南アフリカだけでなく、三畳紀の世界全体で起こった進化について、新たな洞察をもたらしてくれることだ。

三畳紀以降、積極果敢な爬虫類たちは大いに注目を集め、数々の最大記録を打ち立てた。巨大で獰猛なワニや、ゾウのような初期恐竜には目を奪われる。かれらは進化の打ち上げ花火だ。豪華で、見た目にインパクトがあり、人新世[*6]のわたしたちの眼にはエキゾチックに映る。けれども、爬虫類が台頭し、爆発的に進化するかたわらで、哺乳類系統の後継者もまた革命の火種を保っていた。

すべての動物がそうなのだが、獣弓類はペルム紀末の大量絶滅で大打撃を被った。かれらの一部はきわめて急速に回復したが、ペルム紀にみられた形態と生態の多様性を取り戻すことはできずじまいだった。リストロサウルスとその近縁種は、まもなくディキノドン類のなかの新たなグループに取って代わられた。見た目も行動も先代とそっくりな、この植物食の後継者たちは、ヌーの三畳紀前期・中期バージョンだ。かれらは二〇〇〇万年以上にわたり、地球上でもっとも個体数の多い植物食動物の座を維持した。

三畳紀の時代が下るにつれ、ディキノドン類は衰退していった。ジュラ紀になると、イヌよりも大型の植物食動物はほとんどが爬虫類で占められ、哺乳類系統は唯一キノドン類を残すのみとなる。このなかにはもちろん、現生哺乳類の祖先もいた。

けれども、ディキノドン類はとっておきを最後まで残していた。最近、ポーランドの三畳紀後期の地層から、ゾウほどの大きさの動物の化石が見つかった。その正体がおなじみの初期恐竜ではなく、圧倒

＊6　現在を含む時代は、人類の存在とその甚大な影響力からこう定義されている。

的巨体のディキノドン類だとわかり、古生物学者たちは衝撃を受けた。

リソウィシア *Lisowicia* と名付けられたこの巨獣は、グループ最後の生き残りの一員でありながら、推定体重は七トンに達した。最近の地質年代になって現れた巨大哺乳類を除けば、史上最大の単弓類だ。リソウィシアは、植物を消化する巨大な胃をもち、柱のように直立する脚で体を支えるなど、多くの面でゾウに似ていた。このような脚の形状は、体重の規格外の増加にともない、複数の動物系統で収斂進化してきた。脚を強靭化して重い体を支えた結果、かれらの動きは鈍重になった。ゾウは歩くときも走るときも、常に少なくとも三つの足裏が地面に接している。[*7]

リソウィシアはゾウ的だったが、長い鼻はなく、犬歯のタスクは縮小していた。ディキノドン類の奇妙な特徴であるくちばしはそのままで、毛はなかったようだ。大災害に加え、爬虫類による王座の簒奪にも直面しながら、長きにわたって繁栄してきたグループにふさわしい、壮大なフィナーレだった。

カルーの乾燥した大地には、ディキノドン類の化石が豊富に存在する。三畳紀の獣弓類やキノドン類に関する最初期の知見の大部分は、南アフリカの研究者がもたらしたものだ。かれらはいまもこうした発見を最前線で率いる、国際共同研究に欠かせない存在だ。

南アフリカの古生物学史における重要人物のひとりに、またしてもスコットランド人[*8]がいる。彼は一九世紀末、冒険とチャンスを求めて地球の反対側へと渡った。彼は望みのものを、いや、それをはるかに超えるものを見つけた。人類の起源、そしてすべての哺乳類のはじまりだ。彼の業績は数々の科学的発見にあふれている。だが、彼は人間性の起源を理解することに身を捧げるあまり、みずからの人間性を犠牲にした。

＊7　「走る」という行動を定義する特徴としてよく挙げられるのは、すべての足裏が地面から離れる瞬間があることだ。つまり、厳密にいえばゾウは走れない、と思うかもしれない。だが、走行と歩行の区別としては、脚の柔軟性と跳ねる動きに注目するほうが適切だという考え方もあり、これに従うなら、ゾウは「ランニングウォーク」ができる。

＊8　わたしたちスコットランド人、とくにハイランド地方の人々は、故郷のスコットランドを畜産や狩猟に使いたい大英帝国の意向で、あちこちに送り出され、あるいは移住を促されて、その先々でコミュニティを形成した。スコットランド人はまた、征服や奴隷貿易といった大英帝国の植民地主義的野望にも、兵士、商人、地主階級の一員として関与した。

第7章　乳歯

小さいからといって生き物を侮ってはならない……そんなちっぽけな生き物が、わたしたちの理解をはるかに超えた謎をその身の内に秘めていることを、疑ってはならない……

チャールズ・キングスリー『グラウカス、または海辺の不思議（Glaucus, or the Wonders of the Shore）』

石膏はすぐに固まる。と同時に、皮膚に真空パックのようにぴったりと張り付いて縮み、産毛を引っ張るのでちくちくする。チームは全員ひじから下が真っ白になり、ギリシャ彫刻の大理石の腕を、茶色くてやわらかい身体に縫い付けたようなありさまだ。石膏の滴が点々と、プラム色のドンガの地表に飛び散っている。わたしたちの頬も、うっかり跳ねさせたり、わざと飛ばしたりした白いしみでいっぱいだ。

作業が完了し、骨を安全にくるみ終えると、わたしたちは交代で石膏を洗い流し、荷物をまとめてケメガ集落の宿に戻った。明日は少人数で新しい候補地の探索をしてほしいと、肌を小豆色にしながら麻布の切れ端で石膏をこすり落としていたときに、ショイニアーに言われた。化石を探すのはみんな同じだが、わたしには特別任務があった。「小さいのを見つけてほしいんだ」

発掘調査の長い歴史のなかで、南アフリカでも他国でも、古生物学者はおもに大きな化石を採集してきた。小さな化石のほうがはるかにたくさん地球上に残されているが、それらはたいてい微生物や無脊椎動物のものだ。例えば石灰石は、古代のプランクトンを押し固めたケーキだ。節足動物は、とてつもなく大きかった石炭紀の連中はともかく、ふつうは微小な甲殻類やおなじみの三葉虫を見ての通り、小さな世界を支配した。地球の過去には軟体動物の殻が山積みで、まるで漁労民の貝塚だ。

けれども脊椎動物の場合、採集される化石のほとんどがそれなりに大型だった。小さな四肢動物がいなかったわけではなく、現実はその正反対だったのだが、小さな骨はもろさとサイズのせいで化石記録に残りにくく、また採集者の目にも留まりにくい。長さ五〇センチメートルを超えるような大きな骨は、感嘆を呼ぶ成果として誰もが探し求めるだけでなく、単純に見つけやすい。初期の化石採集は、大型動物、とりわけその頭骨を発見し展示することに力点が置かれてきた。ある動物について、科学者が知っているのは頭だけという状況は珍しくなかった。

三畳紀、一部の獣弓類に興味深い変化が起こり、それがかれらの化石記録と採集に影響を及ぼした。あるひとつの系統に属する動物たちが、劇的に小型化したのだ。

キノドン類はペルム紀後期に出現し、大量絶滅をくぐり抜けた。イヌに似た比較的小型の動物だったかれらは、獣弓類のなかでもっとも近い親戚であるテロケファルス類と多くの特徴を共有していた。しかし三畳紀に入ると、両者の違いが鮮明になっていく。側頭窓が広がり、頬骨の幅と奥行きが増した。頭頂には骨でできたモヒカンヘアのような矢状稜が形成された。こうした特徴は、顎の筋肉の大きさと配置の変化を反映していて、かれらの噛む動作がますます正確になったことを裏づけている。

口の中では、二次口蓋が完全な形で形成された。口蓋とは、口内の天井部分にある骨のことで、このページを読んでいるいま、あなたの舌が当たっているはずの場所だ。舌先で口蓋の表面をなぞってみよう。中央部が盛り上がっていて、口の中を左右に橋渡ししている骨があり、もっと後ろはやわらかい喉に続いているのがわかるだろうか？　あなたがディメトロドンなら、この骨はなく、口内の天井部分は空洞になっているはずだ。[*1] ディメトロドンの上の歯を収める左右の上顎骨は、中央で接していなかった。

硬質の二次口蓋の不在が、すべての有羊膜類の祖先状態だ。硬口蓋は、獣弓類だけでなく、複数の動物の系統で進化した。ささいなことに思えるかもしれないが、これがなければ鼻腔と口が完全に分離されないので、食事と呼吸を同時にできない。ひどい鼻詰まりのときにご飯を食べようと思うと、同じことが起こる。口蓋はまた、舌を押し当てることで食物を操作し、噛んだり飲み込んだりする動作の補助にも役立つ。頻繁に食事する場合、硬口蓋がないと苦労するし、よく噛んで食べる場合はなおさらだ。口を開けて咀嚼するのは行儀が悪いので、硬口蓋を獲得したキノドン類は、最初のテーブルマナーを生み出したともいえる。

体のほかの部分を見ても、キノドン類はほかとは違っていた。筋肉の変化にともなって肩甲骨の形が変化し、可動域がより広く確保された。姿勢はますます直立に近づき、四肢は胴体の下に伸びるようになった。おしりに注目すると、骨盤と大腿骨の上端もまた改良された。さらに、ひとつのちょっとした調整がなされ、それが哺乳類の出現の舞台を整えた。

三畳紀にキノドン類の骨格に起こった重要な転換、それは椎骨の部位ごとの分化だ。ヒトの体を見るかぎり、首の骨と腰の骨が別々なのは当然に思える。けれども、哺乳類以外のほとんどの脊椎動物では、

＊1　実際には、ディメトロドンはあなたと違って、敏感で可動域の広い舌をもってはいなかった。わたしたちの奇妙で器用な口の筋肉は、哺乳類進化のずっとあとの段階で獲得したもので、食物操作と乳を飲むこととの関連が、中国で見つかったジュラ紀の化石から知られている。詳しくはのちほど。

体の部位を問わず椎骨の形は（少なくとも哺乳類に比べると）よく似ている。例えば、サラマンダーの椎骨ひとつを見て、どの部分のものかを当てるのは反則級に難しい。尾の骨はかなり特殊だが、それ以外は第三椎骨から骨盤まで、ほとんど同じなのだ。

ヒトはほとんどの哺乳類と同様、脊椎が四つの部位に分かれる。頸椎（首）、胸椎（胸）、腰椎（腰）、仙椎（尾骨）だ。それぞれの部位の骨は、大きさも構造もはっきりと異なる。この違いは、それぞれの部位に求められる別々の機能を反映していて、単弓類、獣弓類、キノドン類と時代を下るにつれ、脊椎の構造が複雑性を増すという進化のパターンを経て生じたことが、最近の研究で明らかになった。

三畳紀の南アフリカ・カルーに豊富に生息していた生き物をよく見ると、哺乳類の複雑な脊椎がどこから来たかに関する手がかりが得られる。最初期のキノドン類のひとつに、穴居性のトリナクソドン *Thrinaxodon* がいた。哺乳類らしい見た目をもっとも早い時代に手に入れた動物のひとつで、犬歯、幅広い頬骨、前方を向いた眼、イヌのような胴体をもち、全身が覆われていたかはともかく、少なくとも多少は毛があった。だが、何よりも注目すべきは、腰があったことだ。

みぞおちにパンチを食らったら、トリナクソドンは体を二つ折りにして苦しんだだろう。わたしたちと同じで、かれらの腰部（胸とお尻の間）には、肋骨がほとんどなかったからだ。奇妙に思えるかもしれないが、初期の単弓類では胴体全体に肋骨があった。獣弓類では後方の肋骨が縮小していて、より活動的なライフスタイルに適応していた。そしてトリナクソドンでは、完全になくなった。

腰があれば、体を曲げることができる。獲物を追いかけたり、捕食者を振り切ったりしなければならない哺乳類には不可欠な能力だ。四足走行する動物にとっては、脚を大きく持ち上げるときにひざと大腿部を収めるスペースが確保でき、これにより高速走行《スプリント》や木登りといった、新しい移動様式の可能性が開けた。哺乳類における腰部の肋骨の消失は、横隔膜の進化とも結びついたと考えられる。横隔膜は胸腔の下部を仕切っている筋肉で、収縮によってふいごのように吸気を実現する。両生類と爬虫類も呼吸を補助するメカニズムをもっていて、例えばヘビとトカゲは体幹筋を使って胸部を膨張・収縮させる。オオトカゲはこれに加え、のどを膨らませたり縮めたりする（咽頭ポンプ作用と呼ばれる）。ワニは哺乳類の横隔膜に似たシステムをもち、一部のカメに至っては、ほんとうに突拍子もない話だが、肛門で呼吸ができる。*2

ハーバード大学のカトリーナ・ジョーンズらによる最近の研究(1)で、盤竜類から獣弓類を経てキノドン類に至るまでの哺乳類の脊椎の複雑化が、専門用語で「ステップワイズ」と呼ばれるパターンで起こったことが明らかになった。これは、少しずつ漸進的に変化が蓄積したのではなく、それぞれのグループで異なるタイミングで起こったことを意味する。

脊椎の分化は、三畳紀にキノドン類が進化する過程で鮮明になったが、盤竜類の段階ですでに基本構造として組み込まれていたのかもしれない。以前の研究(2)で、ジョーンズとステファニー・ピアースら共同研究者たちは、初期単弓類にみられる脊椎分化の前兆を特定した。彼女らによると、獣弓類において肩帯［訳注：前肢の基部を構成する複数の骨。現生哺乳類では単孔類を除いて肩甲骨と鎖骨のみからなるが、ほかの分類群ではしばしば烏口骨、間鎖骨などより多くの構成要素からなる］が退化したことで、筋肉の配置が変化し、肩と背中の筋肉の一部が大型化した。これにより、脊柱の変化が促されたと考えられるのだ。

＊2　爬虫類には深入りしないと言ったものの、この事実は面白すぎて無視できない。水生のカメの一部は、排泄と生殖を一手に担う孔である総排出腔を改造し、ガス交換（といっても酸素のことで、別のガスではない）の補助に利用している。ときに自然はひたすら笑える。

脊椎の分化がどのように起こったにせよ、三畳紀に哺乳類の祖先が獲得したこのパターンは、まったく新しい多様な行動を可能にする贈り物だった。移行の詳細を明らかにする研究は、おもに二〇世紀初頭に南アフリカで採集された三畳紀の化石に依拠している。その多くを発見したのが、ロバート・ブルームという人物だ。

どの学術分野でも、地層のように一貫して目にする名前があるものだ。ひとつのテーマで調べ物をしていて、繰り返し同じ名前に出会うのは、その人物が分野の基盤構築に重大な貢献を果たしたり、きわめて著作が多かったりしたおかげで、永遠に名前が記憶され引用されることになったからだ。本書でもすでに、こうした人物をたくさん紹介してきた。バックランド、オーウェン、キュヴィエ、それにいがみあうコープとマーシュ。例外なく白人男性で、ほとんどが裕福だったかれらは、傑出した知性と並々ならぬ意思をもった人物として称えられている。古生物学の世界の古の神々であり、科学はかれらを神殿に祀った。

創始者たちの名前は不滅だが、科学史を丁寧に振り返れば、支配的な地位を占めていたかれらは学問の世界の神々などではなく、欠点のある人間だったとわかる。特権、幸運、コネ、個性を武器に、かれらは学術界で登りつめたが、その裏には往々にして、貧者、女性、黒人の犠牲があった。

スコットランドから南アフリカに渡った医師にして古生物学者、ロバート・ブルームはそんな人物のひとりだった。哺乳類の祖先の研究では、彼の名字をいたるところで目にする。彼のライフワークは哺乳類の起源の物語の根幹に関わるが、同時に人類史の生々しい傷跡に触れるものでもある。

ブルームは、いまではわたしたちのもっとも古い親戚として知られる動物たちの正体を明らかにする発見をなしとげた。その骨はヨーロッパ列強の植民地で発掘され、ヨーロッパと米国の研究機関に持ち出された。ダーウィン以降の科学者たちは、地球の生命進化の物語のギャップを埋めることに熱をあげた。いまでは学術用語としては使われないが、かれらは「ミッシングリンク」[*3]を探したのだ。一九世紀末の科学者の多くがそうだったように、ブルームも進化を原始的なものから高度なものへの移行ととらえ、また現生生物を階層的に分類した。このヒエラルキーは、ヒトの「人種」にまで拡張された。

一八六六年、ブルームは生地デザイナーの父とその妻の間に生まれた。父親は文化と学問を尊び、ペイズリーと呼ばれるカラフルな渦巻き模様の生地づくりに励むかたわら、夜間の職業学校に通い、美術や文学を愛した。母親は信心深かった。ブルームは父親譲りの自由な発想と、周囲に流されない反骨精神をもち、若くして進化の概念を受け入れた。しかし晩年の思想には、母の影響か、宗教性や精神性が色濃く見られる。

幼少時のブルームは、いずれ世界を放浪するタイプには見えなかった。陰気で病気がちな少年で、何度もぶり返す気管支炎に悩まされた。両親は療養のため、彼を工業都市のペイズリーから、空気のいいスコットランド沿岸に住む祖母のもとに送り出した。そこで地元のナチュラリストから顕微鏡をプレゼントされ、使い方を伝授された彼は、自然の世界への関心に目覚めた。学校は休みがちだったが、ブルームは聡明で探究心にあふれていた。彼は田園地帯を探し歩き、そこに生息する動物を調べることに熱中した。

＊3　第2章で見たように、この表現は、生命がある動物から次の動物へと階層的に連鎖する関係にあるという考えに基づいている。現代の進化と分類の知見に照らして考えれば、すでに意義を失った概念だ。

若いナチュラリストの例に漏れず、ブルームもコレクターだった。彼のいとこは技師として中国に駐在していて、好奇心旺盛な彼のために、ヘビの液浸標本や、ヒトの頭蓋骨といった珍品の詰め合わせを送ってくれた。これらの物品の出自や入手方法の記録は残されていないが、時代背景を考えれば、出どころがまっとうだった可能性は低い。[*4] ブルームは一五歳のとき、自然散策の途中で通りがかった石灰岩の採石場で、初めて化石を見つけた。このとき採集した遠い昔の貝殻やサンゴをもとに、彼はのちに自身初の学術論文のいくつかを執筆した。

彼はグラスゴー大学で産婦人科医（当時は助産師《ミッドワイフ》と呼ばれた）になるための勉強をしていたが、気難しく孤独を愛する性格のせいでチューターと衝突した。それでも主席で卒業し、彼はグラスゴー産科病院で働きはじめるが、やがて放浪熱《ワンダーラスト》にあてられた。ブルームはまず米国を旅し、そのあと移り住んだオーストラリアで、動植物を採集し、初めてカモノハシを観察するなど、充実したナチュラリスト生活を送った。有袋類と単孔類に魅了された彼は、かつてイングランドのストーンズフィールドのジュラ紀の地層から見つかった動物の正体とされた、オポッサムの研究をおこなった。オーストラリアの動物から、哺乳類の起源に関する洞察が得られるかもしれないと考えた彼は、これらの動物を熱心に採集し、形態と進化の研究に取り組んだ。

一八九六年、ブルームは南アフリカへの移住計画を立てつつ、引き続き哺乳類の起源を探究していた。彼はロンドンの自然史博物館に収蔵されたカルーの化石を観察した。これらを記載した堅物の動物学者リチャード・オーウェンが亡くなった直後だった。オーウェンや、同時代の米国の科学者エドワード・ドリンカー・コープはすでに、獣弓類が哺乳類の起源を理解する鍵であることを見抜いていた。起源の解明のためには、化石をもっと詳細に分析しなければと、ブルームは考えた。

オーウェンは亡くなる前、ブルームと文通し、彼を高く評価していた。オーウェンが記載した標本は、南アフリカのコレクターが識者の見解を求めて彼に送ったもので（オーウェンは喜んで意見を述べた）、化石は大英自然史博物館（現在のロンドン自然史博物館）に「安全に保管」された。

しかし一八八〇年代、カルーの標本の研究をリードする古生物学者がもうひとりいた。ハリー・ゴヴィアー・シーリーはこれらを調べただけでなく、アフリカ南端に渡り、そこから内陸を探険して、南アフリカの白人共同研究者たちとともに膨大な新発見をなしとげた。その後、見つかった化石のほとんどは産出国から持ち去られた。シーリーはとりわけ、ペルム紀の獣弓類や特異なパレイアサウルス類の採集と記載で知られるが、三畳紀に生き、わたしたちの最古の親戚である哺乳類につながる系統のいちばん根元に位置する動物、すなわちキノドン類も記載した。

ブルームが渡航計画を練っていた頃にはすでに、南アフリカの化石の研究から、哺乳類がおそらく獣弓類のなかに起源をもつことは広く受け入れられていた。[*5] だが、獣弓類のなかのどのひとつの、あるいは複数のグループが祖先なのかは不明だった。ブルームはこの謎に挑むつもりだった。

シーリーには、ブルームのアフリカでの研究計画を支援する気はなかった。彼はスコットランドの新参者が自身の研究分野に近づくことを嫌い、裏で策略をめぐらせた。シーリーは南アフリカの協力者たちに、今後新たに見つかる化石はすべてロンドンに送るよう確約させ、自身以外の誰にも見せるなと念

＊4　ヒトの頭蓋骨への関心は、植民地からの「戦利品」への欲求だけでなく、科学的人種差別とも結びついていた。
＊5　かつては哺乳類は両生類から進化したと考える研究者もいた。この説はのちに棄却されるが、両生類から爬虫類が、爬虫類から哺乳類が進化したという、よくある誤解として生き延びた。第3章で見たように、これら三つのグループはいずれも、三系統すべての共通祖先である四肢動物から進化した。

を押した。

ブルームと妻メアリーは、一八九七年に汽船ゴス号でケープタウンに到着した。シーリーの指示により、現地の博物館はブルームに標本を見せることを拒んだ。南アフリカに知人がいなかった彼は、やむなく非常勤医師の仕事を転々とした。やがて彼は、東ケープ州の沿岸の町ポートエリザベスでの仕事のオファーを受けた。再び自然科学に没頭したブルームは、この町の博物館に収蔵されたカルーの化石にも触れることができた。彼が産出国で化石を観察するのはこれが初めてだった。しかし、医師としての仕事がポートエリザベスでの研究の足かせになり、やがてブルーム夫妻は探索にもっと時間を費やせるよう、内陸へと旅立った。

友人の後押しを受けて、ブルームはシーリーによる南アフリカ産化石の独占を打破しようと決意した。彼は空き時間ができるたびにドンガを探し歩き、自身と同僚たちが妨害を受けることなく観察できる、新しい化石をかき集めた。彼は南アフリカの白人コレクターたちと友人になった。かれらのなかには、英国の科学者たちから受けた侮蔑的な扱いを根にもっている者も少なからずいた。英国の古生物学者はしばしば、熱心なアマチュア化石ハンターから貴重な化石を受け取ることを当然の権利と考えていた。しかしブルームは、現地のコレクターの熱意を称賛し、自身も発掘に精を出した。

一九〇三年、ブルームはステレンボスにあるヴィクトリア大学の動物学・地質学教授として採用された。彼は同大学のほかの教員とはまったく違っていて、点呼や試験のための詰め込み教育といった形で、学生たちを「大きな子どものように[3]」扱うことを拒んだ。ブルームは学生たちに自発的思考を促し、即興の講義でかれらを刺激し、しばしば脇道にそれて政治や宗教についても持論を語った。頑固で自立心が強く、政治的駆け引きの才能に欠けていたせいで、ブルームのステレンボスでの日々は長くは続かなかった。ブルームは自分にふさわしいと思える学術界でのポジションを得ることに苦労した。やがて彼は、現在のヨハネスブルグにほど近い鉱山都市のスプリングスに落ち着く。

彼はそこでカルーでの採集に本腰を入れて取り組み、自身の興味の赴くままに標本の記載をおこなった。新しい化石探しのときには、相変わらず権威をないがしろにする失敗を重ねたが、それでも自身の多大な貢献が認められる日を夢見ていた。ブルームは南アフリカ、英国、米国の博物館が繰り広げる、化石の争奪戦の中心人物となった。彼は採集した化石をウィットウォーターズランド大学や米国自然史博物館に送った。後者のヘンリー・フェアフィールド・オズボーンは、ブルームの緊密な協力者であり、親しい友人でもあった。

哺乳類の起源に関するブルームの研究が傑出していたのは、彼の興味が単なる記載を超えたところにあったためだ。彼は系統関係を把握しようと、詳細な解剖学的問いを立て、異なるグループの動物を区別するのに利用できる、骨格の特徴をリストアップすることに力を入れた。このリストはいまも現役だ。形質のいくつかは、ここまでの章ですでに取り上げた。特定の骨の配置や、形態分化した歯の発達といった共有派生形質だ。初期単弓類、獣弓類、キノドン類の関係を理解するうえで基礎となるこうした特徴を分析する研究分野は、今日では系統学と呼ばれている。

系統学は、単純にいえば進化的関係の研究だ。現在では統計的手法を利用し、コンピューターアルゴリズムを駆使した推定により、もっとも可能性の高い系統樹を構築する。プログラムが推定に用いる情報は、DNA配列のことも、骨格の特徴のこともある。系統学は絶対的真実を教えてくれるわけではないが、統計的な可能性に照らして、もっとも蓋然性の高い仮説を生み出すことができる。

化石の場合、当然ながらたいてい骨格だけが唯一の情報源だ。古生物学者は骨格の特徴をチェックして、それぞれに「スコア」をつける。例えば、ある特徴が欠けていれば0、存在すれば1だ。有無に加えて、複数の「状態」をとりうる特徴については、複雑性がスコアに追加される。ある歯について、咬頭〔訳注：歯冠の最上部の尖った突起〕が一つ（スコア0）、二つ（スコア1）、あるいは三つ（スコア2）といった具合だ。これらのスコアをすべて、形質行列（character matrix）と呼ばれる巨大な表に入力し、これをもとに系統分析をおこない、動物どうしの関係を推定する。

今日、系統学による系統関係の解明にはプログラミングや高度な数学が必要だが、その基礎の部分は、過去二五〇年にわたる研究の積み重ねによって確立されたものだ。近縁の動物どうしは、遠縁の動物どうしよりも多くの形質を共有するため、こうした共通点に注目すれば、系統樹を描くことができる。類似性に基づく系統関係の理解は、過去八〇年の間に多くの混乱、洗練、知見の蓄積を経てきたが、ロバート・ブルームや彼と同時代の科学者たちはすでに、こうした基本的な発想をよく理解していた。

ブルームはこのアプローチを利用し、三六九の新種の獣弓類について、同定に使える特徴を導き出した。このうち二一〇種はいまも有効だ。第5章で出会った、テレビ番組の主役に抜擢された獣弓類のモスコプスも、彼が命名した種のひとつだ。彼は米国の（テキサス赤色層などで見つかった）盤竜類にも自身の知見をあてはめ、獣弓類と比較して、両グループが近縁の関係にあることを示した。一九三七年、ブルームは獣弓類のなかのわたしたちと同じグループ、すなわちキノドン類に属する最初期メンバーを発見し、プロキノスクス *Procynosuchus* と名付けた。

ブルームが解剖学的・骨格的特徴の観察をおこなった対象は、三畳紀の化石だけではなかった。彼のキャリアは、一九三〇年代にヨハネスブルグ近郊の洞窟で初期ヒト族の化石を発見したことで、転機を迎える（七〇代になり、自身の老いをはっきり自覚していたであろうブルームは、この発見について尋ねられ、迷信深く「精霊が化石の場所を教えてくれた」と答えている)。彼は哺乳類の祖先の研究ではなく、この発見で世界に名を知らしめた。

洞窟のひとつはスワートクランズと呼ばれ、いまでは世界遺産である「南アフリカの人類化石遺跡群」の一部を構成し、過去三〇〇万年以内のさまざまな人類の骨が発見されている。ホモ・エルガステル *Homo ergaster*、パラントロプス *Paranthropus*、ホモ・ハビリス *Homo habilis* などで、いずれも現生人類を含む類人猿のこんがらがった枝から出た側枝だ。人類が火と骨角器を使用したことを示す最初期の証拠も見つかっている。

この発見と、その他のたくさんの化石の発見から、ブルームはヒトの起源の探究に取り組む最重要人物のひとりとなった。しかし、この探究に打ち込んだ人々の多くが、非道徳的な考えをもっていたことについては、誰も語ろうとしない。かれらのコレクションはたいてい、人々のおぞましい犠牲の上に成り立っていた。

ブルームや同時代の科学者たちは、骨の化石だけでなく、南アフリカ先住民の遺体をも分類した。かれらが研究に用いた標本は、ヨーロッパや北米の研究機関に送られ、そこで詳しく調べられ収蔵された。西洋の科学者たちが期待したのは、類人猿と、神にもっとも近い自然の階層のトップに位置づけられた人類、つまりかれら自身との間の「ミッシングリンク」を解明することだった。中間に位置するものはすべて、かれらにとっては単なる「標本」でしかなかった。

一九世紀には、人類の起源はヨーロッパにあるという考えが広く信じられていた。ジョルジュ・キュヴィエなど、当時の科学界の権威がこの見解を支持した。すべての人類は、大洪水のあとヨーロッパの起源地から端を発し、そのあと世界のさまざまな人種へと「堕落」したと考えられていた。奴隷制支持者たちは、奴隷化は非ヨーロッパ人を不可避の絶滅から救うものであり、かれらにとってよいことであるとさえ主張した。

しかし一九世紀末までに、人類の起源に関する科学界の通説は変化した。チャールズ・ダーウィンは人類のアフリカ起源をもっとも早くから主張したひとりで、この説が広く受け入れられるのはようやく二〇世紀後半になってからのことだ。しかし、この新たなアイディアを念頭に、答えを探し求める科学者たちは、巨大な南の大陸に注目しはじめた。

南アフリカで研究を始めた頃、ブルームは「もっとも興味深い標本は先住民である[4]」と述べている。進化のしくみがおおむね受け入れられたことで、人類の起源を探求する人々の多く（ブルームや同時代のオズボーンら）は、アフリカ先住民が類人猿とヒトの間のいわゆる「ミッシングリンク」に相当すると信じた。西洋の科学者たちは、アフリカ人の身体的特徴を調べることで、人類の起源に関する洞察が得られると考えたのだ。[*6] こうして、アフリカ、オーストラリア、インドネシア、南北アメリカ大陸の先住民の骨格が研究対象として求められるようになり、調達には忌まわしい手段が用いられた。

南アフリカのコレクターは、博物館需要を満たすため、日常的に人々を撃ち殺していた。ブルームが公然と殺人を犯したかどうかは定かではないが、彼もほかのコレクターと同様に、当地の先住民の墓を掘り返し、「史上最高のコレクション[5]」の構築に熱をあげた。彼は現地の刑務所から遺体を調達し、自宅の庭に埋めてのちに掘り返した。あるいはキッチンナイフで解体したあと、頭部をコンロの火にかけて茹で、肉を取り除いた。

外見的特徴もまた調査された。古人類学者（ヒトの化石を研究する科学者）は、世界の人々の顔の石膏型を収集して、特徴の進化を考察し分類しようとした。石膏が乾くのには時間がかかり、はがす際には顔面の毛が引き抜かれるためしばしば痛みをともなった。研究者たちはときに、協力を促すために人々に嘘をつき、型取りに治療効果があると吹き込んだ。このような数百のフェイスマスクや、体の部位の型と測定データ（女性の外陰部のものまであった）は、骨格標本とともに博物館や大学に収蔵された。ウィットウォーターズランド大学医学部に展示された「顔のギャラリー」は、かつて「世界最高のコレクション」[6]と称された。

博物館の収蔵品が背負う人種差別の歴史を論じることは、脱植民地化（decolonization）と呼ばれる。コレクションの脱植民地化という問題は、ますます切迫性を帯びてきている。収集された物品にコンテクストを付与し直すことは、このプロセスの一環だ。誰が、どのように、なぜ収集したのかという文脈が、意図的に虚偽記載されたり軽視されたりして、物品から取り去られていることは珍しくない。こうした背景がなければ、苦痛を受けた人々が歴史から排除されてしまう。

わたしたちの博物館はいまも西洋白人の視点でつくられていて、収蔵品は裕福なパトロンが寄贈したものや、植民地支配から利益を得ていた人々が収集（窃盗と言い換えてもいいだろう）したものが中心だ。脱植民地化を進めるなかで、展示の解説をアップデートしたり、収蔵品を本国に返還したりといったことが起こるだろう。職員や来館者が、博物館は何のため、誰のためにあるのかという難しい問いと向き合うなかで、いままさに地道な対話が重ねられている。

＊6　クリスタ・クルジアンの著書『ダーウィンの直感（Darwin's Hunch）』は、科学、人種、南アフリカでの人類の起源の探究といったテーマを扱っている。こうしたテーマを深く理解したい人には一読を強くおすすめする。

多くの研究機関では、恥ずべき歴史を背負った収蔵品が、来館者の目に触れない場所にしまい込まれている。暗い収蔵室の片隅の、めったに開けられることのない施錠された戸棚の奥に眠る遺物は、いろいろな意味で直視しがたい。研究者は調査の過程で、こうした標本を偶然見つけ、黄ばんだラベルを見て動揺する。ロバート・ブルームが「採集」したヒトの骨格もそのひとつで、わたしもその存在を知って初めて、「標本」を探し求めた彼の活動の暗い側面を目の当たりにした。*7

科学は公平であり、研究者の業績はその人物の信条や習慣とは独立のものだと、わたしたちは考えたがる。しかし、構造的人種差別と植民地主義は、いまも科学というひとつの生地のなかに、しっかりと織り込まれている。ブルームの発見は確かに、ペルム紀と三畳紀の哺乳類進化に関するわたしたちの知識の土台を形成した。けれども、それをブルーム本人や、彼の出身国、そしていまのわたしたちと地続きの世界といった、社会政治的文脈から切り離して考えるべきではない。わたしたちみな、いまなおこうした遺産の影響下にあるのだから。

ケメガの集落と発掘調査地からさらに先に進むにつれ、わたしは自分がどんどん小さくなるように感じた。草原の広がる大地は干ばつで茶色く枯れているが、ときたま現れる絵の具を散らしたような野花が華やかだ。わたしは暑さと乾燥でまた鼻血を出し、ブーツが乾ききった灌木に当たって、続けざまに咳き込むような音をたてる。チームの仲間たちはあちこちに散らばり、各々に平原を突っ切って探索しながら進んでいる。一歩進むたび、彼方の尾根が少しずつ近くなる。わたしは通りがかりの羊飼いに手を振り、ハンサムなヒツジですねと褒めた。故郷で見慣れた歩く雲のような姿とは違って、脚が長く毛は短めで、むしろヤギに似ている。

尾根にたどり着いたわたしたちは、これまで地下に潜んでいた地層が露頭している場所を見つけた。わたしは四つん這いになった。小さなものを見つけるには、地面に這いつくばらなくてはいけない。小さなものを探しているときはありがちだが、わたしは石をひっくり返して微小な骨を探すのに熱中するあまり、同僚たちが感嘆の声をあげる、ひとつがスープ皿ほどもある椎骨が並んだ巨大な脊椎にまるで気づかなかった。わたしにとって、悪魔は細部に宿るのだ。

まもなく何かを見つけた。紫色の岩石のなかに、かすれた落書きのような白い筋がある。骨？　わたしは胸ポケットからルーペを取り出した。眉に当たる金属製のフレームが熱い。割れているが、拡大してみると断面が複雑な構造をしている。ひとつが数ミリメートルしかない、小さな骨の寄せ集めのようだ。わたしは興奮しつつ、スクラブル［訳注：アルファベットが書かれたピースを並べて単語をつくるボードゲーム］のピースのように、かけらをプラスチックの袋に集めた。とくに見込みがありそうなピースは、チームに見せるために別の袋に分けた。極小の歯、それとも頭骨のかけら？　こんなに小さいと、顕微鏡なしには確かなことはいえない。

一時間後、新しい調査地から採集する準備の整った骨の山が二つ完成した。ひとつはバスタブを満杯にできそうな、フットボール大の石でできた塚で、ひとつひとつに大きな化石が収められている。その隣に、わたしの小さな砂利袋が二つ。合わせてもせいぜいポテトチップス一袋分だ。

＊7　残念ながら、この骨格の生前の姿についてわたしは何も知らない。わたしの同僚は、南アフリカの博物館の収蔵室を訪ねたときにこの骨格を見つけた。彼は骨格について質問したが、ブルームによる標本採集の歴史について軽く説明されただけだった。彼がこのことをわたしに教えてくれたのは、わたしが本書で取り上げる予定の、哺乳類研究におけるブルームの貢献について話していたときだった。わたしは掘り下げて調べてみたが、いまのところ骨格の採集地点や、誰のものかについては何も情報を得られていない。

ほかのチームメンバーは面食らったようにわたしの成果を二度見していたが、わたしは満足だった。このかけらのなかに、いくつかでも小型哺乳類（あるいは両生類やトカゲといった小動物）の骨があれば、それは南アフリカの三畳紀の地層から見つかった数少ない標本となる。トラック一台分の骨から得られるのはたった一頭の恐竜の情報にすぎないが、こうした小動物の骨なら、数十年分の画期的な研究成果をポケットに収めても、まだシリアルバーが余裕で入る。

哺乳類の系統は、なぜ、どのように、これほど劇的にサイズを縮小したのだろう？　ペルム紀の祖先たちは多くが巨体を誇っていた。ペルム紀末の大量絶滅を乗り越えた者たちは、小型化したとはいえ、それでも立派な体格だった。三畳紀の時代が下るにつれ、キノドン類はブルームのプロキノスクスやシーリーのトリナクソドンといった初期メンバーから、複数のグループに分化していった。肉食性のグループには、キノグナトゥス類、プロバイグノグナトゥス類、トリテロドン類などがいた。雑食および植物食を選んだものには、ディアデモドン類やトリティロドン類がいた。研究者たちはこれらの動物をひとまとめにして非哺乳類キノドン類と呼んでいる。三畳紀に現れた最後のグループである、哺乳類、より厳密にいえば哺乳形類（二つの呼び名の違いについてはのちほど）と区別するためだ。

キノドン類のなかのいくつものグループがどんな系統関係にあったかについては、依然として議論が続いている。新たな情報のインプットと解釈に基づく、複数の系統解析の結果はそれぞれに異なっている。これらの動物の多くは表面的にはよく似ていた（専門家に言ったら怒られそうだが）。たいていはトリナクソドン的なボディプランをもち、イタチ大からブタ大のサイズで、頭骨や歯に多少の多様性があるくらいだった。

非哺乳類キノドン類のラインナップのなかには、大多数の研究者が哺乳類のもっとも近い親戚の候補にあげるグループがいくつかある。肉食のトリテロドン類とブラジルで見つかったブラシロドン類（現在の最有力候補）、および植物食のトリティロドン類だ。このなかのどれが哺乳類に最近縁なのかという問いは、数十年にわたって古生物学者たちを悩ませてきた。誰もが納得する形での解決は期待できそうにない。

一方、異論の余地のないことがひとつある。三畳紀の最初の哺乳類はとても小さかった。現代の動物学研究では、ふつう体重五キログラム未満の動物が「小型」と定義され、これはキツネより小さい。三畳紀後期、最初の哺乳類はこの閾値をはるかに下回るサイズに縮小し、体重が数百グラムを超える種は存在しなかった。

小型であるせいで、三畳紀の哺乳類はしばしば化石の探索調査で見過ごされる。一九世紀初頭の時点で、最初の中生代哺乳類の化石はイングランドのジュラ紀の地層から発見されていた。にもかかわらず、南アフリカで中生代哺乳類の化石がようやく見つかったのは、二〇世紀に入ってかなり（そしてカルーの化石が世界に周知されてから一〇〇年）経ってからのことだった。この化石は三畳紀後期のもので、のちに英国で発見されたものと並び、哺乳類の起源を理解するうえで、世界でもっとも重要な化石となる。

ケメガからそう遠くない、国境を越えた現在のレソト領内で、アフリカ南部初の三畳紀後期の哺乳類化石が発見された。最初はマフェテングの化石で、新種の恐竜の骨を包み込む岩石基質に、追加のおまけとして埋まっていた。一九六二年、恐竜化石のプレパレーション中に、ストーンズフィールドで見つかったものに似たひとつの顎骨が発見された。南アフリカの古生物学者アルフレッド・〝ファズ〟・クロンプトンにより、この動物はエリスロテリウム *Erythrotherium* と命名された。クロンプトンもまた、二

○世紀後半以降の古哺乳類学におけるビッグネームのひとりだ。

二番目の三畳紀哺乳類の発見は偶然ではなかった。南アフリカ博物館、イェール大学、大英博物館、ロンドン大学が一九六六年におこなった共同調査で見つかったもので、これにはクロンプトンや、もうひとりの古哺乳類学の大御所、ファリッシュ・ジェンキンスも参加した。調査チームのひとりに、南アフリカ博物館に勤める若い女性リサーチアシスタント、アイオーン・ルドナーがいた。小柄で細身、長いポニーテールをサイドに流した[7]ルドナーは、ステレオタイプな山男たちのなかでは異色の存在だった。古生物と考古学の専門家であるにもかかわらず、チームでは料理をしたりサンドイッチを作ったりする役目を期待されることもよくあったという。のちに調査での発見を報じた新聞記事では、彼女は「主婦」[8]として紹介された。

ある日、ほかのメンバーが恐竜の化石を採集している間、ルドナーはフォート・ハートリーから東に数キロメートルのあたりをヤギの通り道に沿って探索していた。岩棚を通りかかったとき、彼女は岩の中に淡色の「骨のモザイク」があることに気づいた。これがのちに、三畳紀後期の新種の哺乳類の砕けた頭骨と下顎だと判明する。[9] マウスほどの大きさのこの動物は、彼女の発見を称え、メガゾストロドン・ルドネラエ *Megazostrodon rudnerae* と命名された。[*8] さらに二つめの頭骨が、体の骨とともに、クロコランの北にある調査地でジェームズ・キッチングという研究者により発見された。二つの発見により、メガゾストロドンは三畳紀後期の哺乳類として世界でもっともよく知られる種のひとつとなった。

三畳紀後期の哺乳類化石はほんのひと握りしかない。言葉のあやではなく、文字通りだ。これらの極小の骨を全部あわせても、あなたの手のひらに収まるだろう。南アフリカの二種のほかに、ヨーロッパでも断片的に見つかっていて、もっとも有名なのはウェールズのモルガヌコドン *Morganucodon* だ（属名は発見地にちなんで「グラモーガンの歯」を意味する)。この小さなセレブの名前は、モルガヌコドン目という初期哺乳類グループの看板にもなっている。同じウェールズからキューネオテリウム *Kuehneotherium*、中国からはシノコノドン *Sinoconodon* も見つかっている。

いずれもマウス程度の大きさのかれらが、わたしたちみんなの祖先だ(これは比喩表現で、このなかの誰が直接の祖先か、あるいは誰でもないのかは、永遠に知り得ない)。一九六〇年代にこうしてわずかながら化石が発見されたことで、三畳紀後期の哺乳類の出現が、突如としてくっきりと浮かび上がってきた。それまでは、三畳紀のたくさんのキノドン類とジュラ紀のオポッサムのような動物の間に、顕著なギャップが存在した。小さな化石の新発見がこの隙間を埋め、非哺乳類キノドン類のごった煮のなかから、哺乳類が台頭してくるまでの道筋が見えてきた。

最初の哺乳類とそれ以外の親戚は、あるひとつの特徴で区別される。顎関節だ。軟組織が保存されず、哺乳類的な形質を半端に揃えた動物たちが連続体を形成するなかで、研究者たちは骨格に基づいて線引きする必要に迫られた。化石記録のどこかに「ここ」と指さし、バツ印をつけられる哺乳類の起源があるはずだ。かれらが選んだのは顎関節だった。顎の後端の関節が歯骨と鱗状骨(頭骨の頬の部分を構成するパーツのひとつ)で構成されていれば、やったね、哺乳類! この二つの骨が接していないなら、哺乳類以外のなにかだ。

現実には、この区別にも欠点はある。三畳紀後期の哺乳類は紛らわしいのだ。かれらは最新型の歯骨と鱗状骨からなる顎関節をもっていたが、同時に非哺乳類キノドン類の顎関節の名残も維持していた。

*8　メガゾストロドンは「大きな帯状の歯」を意味し、ルドネラエはルドナーへの献名。

大幅に縮小した関節骨がまだ下顎の後端にくっついていて、頭骨には小さな方形骨の残骸が頬の下に隠れていた。それでも、かれらは間違いなく最初期のわたしたちの系統であり、その後の二億二〇〇〇万年にわたるホットでモフモフなイノベーションの先駆者だ。

かれらの出現は三畳紀後期からジュラ紀の序盤にかけて起こった。三畳紀末の大量絶滅は大型爬虫類の系統を再編し、ワニ類が失脚する一方、恐竜は地球の陸上生態系の主役に登りつめたが、哺乳類の系統はこれを素通りした。非哺乳類キノドン類はほぼすべて死に絶え、頑健なトリティロドン類と一部のトリテロドン類は生き延びたものの、かれらの居場所のほとんどは爬虫類の後継者のものとなった。地上にあふれかえった恐竜は、獣弓類やワニ系統の爬虫類がそれまでに占めていた生態的地位に収まっただけでなく、地球史上屈指の巨大生物となり、のちの人類を魅了した。

一見したところ、最初の哺乳類はちっぽけな存在に転落したかに思える。かれらは爬虫類との戦いに敗れ、暴君の支配に屈したようだ。恐竜は何千もの本の表紙をのし歩き、スクリーンを踏み荒らして揺らし、生きた動物というより悪夢から抜け出してきた怪物のようにふるまう。哺乳類にできることといえば、縮こまってかれらのおやつになるのを待つだけだ。

一九二五年、古哺乳類学者のジョージ・ゲイロード・シンプソンは、リチャード・オーウェンによる中生代哺乳類に関する長大なモノグラフの改訂版を執筆した。かれらの研究でキャリアを築いたシンプソンでさえ、姉への手紙でこう綴っている。「わたしはもう四年も薄汚い獣たちのことを延々と論じています。わたしが生きているうちに連中がこれ以上見つからないことを願うばかりです[10]」。彼ですら、中生代哺乳類はもっとも下等な獣にすぎないと考えていた。ちっぽけな体躯に感銘を受ける人はほとんどいなかった。

こうしたネガティブな見方はいまもほとんど変わっていない。書籍でも、論文でも、一般向けの科学記事や講演でも、中生代哺乳類は、言葉やアートや比喩を通して、悪しざまに描かれてきた。高貴なる爬虫類の兄弟の影で、かれらは隠れ、這い、逃げ回る。汚らわしいネズミのような姿。堂々たる爬虫類に抑圧され、虐げられたかれらは、嘲笑の的であり、負け犬だ。

恐竜の時代、哺乳類は何もできなかったとわたしたちは教わり、生命の叙事詩のなかのかれらをスキップする。哺乳類の進化に関する本のほとんどは、かれらがついに盟主の支配を脱し、大型化するところから始まる。だって、大きいことはいいことでしょ？

こんなパーティーゲームはどうだろう？　野生動物、化石、進化についてのドキュメンタリーを見ながら、ナレーターがある動物を「成功者（successful）」と呼ぶたびに、一口お酒を飲む。もし何かを「最大の成功者」と呼んだら、グラスを一気。二日酔いを覚悟したほうがいい。「成功」は、ネイチャードキュメンタリーでもっとも過剰に使われている単語のひとつだ。動物学全般にも、おそらく同じことがいえる。

成功とはなんだろう？　日常の言葉では、大型動物の形容詞に使われることが多い。意識的にせよ無意識的にせよ、わたしたちはサイズと成功をイコールと考えがちだ。例えば、クジラやゾウは？　あんなに大きいんだから、きっとうまくやっているんだろう。学術的にいえば、成功はおおざっぱに言って、適応度とほぼ同義だ。適応度はふつう、どれだけ遺伝子を後世に継承できるかを基準に定義される。DNAを次世代に受け継ぐ効率にすぐれている個体ほど、進化的にみて適応度が高い。

けれども、たいていの人は動物の「成功」を語るとき、それが日常会話であれ学術的議論であれ、生物学における厳密な定義に従わない。かれらの頭にあるのは、たいてい以下の四つのいずれかだ。地質年代を通じた存続期間、個体数または多様性、地理的分布の広さ、より「すぐれている」というあいまいな主観的感覚。最後については、例えば頂点捕食者は、それよりはるかに種数の多い植物食の被食者よりも、なぜか「すぐれた」生き方をしているとみなされがちだ。サメは、たいていの人が「成功」したグループと考える好例で、これにはわたしも同感だ。

生物学的定義に従うにせよ、口語的な用法を選ぶにせよ、否定しようのない真実がひとつある。小型哺乳類は成功者だ。昆虫、トカゲ、菌類、それに細菌も、とてつもない成功者だ。けれども、わたしたちがこうした生物を、ふさわしい言葉で形容することはあまりない。

進化のゲームで好成績を収めるとはどういう意味なのか、わたしたちはそろそろ認識を改めるべきだろう。

中生代の哺乳類は、確かに三畳紀後期に体重を減少させた。かれらは祖先よりもずっと小さくなり、一方で恐竜は大きくなった。しかし、哺乳類の小ささは欠点どころか、大発明だった。かれらは陸生四肢動物の小型化における、新たな方法を開拓した。巨体がひしめき合うなかで居場所を失ったかれらは、新たな活路を見出し、あえて小さくなったのだ。

哺乳類は、祖先から高い代謝と体温という恩恵を受け継いだ。これらの特徴のおかげで、かれらは三畳紀後期に小型化を実現しただけでなく、夜行性にもなった。夜の冷え込みは、体内に熱生成システムをもつ動物にとっては問題ではなかった。最初の哺乳類が夜行性だったとわかるのは、今日の地球上に生きるすべての哺乳類の眼に残された遺産のおかげだ。

わたしたちの眼のなかには、二種類の主要な光受容細胞がある。ひとつめの錐体は、光への感受性はより低いが、解像度が高く、日中の視覚に適している。もうひとつの桿体は、より光への感受性が高いものの、代わりに解像度では劣る。こちらは光量の少ない状況でより役に立つ。

現生哺乳類を調査した生物学者たちは、視細胞の大半が桿体であり、錐体は比較的少ないことに気づいた。しかも、ほかの脊椎動物は四種類の錐体をもつのに対し、哺乳類には二種類しかない。これにより、かれらは微光下でもすぐれた視力をもつが、代わりにほぼすべての哺乳類は色盲で、光のスペクトルの赤・黄・緑の部分を区別できない。わたしたちを含む霊長類は、すぐれた色覚を再獲得した数少ない哺乳類であり、これも遺伝子に起こった変異の賜物だ。[*9] 霊長類が見ている鮮やかな色彩は法則のなかの例外であり、おそらく共通祖先が熟した果実や新鮮な若葉を採食するのに有利だったために選択されたのだろう。

現生哺乳類の眼にみられる桿体の豊富さと錐体の少なさは、夜行性の過去を裏づける証拠だ。少なくとも二億二〇〇〇万年前から、現生のすべての哺乳類の祖先は闇を味方につけていた。この現象は「夜行性ボトルネック」と呼ばれるが、類まれな偉業に対してずいぶん否定的な呼び名だ。哺乳類の夜間を中心とした活動パターンは中生代の全編にわたって続いたと考える研究者もいるが、活動時間にどれくらい幅があったのか、確かなことはわからない。一部の種は昼行性に戻ったかもしれない。いまの世界でも、ほとんどの哺乳類は依然として夜間にもっとも活発に動き回る。暗視カメラ技術の

＊9　もともとあった錐体とオプシン（視物質をつくるタンパク質）が、いったん失われたあとで再獲得されることはない。進化はいまあるものを元手にはたらくだけで、逆行はできないからだ。霊長類では、既存のオプシンに変異が生じ、二タイプの錐体を維持したままで三色型色覚が再獲得された。このような変異の優位性は明らかで、その証拠に何度も選択されてきた。旧世界の霊長類（マカク、ゴリラ、オランウータン、チンパンジー、ヒトなど）の系統の根元でも、新世界のホエザルでも、フクロミツスイ *Tarsipes* でも。とはいえ、ヒトの色覚は鳥のめくるめく視覚世界の足元にも及ばない。

ブレイクスルーにより、これまで昼行性と考えられてきた動物の夜間活動も明らかになった。例えば、チーターは月明かりの夜に狩りをし、サイは日没後に水飲み場に集まって、昼間にはみられない複雑な社会行動を示す。小型哺乳類はいまなお捕食者を避けられるメリットから、薄明かりや暗闇を好む。なにしろ、かれらは一口サイズだ。

夜行性は、間違いなく最初の真の哺乳類の形成に大きく関わったが、単弓類がナイトライフを実現したのは三畳紀が最初ではなかった。二〇一四年の研究[11]で、古生物学者のケネス・アンジェルチュクとラース・シュミッツは、石炭紀の昔までさかのぼり、単弓類の夜行性の証拠を調べあげた。眼窩の容積を測定し、また初期単弓類に関しては、眼のなかの強膜輪の有無にも注目した。いずれも現生の動物において、眼球のサイズや視覚の鋭敏さとの関連が知られる形質だ。この結果、三億年以上前の最初期の単弓類のなかに、夜行性だったと考えられる種が見つかった。ここから、夜行性は哺乳類の歴史のなかで繰り返し出現した生活様式であり、古くは石炭紀にさかのぼることが示唆される。

単弓類が闇へと踏み出すのは初めてではなかったとはいえ、三畳紀の哺乳類の夜行性への転換は、全面的で画期的なできごとだった。かれらにもっとも近い親戚である、非哺乳類のトリティロドン類も微光下での生活に進出した。こうして暗闇に特化したことは、哺乳類の感覚系に広範な影響をもたらした。

眼のなかの桿体はわずかな光を最大限に利用するが、光がまったくない世界では、ほかの手段を用いて食料や配偶相手を探し出さなくてはならない。この頃のかれらにはすでに毛やひげがあり、おそらく祖先が巣穴のなかの移動に対する適応として進化させたのだろう（毛の発達を示すさらなる証拠については後述）。光のない地下世界では、こうした繊細な構造により皮膚が受け取る触覚フィードバックが強化され、暗闇を手探りで進む助けになったはずだ。このような触覚の鋭敏化は、中生代の夜の茂みのなかでも、不可欠な役割を果たしたと考えられる。

　嗅覚と聴覚は、現生の哺乳類がコミュニケーションや狩りに用いるもっとも重要な感覚であり、これらも三畳紀後期に発達した。たいていの動物は嗅覚と聴覚を備えているが、哺乳類は嗅ぐことと聴くことのエキスパートだ。化石記録のなかの数少ない完全な頭骨から脳の構造を推定すると、これらの感覚刺激を処理する脳部位、とりわけ脳の最前部にある嗅球が明らかに大きくなっていることがわかる。この証拠を提供してくれたのは、化石哺乳類のなかの最小種、ハドロコディウム *Hadrocodium* だ。体重が角砂糖一つ分にも満たなかったこの種は、中国南部の雲南省にあるジュラ紀前期の地層である禄豊層《ルーフエン》から発見された。二〇〇一年の記載論文に掲載された復元画には、うずくまるハドロコディウムの隣にほぼ同じサイズのペーパークリップが描かれている。頭骨はぶどう一粒よりも小さかったが、体重比でみれば大きな脳をもっていた（ハドロコディウムという名前は「大きな頭」を意味する）。

　ハドロコディウムの小ささは圧倒的で、中生代哺乳類のステレオタイプをさらに固めてしまいそうだが、この化石はそれよりはるかに多くのことを教えてくれた。脳頭蓋はほぼ無傷で、研究者たちは脳そのものの形状を復元できた。全体的に大きかっただけでなく、大きな嗅球が前端に位置していた。ここは脳が鼻から受け取ったシグナルを分析する場所であり、嗅覚への依存度が高い動物ほど大きい。したがって、ハドロコディウムの時代に、哺乳類はすでに成功に至る道を嗅ぎつけていたことがわかる。

　哺乳類の聴覚もまた驚異的だ。超高周波音を感知する種もいれば、超低周波音を利用する種もいる。齧歯類のかすかな話し声や、蛾の位置を正確に特定するコウモリのエコーロケーション、サバンナゾウの腹に響く重低音に、海を超えて伝わる孤独なクジラの歌。どれをとっても、哺乳類の耳の構造の精緻化がなければ不可能だった。そしていまや、このプロセスが生じたのは、三畳紀の祖先たちがミニチュアになったおかげだったとわかった。

哺乳類の独特の耳の構造として、ほかの四肢動物にはない骨があげられる。中耳の槌骨とキヌタ骨だ。これらはアブミ骨と協調してはたらき、音を増幅し、可聴周波数の幅を広げる役割を果たしている。化石記録から、これらの骨はもともと下顎の一部だったことが判明している。ひとつは関節骨で、かつてキノドン類の祖先の顎関節の一部を構成し、いまでもほかの脊椎動物の顎関節の一部をなす。哺乳類の進化の歴史のなかで、これらの骨は縮小し、やがて中耳の内部に統合された。だが、顎の骨がどうやって頭骨のなかの新しい居場所に収まったかは、つい最近まで明らかになっていなかった。

英国と米国の古生物学者チームによる最近の研究で、哺乳類の顎に変化が起こったのは、小さくなったおかげだという解釈が提示された。ステファン・ラウテンシュラーゲルが率いる研究チームは、非哺乳類キノドン類と初期哺乳類の顎を比較し、初期哺乳類は顎がより小さくなった結果、顎関節への負荷を減らしつつ咬合力を高めることができたと論じた。(12) これにより噛み方が変化して、顎の筋肉の配置に影響を与え、顎の後端の骨が自由になった。これらの骨がのちに聴覚の精緻化に利用された。

身体縮小のもうひとつの意外な副次効果として、哺乳類は小さな噛みつき屋になった。三畳紀の哺乳類の口の中には、最新兵器が装備されていた。ワニの歯をよく見ると、歯肉からの萌出の度合いがまちまちであることに気づく。完全に姿を現している歯もあれば、まだ半分隠れている歯もある。これは、ワニの歯が生涯にわたって生え変わりつづけるせいだ。ひとつが抜けたり折れたりすると、次の歯が下から生えてきてそこに収まる。ワニの歯はどれも形が似ていて、萌出の度合いがばらばらでも不具合は生じない。ワニの歯の役目は、引き裂いたり飲み込んだりする前に、食料をしっかり固定することだけだからだ。

ハリネズミなどの現生哺乳類では、歯の生え変わりは生涯に一度のイベントであり、このときに乳歯が抜け落ちて永久歯が生えてくる。これを二生歯性（diphyodonty）と呼ぶ。哺乳類に固有の特徴であり、現生の歯のある哺乳類はすべて二生歯性をもち、生え変わりのパターンとタイミングに多少のばらつきがあるだけだ。また、ハリネズミには門歯、犬歯、小臼歯、大臼歯があり、このような歯の形態分化は獣弓類に始まり、キノドン類でも継続した。歯の異形化は、摂食様式の多様化につながった。犬歯は穴をあけ、門歯は押さえ、特殊化した臼歯は剪断し、スライスし、すりつぶすことができる。

ペルム紀と三畳紀前期の動物たちは、まだ生涯にわたって歯が生え変わりつづけた。しかし三畳紀の時代が下るにつれ、いくつかのグループでこのパターンが変化した。生え変わりの頻度を減らした最初のグループのひとつがゴンフォドン類だ。ファンタジー小説の怪物のような名前だが、実際は非哺乳類キノドン類の一系統で、シーリーが南アフリカの化石の研究に基づいて最初に命名した。当初の分類基準はその後の研究で修正されたものの、シーリーは早い段階で、ゴンフォドン類の歯の生え変わりのパターンがそれまでの獣弓類とは異なっていたと指摘した。かれらの奥歯は一括で生え変わり、新しい歯が後方から萌出した。タイミングの変化によって上下の歯の咬合が改善され、食物を噛んで処理する能力が向上したと考えられる。

しかし、三畳紀後期の哺乳類では、はるかに劇的な変化が起こる。シノコノドンは歯を頻繁に交換していた最後の世代だ。同じ系統の後続の種は、生え変わりの頻度を減らし、二生歯性を獲得した。交換が一度きりになることは、二つの点で重要であり、そのうちのひとつは哺乳類の本質と分かちがたく結びついている。子ども時代の脱落性の歯は、生え変わりのタイミングがしばしば離乳と重なることから、乳歯と呼ばれる。幼獣に乳を与えて成長を促すのは、哺乳類だけのユニークなアプローチだ。

したがって、二生歯性の動物は、子どもに授乳していたと考えられる。

第二に、特殊化し複雑な形状をした臼歯をフル活用して、スライス、剪断、すりつぶしをおこなうには、噛み合わせが正確でなくてはならない。はさみの刃がずれていたら、紙は切れない。すりこぎがすり鉢に対して大きすぎたら、スパイスを挽けない。歯の生え変わりを一度きりにした結果、哺乳類はおとなになってからずっと快適なフィットを維持できるようになった。

陰と陽の咬合を得た哺乳類は、新たな歯の形、新たな食性の実験に踏み出した。食性のイノベーションという未踏の世界は、かれらのものだった。

小型哺乳類は、食物連鎖のなかで特別な地位を占めている。個体数の多さはかれらの成功の証であり、捕食者にとっては主食にぴったりの存在だ。現代の生態系においてそうであるように、中生代の哺乳類も大型動物の餌食になっていた、と考えたくなる。だが、マウスや逃げたペットのスナネズミを捕まえようとした人なら誰でも知っているように、不機嫌なモフモフ毛玉を手に収めると、想像以上に強烈な反撃を食らうことがよくある。かれらの口は小さいが、噛まれると、レゴブロックを踏んだときのように本当に痛い。体格の不利を補うかのように、小さな哺乳類はたいてい勇猛だ。中生代の哺乳類も、針のような永久歯という新たな武器で、強烈な攻撃を加えたのだろう。

そのうえ、三畳紀の哺乳類をひと呑みにしようとする爬虫類は、さらなる危険に身をさらした。当時の哺乳類には、毒があった可能性があるのだ。

現代のカモノハシと同じように、最初の哺乳類はかかとに注入毒を仕込んだ蹴爪をもっていたかもしれない。カモノハシの場合、蹴爪は足のすぐ後ろにあり、形は爪というより犬歯のようだ。[12] かかとにある脚腺とつながっていて、ヘビなどの爬虫類の注入毒に似たペプチドを含む分泌物を放出する。これもまた収斂進化の一例で、まったく無関係な二つの系統が、体内の同じ化学物質を、似たような目的に転用したのだ。ちなみに、ハリモグラにも蹴爪はあるが、注入毒はない。

注入毒はほかの現生哺乳類にもみられるが、ふつう出どころは別だ。注入毒は毒の一種だが、有毒動物の多くが有害化学物質を接触、被食、吸引を通して相手に取り込ませるのに対し、注入毒をもつ動物は、相手の皮膚を刺して直接毒を注入する。ヘビやサソリが典型例だが、魚や両生類にもこうした形で攻撃や防御に毒を使うものがいる。有胎盤哺乳類のなかでは、トガリネズミが毒殺犯だ。一部の種は噛むと同時に毒を注入し、これはどうやら、昆虫を麻痺させて冬の間の貯蔵食にするのに使われているらしい。

注入毒をもつ現生哺乳類のなかで、もっとも興味深いのがソレノドン *Solenodon* だ。この動物は全長五〇センチメートル程度になり、見た目はモンスターサイズのトガリネズミだ。毛は真っ黒から小麦色、唐辛子のような赤までさまざまで、尻尾に毛がないところはドブネズミを思い起こさせる。キューバ島とイスパニョーラ島だけに分布し、約七〇〇〇万年前の白亜紀に分岐した、現生有胎盤類のなかでもっとも古い系統のひとつに属する。正確な分岐年代がいつで、どうやって現在の生息地であるたったふたつの島々にたどり着いたのかについては、まだ結論が出ていない。植物でできたいかだに乗って漂着したのかもしれないし、島が本土とつながっていた時代に渡ってきたのかもしれない。細長く尖ったソレノドンの吻のなかに隠れた、二本の下顎門歯には溝がある。かれらはこの溝を通して、有毒の唾液を注入する。

当然ながら、カモノハシのやり方は異なる。盛りのついた性悪カウボーイのように、オスのカモノハシは交尾期になると、かかとの蹴爪に注入毒を分泌する。ここから、カモノハシの毒は防御よりもライバルとの闘争のためのものと考えられるが、不幸にもその威力を体験した人々は、耐えがたい痛みを報告している。イヌが刺されて死ぬことさえあるようだ。

興味深いことに、化石記録のなかに注入毒をもつ哺乳類がいくつも見つかっている。白亜紀前期の二種の哺乳類、ゴビコノドン *Gobiconodon* とジャンゲオテリウム *Zhangheotherium* は、かかとに蹴爪をもっていた。中生代哺乳類の化石記録全体を調べたヨルン・フルム、ゾフィア・キエラン＝ヤウォロウスカ、骆泽喜《ルオジューシ》（哺乳類研究のキーパーソンである後者のふたりはのちほど再登場）は、さらにいくつかの種が同様の蹴爪を支える構造をもっていたことを明らかにした[13]。一方、非哺乳類キノドン類では、このような構造は見つからなかった。

現生の単孔類と絶滅した白亜紀の哺乳類が、毒を注入する後肢の構造という形質を共有していることから、三畳紀後期からジュラ紀前期にかけての共通祖先がこうした特徴をもっていた可能性が浮上する。もしかしたら、初期哺乳類に広くみられる形質だったのかもしれない。この場合、有胎盤類と有袋類は、のちに大型化して歯と爪で身を守れるようになってから、蹴爪を失ったと考えられる。

小型哺乳類は捕食を免れたとしても、短い生涯を生き急ぐものだと、わたしたちは考えがちだ。例えば、普通種のヨーロッパトガリネズミ *Sorex araneus* の寿命は一六カ月に満たないし、ラットはどんなにペットとして愛され大切に飼われても、わずか三、四年で生涯を終え、飼い主は悲しみに沈む。だが、最近の研究によれば、最初期の哺乳類にこのパターンはあてはまらなかったようだ。

わたしたちの歯にはセメント質がつくる年輪があり、木の年輪と同じように、石灰化のパターンが毎年の成長の加速と減速の周期を表している。セメント質の輪は、古代人を研究する考古学者や、野生動物の個体群を研究する動物学者に利用されている。シンクロトロンX線スキャンという、古生物学に革

スコットランド、スカイ島のトロッターニッシュの海岸線に残された恐竜の足跡（手前）。

盤竜類のエダフォサウルス *Edaphosaurus* の骨格化石。

獣弓類のエステメノスクス *Estemmenosuchus* の頭骨のレプリカ。

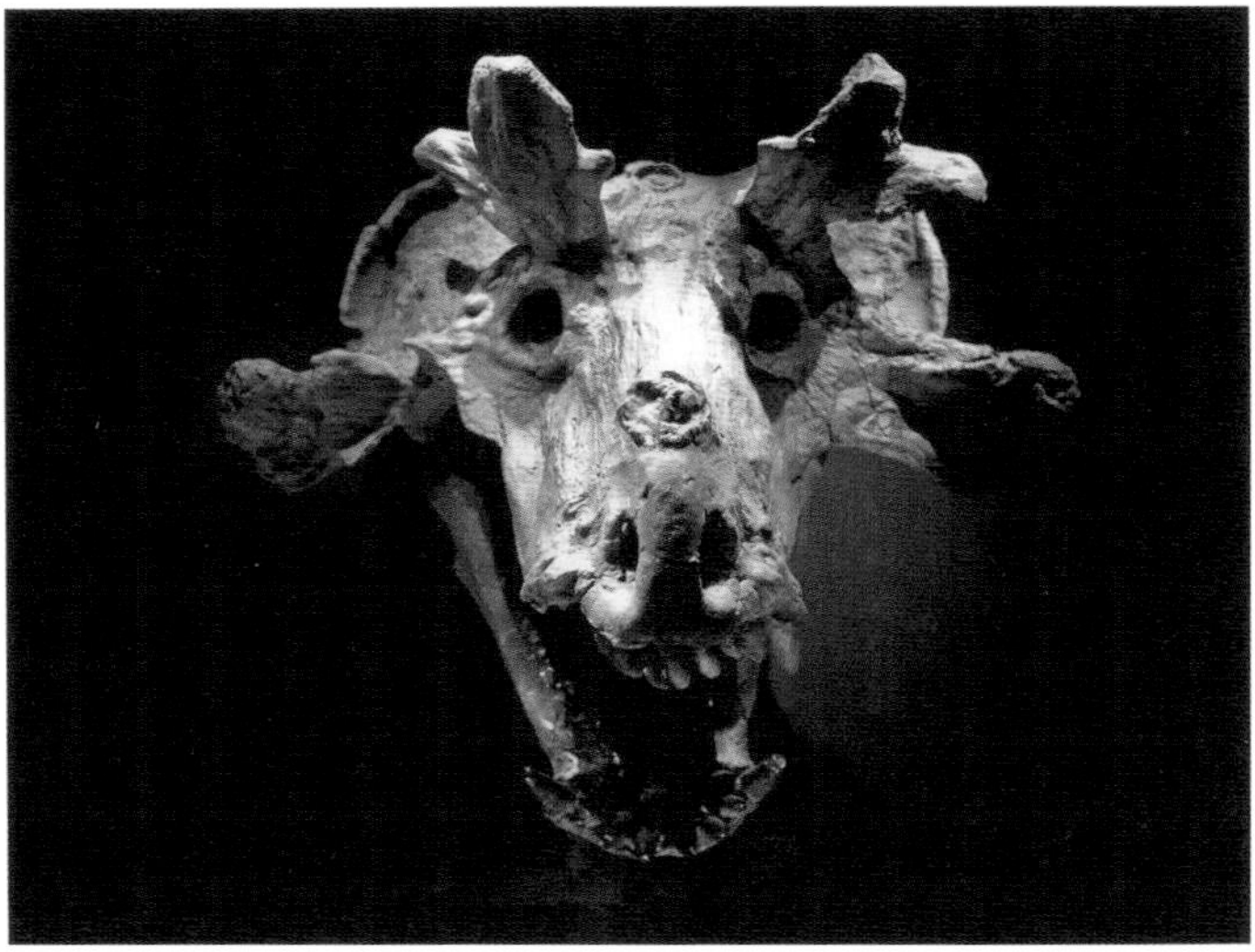

盤竜類のディメトロドン *Dimetrodon* の骨格化石。

テレオサウルス *Teleosaurus*、ディモルフォドン *Dimorphodon*、２頭のカモノハシ。『星雲から人類へ（Nebula to Man）』（Knipe, 1905）の挿絵。

モンゴルでフィールドワークをおこなう、中生代哺乳類の第一人者であるゾフィア・キエラン = ヤウォロウスカ。

（左から右へ）ゾフィア・キエラン = ヤウォロウスカ、ゾリクト、テレサ・マリアンスカ、グンジド。モンゴルのアルタン・ウラ・キャンプにて。

（左から右）骆泽喜《ルオジューシ》、ゾフィア・キエラン = ヤウォロウスカ、リチャード・チフェリ。キエラン = ヤウォロウスカの自宅にて。

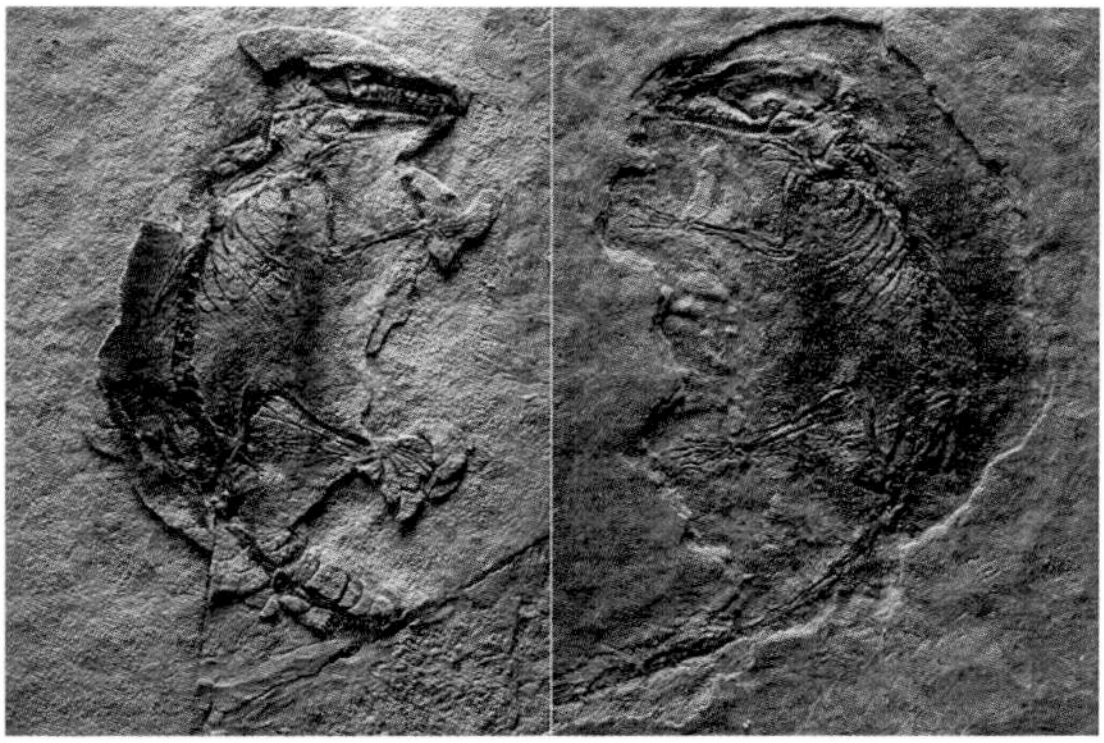

中国の熱河《ジェホル》生物群から発見された真獣類の1種エオマイア *Eomaia*。

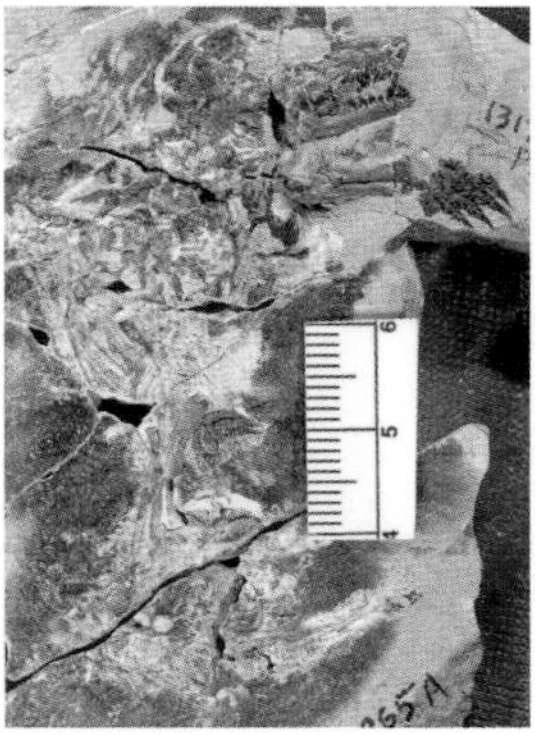

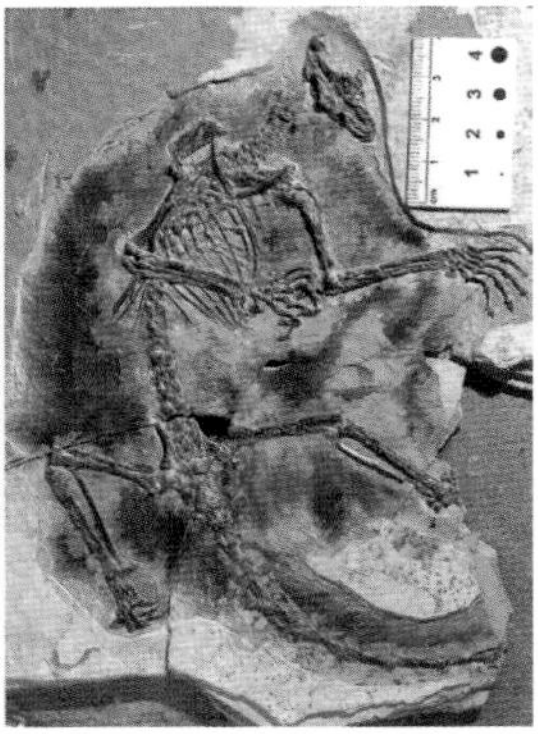

ジュラ紀のドコドン類、ドコフォソル・ブラキダクティルス *Docofossor brachydactylus*。史上初のモグラ似の地中性哺乳類。

最初期の滑空性哺乳類である、ジュラ紀のマイアパタジウム・フルクリフェルム *Maiapatagium furculiferum*。

1824年に歴史上初めて記載された中生代の哺乳類、アンフィテリウム・プレヴォスティ *Amphitherium prevostii*。

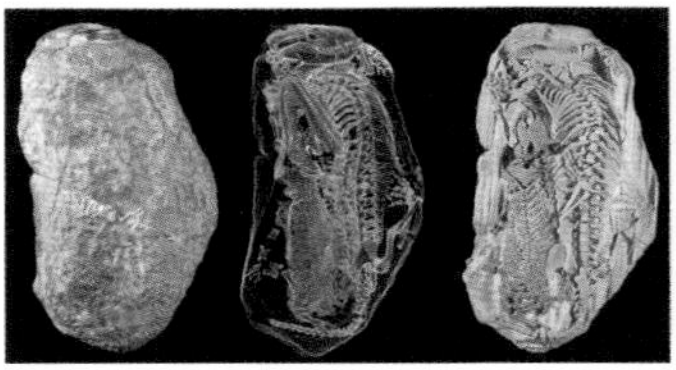

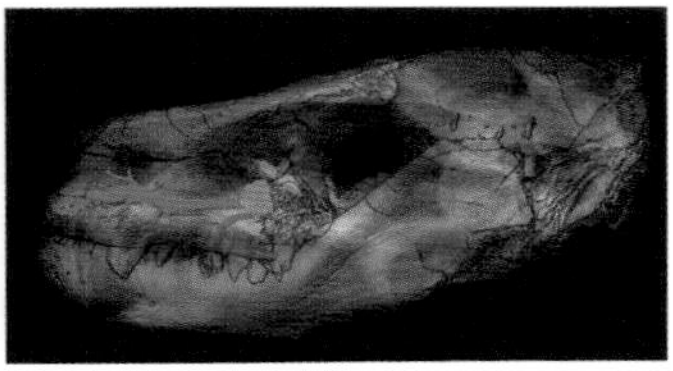

キノドン類のトリナクソドン *Thrinaxodon* と、巣穴を共有していたブルーミステガ *Broomistega* の化石。シンクロトロン X 線スキャンによりデジタル復元された画像。
トリナクソドンの上顎の切歯管（maxillary canal、緑色）と洞（sinus、紫色）。

X 線 CT スキャンの前身である、ウィリアム・ジョンソン・ソラスの連続断層撮影装置。

スコットランドで発見されたジュラ紀中期の哺乳類ボレアレステス *Borealestes* の錐体骨 [訳注：側頭骨の一部]。X 線 CT スキャンに基づくデジタル復元画像。

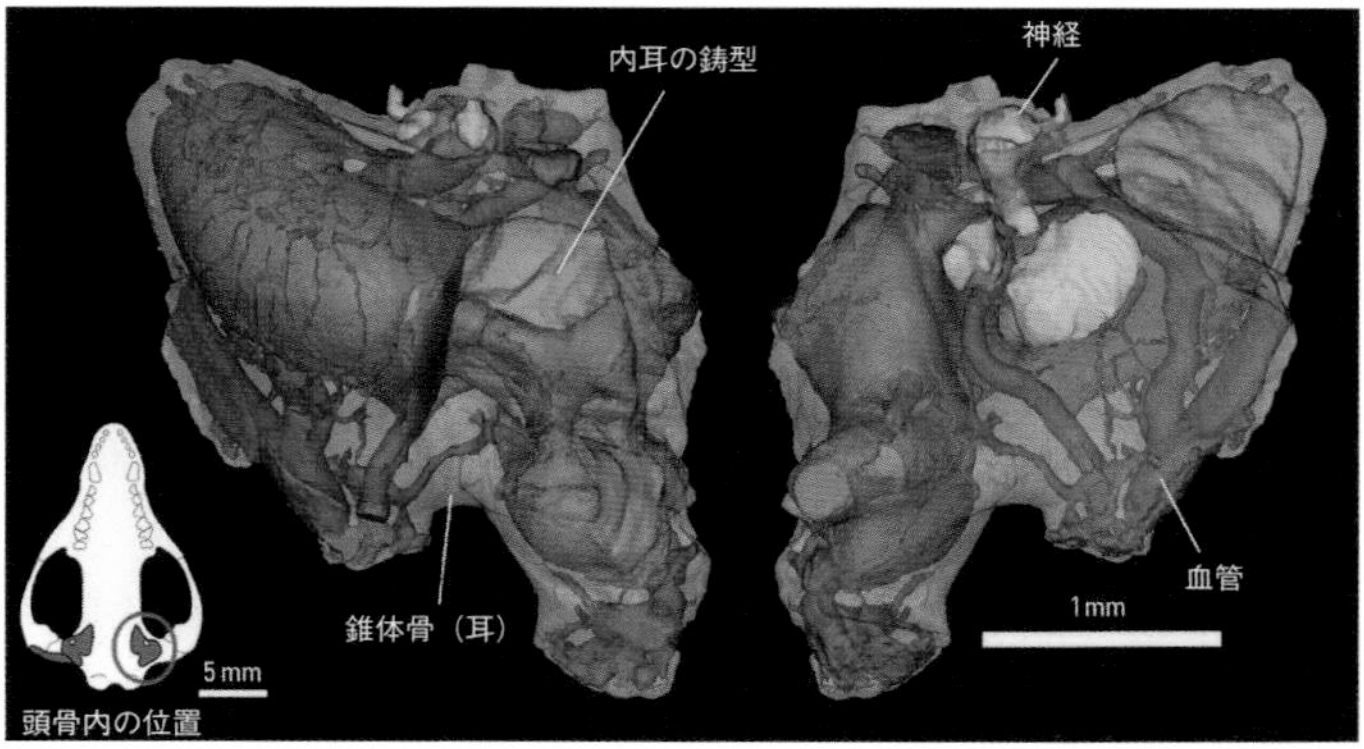

スコットランド、スカイ島で発見されたジュラ紀中期の哺乳類ボレアレステス・セレンディピトゥス *Borealestes serendipitus*（左）とボレアレステス・クイリネンシス *B. cuillinensis*（右）。アーティストによるデジタル復元画像。

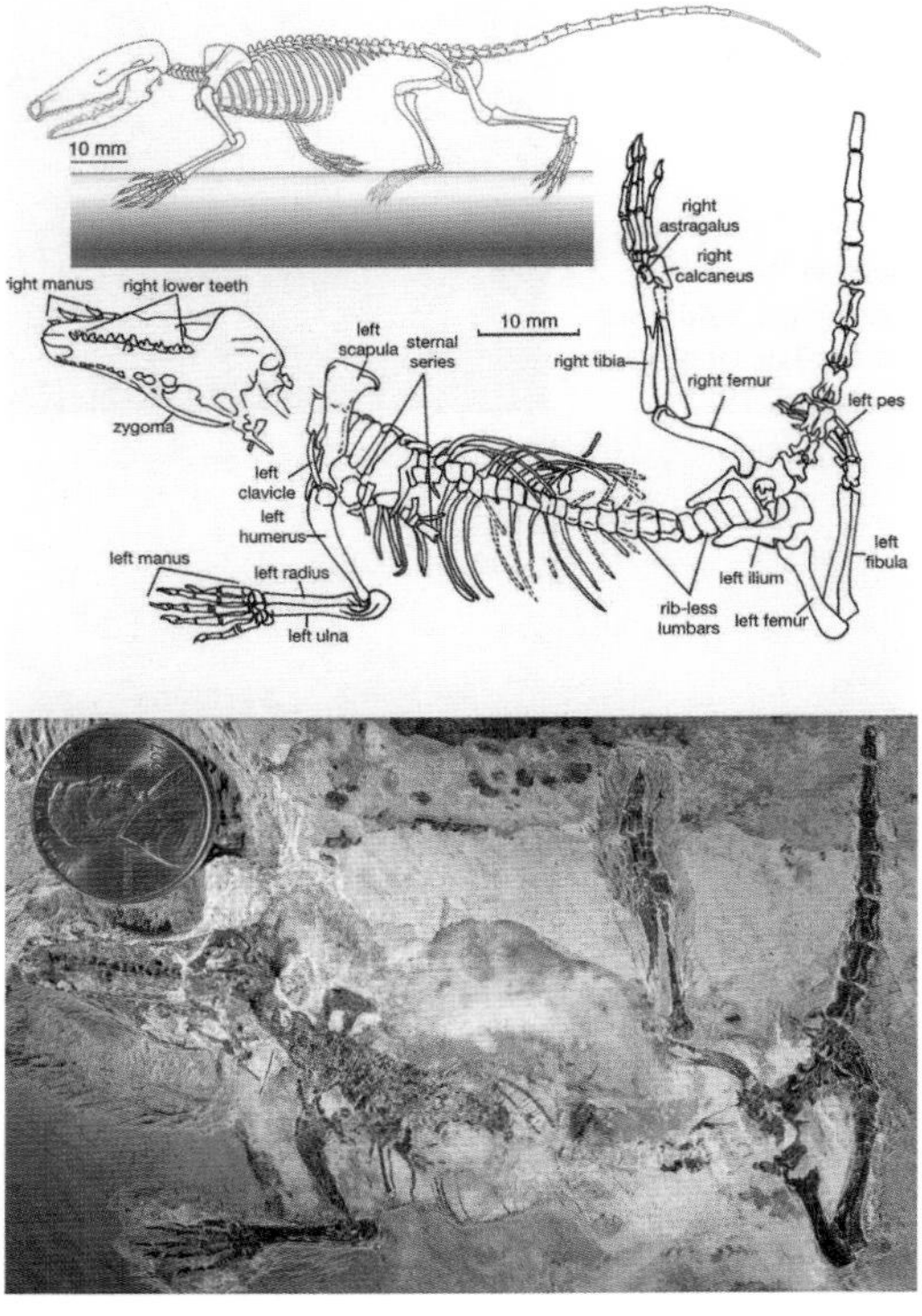

ジュラ紀のドコドン類哺乳類、アジロドコドン・スカンソリウス *Agilodocodon scansorius*。いち早く樹上生活に特化した種だった。

ボレアレステスの顎の化石。スコットランド、スカイ島のジュラ紀中期の地層で発見された直後の写真。

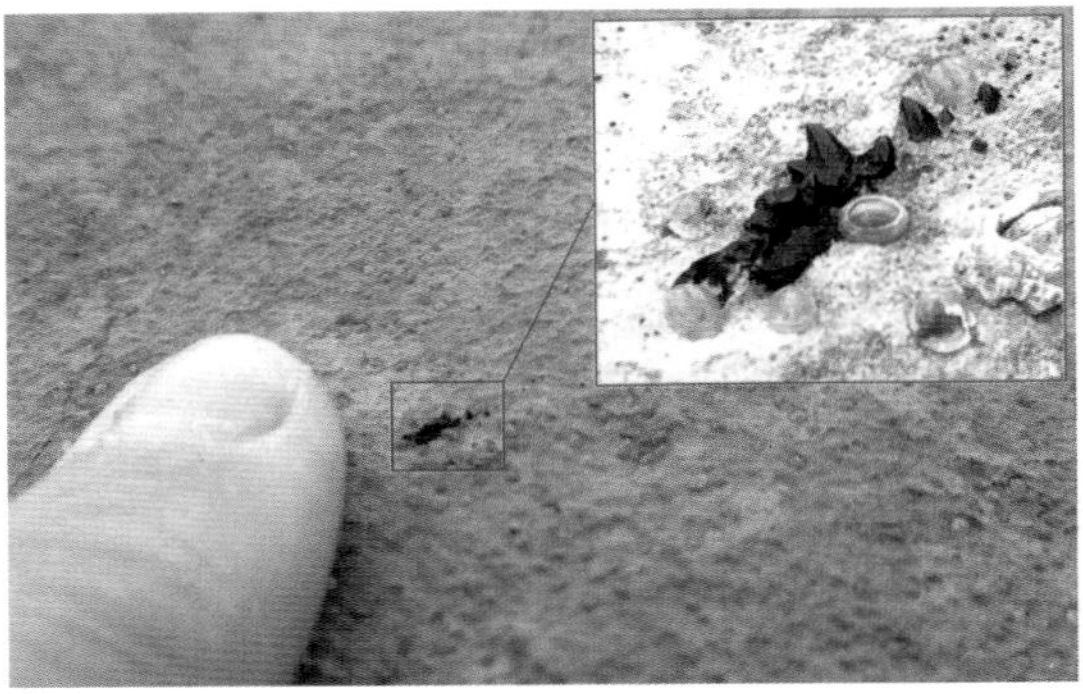

1971 年にスカイ島で最初に発見された化石のひとつは、マッチ棒ほどしかないこの四肢骨だった。

スコットランド、スカイ島でフィールドワークをおこなうロバート・サヴェージ。1973 年。

新をもたらしつつある技術（詳しくは次章で）を用いて、エリス・ニューハム率いる古生物学者のチームは、三畳紀後期とジュラ紀の初期哺乳類が一〇年以上生きていたことを明らかにした。[14] 小型哺乳類の世界では長老といえるレベルだ。小さなモルガヌコドンは一四歳に達したとみられ、現代の小型哺乳類のほとんどはここまで長生きできない。より新しい系統の最初期メンバーだけは寿命の短縮が確認されたが、これはおそらく代謝の上昇によるものだろう。

外見こそトガリネズミやドブネズミのようだったが、三畳紀後期の哺乳類は明らかに、生理的にも解剖学的にも、まったく異なる動物だった。カウボーイを思わせるのは蹴爪だけではない。かれらは歩き方もどことなくジョン・ウェイン風だった。現生のすべての子孫たちと違って、四肢がまだ完全には胴体の下に収まっていなかったせいだ。[*10] おそらくまだ卵生で、ミルクを産生していたが、乳首を通して飲ませてはいなかっただろう（詳しくはのちほど）。寿命の長さは、かれらの生理的特徴と現生哺乳類のそれとの違いを示唆している。成長速度はもっとスローで、やや低めの体温を維持していたのかもしれない。

かれらは現生哺乳類にみられる特徴の詰め合わせを揃えつつあったが、ほとんどの面について、まだ試行錯誤の最中だった。哺乳類ではあったが、わたしたちの知っているような動物ではなかったのだ。いまはまだ。

三畳紀後期からジュラ紀前期にかけての最初の哺乳類たちはパイオニアだった。かれらはどの恐竜に

＊10　単孔類などいくつか例外はあるものの、かれらの奇妙な姿勢は、直立姿勢の祖先から二次的に進化した可能性がある。

もできなかったことを達成した。小型化し、手つかずの夜間活動のニッチに進出したのだ。現在も、この星に生きる約五五〇〇種の哺乳類のうち、九〇%は小型種で、齧歯類がその大半を占める。現生哺乳類の体重の中央値は一キログラムに満たない(15)。小さくこそこそするのは、進化的に見れば降格などではなく、生き抜くための冴えたやり方だ。だからこそ二億二〇〇〇万年後のいまも、かれらは同じ戦略を貫いている。

新たに獲得した咬合力を活かした哺乳類は、昆虫にとって恐るべき脅威となった。比較的安全な夜の闇の中、鋭敏化した感覚を駆使した最初の哺乳類は、大きな脳を獲得し、それがより複雑な社会行動の基盤となった。

ちっぽけな祖先たちは、生きたマイクロチップだった。暗視ゴーグルを装備した、ふわふわの小さな忍者たちは、獲物の昆虫に音もなく忍び寄り、手裏剣のような歯で仕留めた。

小さな戦士たちに不用意に手を出す捕食者は、痛い目にあっただろう。

第8章　デジタルな骨

それは岩というより石化した子宮で
太古の生き物を保存し、発見を待っている
つるはしとのみは、何もかもお見通しのスキャンに取って代わり
現代のテクノロジーが生み出したのが
この3D復元像だった……

フィオナ・リッチー・ウォーカー『アフター・ライフ：小さきものの発見
(After Life: Finding Tiny)』

登山家は力を振り絞り、頂上へと最後の数歩を進めた。乳酸に浸かったふくらはぎの筋肉が悲鳴をあげている。トレイルは徐々にかすれ、無数のビブラムソールですり減った頂上で消えている。夫が彼女に追いついた。チタン製のトレッキングポールがかちゃかちゃと音をたてる。ふたりは立ち止まり、足元に広がる深いU字谷と、その広げた手のひらの中心にある街を見つめた。

グルノーブルは、フレンチアルプスのふもと、松林に縁取られた谷に位置する。盆地を蛇行する川と、それに沿いつつときに越えて走る道路が、カップからこぼれたように南に広がる街に続く。合流する川の狭間に、巨大な鋼鉄の環が鎮座している。山頂から見ると、子どもの指の間にはさまったポロミントのようだ。まわりの建物と比べて規格外の大きさで、白い屋根が陽射しにきらめいている。

急峻な山々の間の、氷河に削られた谷にあるこの建物の正体は、スポーツスタジアムでも闘技場でも

ない。この巨大な結婚指輪は、正式名称を欧州シンクロトロン放射光研究所（ＥＳＲＦ）という。

物理学者がスイスの地下施設で粒子をぐるぐる回転させたせいで、ブラックホールや別次元に通じる亀裂ができ、時間が終わりを迎え、全宇宙が破壊される……そんな都市伝説に聞き覚えはあるだろうか？　ＥＳＲＦも似たようなものだ。違いは、スイスの施設（ＣＥＲＮこと欧州原子核研究機構）が陽子を回転させ衝突させるのに対し、シンクロトロンは電子を回転させること。ＥＳＲＦは、酵素の構造決定から、一度溶けて再冷凍したアイスクリームが不味い理由の解明まで[*1]、ありとあらゆる用途に利用されている。生物化石に関する比類なきデータを提供し、古生物学の従来の常識を完全に書き換え、哺乳類の起源を白日の下にさらすことも含めて。


ＥＳＲＦのメインビルは立方結晶に似ている。機能的なファサードを通った先に、ガラス張りの四階建のアトリウムが広がる。二〇一七年春、わたしはヴィンセント・フェルナンデスの案内でここを訪れ、スカイ島の哺乳類化石をスキャンする合間に施設を見せてもらった。フェルナンデスはフランスの古生物学者で、三〇代になったばかりだが、すでにシンクロトロンＸ線を使った化石の精密スキャン技術のエキスパートとして世界に名を馳せている。フェルナンデスが所属する研究チームを率いるポール・タフローは、シンクロトロン放射光を古生物学に導入したパイオニアだ。タフローが初めてこの技術を利用したときに対象としたのは化石霊長類の歯で、それ以来さまざまな分類群を研究してきた。いまや彼はＥＳＲＦでもっとも重要な研究者のひとりであり、彼の研究のインパクトのおかげで、ＥＳＲＦにほぼ完全に古生物学に特化した研究グループが創設された。

フェルナンデスに初めて会ったとき、彼はタフローのチームで仕事をしていた。彼の高い技術は古生物学者の間でよく知られ、とくに収集したデータをデジタルに可視化することにかけては超一流だ。代表的な業績のひとつに、キノドン類のトリナクソドンのユニークな標本の復元がある。この個体は、洪水に巻き込まれて自分の巣穴のなかで死亡した。南アフリカの三畳紀の堆積層から発見されたのだが、巣穴ごと保存されているため、外見的には赤茶けた円筒形の塊にしか見えない。しかし内部を見通すシンクロトロンの眼のおかげで、フェルナンデスは岩石に埋もれた骨格を、一粒の砂も取り除くことなく、デジタルに復元することに成功した。(1)

彼のスキャンによって、脊椎をS字型に曲げ、脚を長い胴体の下にたくし込んで、縮こまった動物が姿を現した。頭を胴体の片側に沿わせて、暖炉の前でうたた寝するネコのようだ。忘れがたい美しさのこのイメージだけでも驚異的だが、さらなるサプライズがあった。トリナクソドンはひとりで死んだわけではなかったのだ。巣穴から見つかった意外なルームメイトは、ブルーミステガ *Broomistega* という絶滅した両生類で、学名は古生物学者ロバート・ブルームにちなんでいる。ブルーミステガの肋骨は何本か折れていて、そのせいで巣穴に避難してきたのかもしれない。トリナクソドンは夏眠と呼ばれる、酷暑をやり過ごす一種の休眠状態にあったと考えられている。どんな理由で同居に至ったにせよ、鉄砲水が押し寄せたとき、かれらは命運をともにした。

広々としたアトリウムで、フェルナンデスはテーブルに飾られたシンクロトロンのスケールモデルをわたしに見せ、落ち着いた口調でしくみを説明してくれた。

＊1　温度変化によってアイスクリームの微小構造が変化し、大きな結晶が形成されてテクスチャが粗くなることで、わたしたちの味の知覚に影響が及ぶことがわかった。世界で何が起こっているにせよ、このグローバルな重要課題に解決の糸口が見つかったのは朗報だ。

テッド・スティーヴンス上院議員によるインターネットのしくみの説明[*2]ではないが、シンクロトロンはひとつながりのチューブだ。スタート地点は、線形加速器（リニアック）と呼ばれる電子銃。二億電子ボルトのエネルギーで発射するスタートピストルであり、これがブースターシンクロトロンと呼ばれる周囲九五メートルの環状のチューブの中に電子を発射する。ブースターは草に覆われた丘の地下に隠れていて、外からは見えない。

発射された電子はシンクロトロンの内部で加速し、六〇億電子ボルトに達する。フェルナンデスの説明を聞きながら、わたしは夜の環状交差点を車が行き交い、ヘッドライトが目まぐるしく円を描くタイムラプス動画を想像した。加速した電子は、ブースターを取り囲むさらに大きな蓄積リングに打ち込まれる。周辺の山頂から見えるのは、この蓄積リングを格納した建物だ。谷底にある巨大な純白のドーナツは、周囲八四四メートルだ。

蓄積リングの内部で、電子はほぼ光速にまで加速する。何時間も回転させながら、ときにブースターから電子を追加して、エネルギーとスピードを一定の範囲に保つ。蓄積リングの周囲には電磁石がいくつも配置されていて、これが電子の進行方向を変える際にX線が生じる。このX線を使って化石のスキャンをおこなうと、岩石の中にある骨を見通し、比類なき詳細さで構造を可視化できるのだ。

蓄積リングの建物の中は、何かの研究所の倉庫のように、機材、ケーブル、ワイヤー、金属製の支柱やパイプが山積みだった。照明は明るく、常時運転のエアコンのおかげで（外は四月としては異例の暑さだったが）涼しく保たれていた。機材の山の上に吊り下げられた通路から、リングを取り囲んでずらりと並んだキャビンの屋根を見下ろせる。蓄積リングの車輪から飛び出たスポークのようなキャビンには、ひとつにつき一台のビームラインが収められている。X線はこの巨大な回転花火の火の粉であり、ビームラインに入射して、通り道に置かれた物体の内部を通過する。

ビームラインのキャビンを覗き込むと、物理学者の脳内を見ている気分になる。内部はどこもかしこも金属光沢を放ち、からまったワイヤー、無秩序に並ぶボタン、ややこしそうな装置でいっぱいだ。ちょうど実験の真っ最中だった。わたしのような研究者がビームラインを利用するには、ESRFに申請書を提出し、そこで何を解明したいのか、どのビームラインが最適なのか（威力や性能はそれぞれ異なる）、サンプルをスキャンするのにどれだけ時間（ビームタイム）がかかるのかといった概要を説明する。申請書は委員会で審議され、科学的に妥当かつ重要と認められれば、ビームラインの利用が許可される。ビームタイムを確保するのは簡単ではないし、許可が降りた場合、割り当てられるシフトは二四時間単位なので、徹夜で実験しなくてはならない。

フェルナンデスがわたしと組んでスキャンをしてくれたのは幸運だった。彼は専門技術を生かし、これまで誰ひとり成功していない、わたしのスコットランドの哺乳類化石の画像撮影に挑む。ESRFは従来のスキャン技術では不可能なプロジェクトにゴーサインを出す傾向にあり、わたしが持ち込んだスカイ島の哺乳類はこの条件にあてはまる。スコットランドとイングランドの三つの研究機関で通常のマイクロCTスキャンを試したものの、石灰石の塊に埋まった小さな骨と歯の細部を読み取ることはでき

＊2　二〇〇六年六月二八日、テッド・スティーヴンス米上院議員はこう語った。「インターネットは何もかもを放り込める場所ではない。大型トラックとは違う。むしろひとつながりのチューブだ。何が言いたいかというと、チューブに物を詰めることはできるが、満杯になったら、メッセージを送り込んでも、チューブに大量に詰め込まれた物の間に引っかかってしまい、遅延が発生する……」。本当に驚きなのは、当時八〇代だった彼がインターネットのしくみをまるで理解していなかったことではなく、彼がインターネット規制を管轄する委員会のメンバーに選ばれていたことだ。

なかった。塊は大きすぎ、従来のスキャン技術では力不足だった。詳細な画像がなければ、骨格を復元することも、小さな体の解剖学的特徴を研究することもできない。シンクロトロンが最後の希望だった。

ESRFは施設全体が映画のセットのようだ。わたしは白衣を着た科学者たちが、心ここにあらずといった様子でブツブツ独り言をいいながら、廊下を行き来するところを想像した。ガラスの向こうに並ぶ、本や論文が乱雑に積まれたデスク。方程式が殴り書きされたホワイトボード。地下研究室からゾンビが逃げ出してくるか、未知の感染症が漏洩してもおかしくない。そうなったら、フェルナンデスとわたしは背中合わせに、どうにかしてぴかぴかの廊下を抜けて脱出するしかない。アトリウムのスペースは、釘バットを振り回すのには十分だ。

現実はもっと退屈で、もちろんそれでよかった。建物を歩き回り、スーパーコンピューターを操作する科学者たちの肩書きは、生物学者、物理学者、結晶学者とさまざまだ。食品会社やメーカーの社員もいれば、純粋に知的好奇心を追究する基礎研究者もいる。三〇代から五〇代の白人男性が多いのは確かだが、国際色豊かで、女性もそこそこ見かける。

わたしはフェルナンデスに、ゾンビアポカリプスが発生したらシンクロトロンはどうなるか聞いてみた。彼はつかのま答えに窮し、わたしの本気度を確かめると、ブースターリングから新しい電子が打ち込まれなくなるので、蓄積リングからはたぶん数日で電子がなくなるでしょうね、と答えた。チェルノブイリを思わせる、大爆発や野生動物のぞっとするような奇形は起こらないそうだ。いつかポストアポカリプスの世界になったとき、ここに来ても無限のエネルギーは得られないし、三つ眼のシカにも会えない。わたしは脳内でメモを取った。

フェルナンデスとわたしが使ったESRFのビームライン「ID19」の制御室は、コンピュータースクリーンの保管庫のようだった。七台のモニターが壁沿いのデスクに並び、もう片方の壁には巨大なフラットスクリーンが設置されている。どのスクリーンも、スーパーコンピューターか、ビームライン装置そのものと接続している。制御室はビームラインの操作とモニタリングをする場所で、こうしておこなわれたスキャンをもとに、化石を三次元画像として再構成する。

ハイテク要素ばかりではない。モニターの上の棚にはスーツケースほどの大きさの四台の古いテレビが置かれている。紙も健在で、ちょっとした図書館のように本棚にノートが並び、フォルダーの背表紙には「ELMO」や「ROBOT2015」といった謎めいたタイトルが書かれている。デスクの上にはワイヤーや金属部品、専門器具のたぐいと一緒に、ダンボールや発泡スチロールも散らばっている。シンクロトロンのようなハイテク装置にも、ときには粘着テープのようなローテクな解決策が必要だ。

フェルナンデスとわたしは、化石の入った塊のひとつを発泡スチロールの梱包材の切れ端でできたゆりかごに乗せ、ESRFのロゴが入った粘着テープで固定した。それを隣の部屋に持っていき、ビームラインX線の通り道（もちろん入室中はスイッチを切ってある）の、両面テープが貼られたポイントに設置する。シンプルな解決策。まるで『ブルー・ピーター』[*3]の物理実験だ。

けれども、実験室の中はシンプルの対極だった。蓄積リングを離れたビームラインは、一四五メートルの地下通路を通ってID19の建物に進入する。すべてのビームラインが円形のメインビルに設置されているわけではない。ID19はメインビルからもっとも遠い実験室のひとつで、道路をはさんだ反対側、アスファルトと草で半分隠れた格納庫の中にある。

＊3　英国の子ども向けテレビ番組で、とくに洗剤のボトルなど家庭にあるものを使った工作に力を入れている。

実験室は機材でいっぱいだった。ほとんどはわたしのような非エンジニアには理解不能な、専門的な機械類だ。どの壁にも実験机が据えつけられ、機材が山積みになっている。天井から現れたパイプは壁の途中で終わっていて、そこに赤いハンドルのついた取出口がある。「窒素」「ヘリウム」といったラベルの文字に気が引き締まる。数字しか書かれていないラベルもある。注意書きを読んでみる。「放射性」「危険！」「眼や皮膚への接触を避けること」。平らな面はどこもボタンで埋めつくされていて、平和な緑色のものもあれば、「バイパス」「レーザーPS」といった不可解な言葉が添えられた黄色のものもある。そして、手のひらサイズの巨大なボタンの表面を飾る、「緊急停止」の文字。わたしは緊張すると同時に安心した。押す必要がないといいけれど、万一そんな事態になっても、このボタンなら見落としようがない。

スカイ島の化石をセットしたあと、フェルナンデスとわたしは実験室を出て、秘密の金庫のような鉛の扉を閉めた。彼が壁のパネルのボタンを押すと、一〇秒間警報音が鳴り、そのあと金属製の扉がカチッと音を立てた。密閉完了だ。

実験中、ビームラインのある部屋にいることはできない。致死量の放射線が充満しているからだ。以前、フェルナンデスの同僚がうっかりラップトップを置き忘れたときは、X線によって数秒で破壊されたそうだ。シンクロトロンへの訪問者は全員、ビームラインを使う前に必ず放射線検出バッジを装着し、安全講習を受ける必要がある。講習では、実験室に安全に出入りするためにどのボタンを押せばいいかだけでなく、発がん性や遺伝子変異誘発といった、放射線被ばくのリスクについても学ぶ。

わたしはフェルナンデスと一緒にコンピュータースクリーンの前に座り、彼がコードを打ち込むのを見守った。スクリーンに画像が表示され、わたしは息を呑んだ。岩石塊のなかのスカイ島の哺乳類の椎骨がはっきりと可視化されている。ハチの巣のような骨の微細構造までわかる。期待をはるかに上回る精度だ。

ＩＤ19に入射するＸ線は「ウィグラー」と呼ばれている。交互に配置された電磁石によって、電子が両側に振動しながら通過するためだ〔訳注：wiggle は小刻みに震える、のたうつといった意味〕。これにより、単純に電磁石で進行方向を変えるよりもはるかに強いＸ線放射が生じ、またビームライン利用者のニーズに応じて調整できる。ビームラインから発射されたＸ線はサンプルに（ここでは椎骨の化石に）衝突し、対象物と相互作用する。サンプルの背後の検出パネルが、Ｘ線によって生じた投影像を記録する。

照明の前で手を使って影絵をするところを想像してほしい。光に手をかざし、壁にウサギの形の影をつくる。この壁に相当するのが検出パネルで、投影像のパターンをコンピューターに記録する。Ｘ線が通過するパターンは対象物の素材によって異なるので、壁に映し出される影の形が変化する。この技術と、これを駆使する技術者たちのじつに巧妙なところは、第一に蛇行する電子の影を読み解いて対象物の内部を見通すこと、第二に対象物を回転させて影を連続的に記録することだ。あとからこれらを統合することにより、対象物全体をすみずみまで記録したデジタル復元像が完成する。

フェルナンデスはこの技術に精通した専門家のひとりだ。彼は繊細な指でキーボードを叩きつつ、化石を通過するビームの経路を計算し、投影像を最適な形で統合できるよう調整した。最終的に、化石のもっとも重要な部分を六ミクロンの解像度でスキャンするには一〇時間かかるという。一ミクロン、あるいは一マイクロメートルは、一〇のマイナス六乗メートル、つまり一ミリメートルの一〇〇〇分の一だ。言い換えれば、わたしの化石のスキャンの解像度（一ピクセルの大きさ）は、細菌ひとつと同じくらいだ。

スキャンの精度はすさまじい。これが終われば、ついにスカイ島のジュラ紀哺乳類が姿を見せるはずだ。

スカイ島の哺乳類化石は、スコットランドのかけがえのない自然遺産のひとつだ。島で採集された化石はすべて、国民の利益と将来の学術研究のため、博物館に収蔵されることになっている。これは単にわたしたちの採集許可の付帯条件であるだけでなく、倫理的にそうであるべきだ。それでも、正直に言えば、わたしはこの化石に特別な愛着を抱いている。人生のなかの数年を捧げたわたしの博士研究の中心であり、現在進行中の哺乳類の起源に関する研究の要なのだ。

スカイ島の哺乳類は、スコットランドで初めて見つかった中生代哺乳類だ。一九七一年にこの化石を発見したのは、古生物学者からのちに教師に転身する、マイケル・ウォルドマンという人物だった。翌年、彼は共同研究者のロバート・サヴェージとともに短い論文を発表した。それ以来、この標本を研究した人はこれまでほとんどいなかった。

驚いたことに、二体分の骨格化石は、スカイ島から採集されたあと手つかずのままだった標本のなかに紛れていた。とてつもなく貴重な発見であり、しかも当時は今よりさらにまれだったというのに。注目を浴びなかった原因のひとつは、化石が一時的に行方不明になっていたことだ。標本が移動されたり、管理者が退職したりすると、こうした事態が起こりやすい。最初の数年の間に、化石は部分的にクリーニングされ、移動され、そして紛失が起こった。別の収蔵室から再発見されたのはその一〇年後で、それから一〇年にわたり、スコットランド国立博物館のわたしの指導教員たちは、これらの化石の研究の担い手を探していた。そして結局、わたしがその幸運にあずかったというわけだ。

化石発見の詳しい経緯には不明点が多かった。スカイ島で見つかった標本はすべてスコットランド国立博物館（当時は王立スコットランド博物館と呼ばれた）に収蔵されることになっていたが、一部はなんらかの手違いで、サヴェージが教鞭をとり、生涯の大部分にわたって研究を続けたブリストル大学に保存されていた。二つの骨格は、スカイ島の海岸線のどこから来て、どんなふうにスコットランドの博物館に返却されたのだろう？

化石そのものの研究に加えて、わたしは発見の歴史をさかのぼるため、ヘブリディーズ諸島からエディンバラの博物館までの二人の旅路をたどることにした。

ウォルドマンとサヴェージが落としたパンくずを拾うように、わたしは二人のスカイ島への往復の道のりについて調べはじめた。出発地点は、ブリストル大学の地質学科（以前は古生物学科も兼ねていた）のウィルズ記念棟の地下だ。一九二五年完成の、教会を思わせる壮麗なネオゴシック様式建築で、いまも市で三番目に高い建物として、パークストリートのふくらはぎがつりそうな急坂のてっぺんに鎮座している。鐘楼に据えられた重さ九・五トンの鐘「グレート・ジョージ」は、専用の Twitter アカウントをもっている。[*4]

ほとんどの古生物学者はいまでは近くのおしゃれな新棟に移り、火山学者ではなく生物学者や動物学者と職場を共有している。[*5] けれども、わたしが修士課程にいたとき、ウィルズ記念棟はまだ古生物学の中心地だった。英国の古生物学者の二人に一人は、ブリストルで教えたり仕事をしたりした経験がある

＊4　twitter.com/greatgeorgewmb
＊5　Palaeobiology と palaeontology がさす学問分野はほぼ同じ［訳注：日本語ではいずれも古生物学と訳される］だが、前者はより生物学の要素が強い。後者に属する研究者は、より学際的アプローチをとる傾向にある。

といっても過言ではない。古生物学の世界で屈指の業績を誇る研究者たちに率いられ、ブリストル大学には、絶滅した地球上の生物のあらゆる側面を学ぼうと志す、世界じゅうの学生たちが集まってくる。記念棟に入ると、地質学標本キュレーターがわたしの探索の案内役を務めてくれた。座学で長い時間を過ごした講堂を通り過ぎ、わたしは夏の暑い日の講義のときにいつも漂っていた、温まった木材のスパイシーな香りを思い出す。わたしたちは建物の奥へと降りていった。岩石の入った箱が壁際に積まれている。その合間を縫って進み、角を曲がる。仏教のお経のように響いている低い音は、築一〇〇年近いこの建物の肺である、暖房装置とエアコンの作動音だ。入り組んだ通路を抜けて、わたしたちは収蔵室にたどり着いた。化石、岩石、本、キャビネット。部屋の高い天井のすぐそばまで、自然科学のお宝に埋めつくされている。

わたしを部屋の奥まで案内すると、キュレーターは大型のプラスチック製収納ケースの山を漁りはじめた。隣にある木製キャビネットの上から、メギストテリウムの巨大な頭骨がわたしたちを見つめている。一五〇〇万年以上前の肉歯目の捕食者で、何をかもを噛み砕きそうな歯はとてつもない咬合力の証拠だ。頭骨の長さは五〇センチメートルを超え、かつて主要な肉食獣として君臨したヒエノドン科のなかでも最大級の種だったが、かれらのニッチはのちに食肉目（ネコ、イヌ、クマなど）に奪われた。サヴェージは一九七三年、アフリカでのフィールドワーク中に採集したこの標本をメギストテリウム *Megistotherium* と命名した。彼の業績のなかでもっともよく知られるものだ。

五つの収納ケースには、R・J・G・サヴェージのノート、論文、書簡が保存されていた。一部は彼のオフィスに放置されていたものだが、それ以外は一九九八年にサヴェージががんで亡くなったあとに大学に寄贈され、保管されてきた。部屋の隅の小さな木製の机で、わたしはひとり収納ケースと向き合った。

蓋の留め具を開けると、古い紙の甘く芳しい香りがあふれた。箱の中には何匹かの甲虫の死骸。歴史的遺物をむさぼり食う、博物館職員の大敵だ。わたしは死骸を払いのけ、ところどころに手書きのメモがあるタイプされた原稿を広げた。ほとんどは彼の専門だったアフリカの化石に関するものだった。骨の高画質写真、イラスト、図表。のちに学術論文に挿入される図の最初の段階だ。

一九五三年の新聞記事の切り抜きの写真のなかで、若き日のサヴェージは、しゃがみこんで「アイリッシュエルク」ことギガンテウスオオツノシカ *Megaloceros giganteus* の頭骨を調べている。約八〇〇〇年前に絶滅した種で、この標本は北アイルランドの小さな湖《ロッホ》であるベグ湖の泥炭の中から見つかった。サヴェージに調査が依頼されたのは、彼が英国屈指の古哺乳類学者だったからにほかならない。彼は発見者である地元の人たちに、「エルク」という呼び名は不適切だと教えたかもしれない。実際には、かれらはアメリカアカシカ *Cervus canadensis* ともヘラジカ *Alces alces* とも近縁ではなく、まったく別の系統に属する絶滅したシカの一種だったのだと〔訳注：elk はアメリカ英語ではアメリカアカシカを、イギリス英語ではヘラジカをさす〕。

一九五〇年代には、オオツノシカは巨大な角（シカの角としては史上最大であり、左右の端から端まで三・五メートルに達した）のせいで絶滅したと考える研究者がまだ大勢いた。こんな重荷を頭に乗せて生きていける動物なんているはずがない、という考えだが、いまでは間違いだったと判明している。ほかの種のシカと同じように、オスのオオツノシカの頭の装飾は、配偶相手をめぐる競争、つまり性淘汰の産物だった。かれらがなぜ絶滅したかははっきりしないが、生態系の変化、伝染病、ヒトの狩猟圧が原因だった可能性のほうがはるかに高い。

オオツノシカの巨大な頭骨を支えるには男性三人が必要だった。太めのズボンのスタイリッシュなスーツを着たサヴェージは、髪を後ろになでつけ、丸眼鏡をとがった鼻の中腹まで下げて、頭骨の下部を抱えつつ、はるか昔に失われた脳のなかを見通すかのように眺めている。

論文とともに保管されていた、いくつかの小さな木箱を開けてみると、意外な動物学的お宝が姿を現した。箱のひとつにはヒツジ、セイウチ、カバ、カモノハシの幼獣[*6]など、哺乳類の歯の薄片標本が入っていた。別の箱には、哺乳類の中耳骨コレクションが収められていた。槌骨、キヌタ骨、アブミ骨。古の祖先の時代に下顎の一部をなしていた骨の成れの果てだ。

やがてわたしは目当てのものを見つけた。ぼろぼろになったハードカバーのノート数冊。角は潰れ、製本はゆるくなっている。サヴェージは背に、黒のマジックでフィールドの場所を書いていた。ケニア、タンザニア、リビア。わたしは目的のノートを探した。

スカイ。

かつて赤かったはずのノートは、いまでは色あせてピンク色に変わり、継ぎ目は崩壊しかけている。表紙には「スカイ　R・J・G・S」の文字。空き家か履き古したブーツのようなにおいがする。実際には四〇年しか経っていないが、まるで古代の遺物のように感じられた。ページをめくると、解読困難な鉛筆の走り書きが目に入った。旧世代のヒエログリフ。彼が手ばやく書きとめた文字を、わたしは頭をひねりつつ読み解いた。

そしてとうとう、ずっと探していた記述を見つけた。

一九七二年九月一一日……地滑り現場の下の海岸の一角で哺乳類の集合骨格を見つけた。この地点の徹底的な調査が必要だ。

サヴェージ、ウォルドマン、そしてかれらの調査チームは、英国諸島で初めてのほぼ完全な中生代哺乳類の化石をスカイ島で発見した。当時それは、世界でもっとも保存状態のよいジュラ紀の哺乳類の化石のひとつだった。

ウォルドマンは脊椎動物が専門の古生物学者で、ブリストル大学のロバート・〝ボブ〟・サヴェージの指導のもとで地質学と動物学を学び、あのメガロサウルスの研究に携わった。一年間リベリアでダイヤモンド探査技師として働いたあと、一九六〇年代に大学に戻り、カナダのバッドランズやオーストラリアで恐竜や魚類の化石を研究して博士号を取得しキャリアを積んだ。英国に戻ると、彼はバッキンガムシャーのストウ・スクールの地学教師となり、二〇〇二年に退職するまで、教育のかたわら自身の研究も続けた。

生徒たちから「ドク・ポット」の愛称で親しまれたウォルドマンは、膨大な岩石標本のコレクションで知られ、それらを地学教育のために活用した。彼は生徒たちに化石、岩石、鉱物の魅力を伝え、興味をもった子どもたちには地質学研究の道を示し、自身の師でありいまや友人でもあったサヴェージが教えるブリストル大学への進学を促すこともたびたびあった。ウォルドマンはストウの生徒たちからよく慕われ、卒業して何年も経ってから、授業で習った地層や火山の絵はがきを彼に送る教え子もいた。

＊6　カモノハシは幼いうちは痕跡的な歯をもつが、のちに失われる。

一九七一年、ウォルドマンは同僚の教師とともに、エディンバラ公アワード［訳注：青少年の課外活動を奨励するプログラム］の一環としてスコットランドのカマスナリーでキャンプをする学生グループの引率を担当することになった。カマスナリーは、スカイ島のクイリン山脈のふもとに位置する有名な景勝地だ。ウォルドマンは、化石を含む岩石が見つかることを期待しつつ、目的地について下調べをした。すると、一九〇〇年代初頭に国立地質調査所のチームが、ストラトヘアード半島でいくつか骨の断片を記録していたことがわかった。ウォルドマンはそれまでの経験から、以前に脊椎動物の化石が複数発見されている場所からは、いずれもっと見つかる可能性が高いと知っていた。そろそろ誰かが見直してもいい頃だ。幸い、キャンプへのルートから少し寄り道するだけで調査ができそうだった。

ウォルドマンの読みは正しかった。かれらは海岸で、ジュラ紀の石灰岩露頭に点在する、小さな化石の断片を見つけた。たった三〇分探しただけで、次々に興味深い化石に出くわした。そしてついに、かれらは初めての完全な脚の骨を発見した。マッチ棒ほどの長さで、明らかにかなり小さな動物のものだった。小型のワニかもしれない。興奮冷めやらぬまま、かれらは調査を続けた。そしてとうとう、ウォルドマンは想像もしなかった発見をなしとげた。見れば見るほど首筋の毛が逆立った。その夜、彼の日記には二つの感嘆符が添えられた。「これは哺乳類に見える……ほんとうに哺乳類の下顎であってほしい！！」

スコットランドで中生代の哺乳類を発見した人はそれまで誰もいなかった。ほんとうに哺乳類なのか？

スコットランド北西部と西部諸島は、途方もなく古い時代の地殻変動、火山噴火によってできた険しい連峰、氷河の侵食がつくりだした景観で知られる。いずれも脊椎動物の化石産地としては不利な条件だ。この地域の堆積層に関心をもつ人はほとんどいなかった。一九世紀、エッグ島でハイランド地方の古生物学者にして作家のヒュー・ミラー(2)が海生爬虫類の骨をいくつか発見したことを除けば、ヘブリディーズ諸島は脊椎動物化石の産地としては無名だった。

一般論として、中生代哺乳類の化石はいまでも非常に珍しい。一九七〇年代の時点で、世界のほんのひと握りの場所でばらばらの歯が見つかることは知られていたが、メガゾストロドンのような顎や骨格の一部の発見は例外中の例外だった。当時は世界じゅうで採集された中生代哺乳類の化石を集めても、靴の収納ボックスひとつに収まると言われていたほどだ。

最初の調査から二日後、ウォルドマンは同僚に生徒たちの引率を任せ、再び例の場所に戻ってきた。彼はとっておきの成果である謎めいた顎の骨を手に取り、ルーペで詳しく観察した。日記のなかで自分自身との議論を繰り広げ、サメや爬虫類のものかもしれないと代替仮説を提示した。だが、こんな複雑な歯冠があり、二又になった歯根がまっすぐな下顎骨に収まっているのは……爬虫類や魚類がこのような特徴に合致しないことを、彼はよく知っていた。期待していいのだろうか?

細心の注意を払って、ウォルドマンは寒風吹きすさぶスカイ島沿岸の淡いグレーの地層からこの小さな化石を採集し、キャンプへと戻った。

南に戻ると、ウォルドマンはすぐさまブリストルの恩師ロバート・サヴェージに連絡をとった。サヴェージはあらゆる面からみて類まれな人物で、言ってみれば、かつて自然科学の世界の主流だった「ジェントルマン博物学者」の最後の世代だった。一九二七年にベルファストのそこそこ裕福な家庭に生まれた彼は、クイーンズ大学で地質学と動物学を学んだあと、ロンドンに移り住み、絶滅したカワウソの一種ポタモテリウム *Potamotherium* を記載した研究で博士号を取得した。一九五四年にブリストル大学に職を得た彼は、最初は地質学講師および地質学博物館のキュレーターとして、のちに古脊椎動物学教授として、三二年間にわたり教鞭をとった。

サヴェージの在職中、ブリストル大学の古生物学科はおおいに発展した。一九六九年、サヴェージは同大学に地質学と動物学の両方の学士号を取得できる講座を立ち上げた。これを基礎として、ブリストル大学はいまではヨーロッパ最大級の古生物学の研究拠点のひとつに成長し、世界各地から学生を受け入れている。

サヴェージの知人に彼の人となりを尋ねてみると、必ず返ってくる言葉がある。「ジェントルマン」だ。彼はよく学生たちを自宅に招いて食事を振る舞った。邸宅は美しく、地質学と古生物学の収集品でいっぱいだった。クリフトンの高級住宅街にあった彼の自宅は、訪問客の印象によると「独身貴族の根城」[*7]で、どの階もアンティークの調度品で統一されていたという。彼は来客を歓迎し、国じゅうの研究者たちをたびたび招いていた。ゲストに自宅の一フロアをまるまる自由に使わせ、無尽蔵のブランデーとスコッチを振る舞った。[3] サヴェージの同僚で友人だった古人類学者のリチャード・E・リーキーの回想によると、サヴェージはよく謎めいた骨のかけらを来客たちに見せ、何のものだと思うかクイズを出した。来客が正解すると、彼はひときわ喜んだ。彼は自身の学生たちもこのゲームに参加させた。

ときには化石だけでなく食べ物がクイズの題材になることもあった。サヴェージの教え子のひとりは、彼が学生たちに食事をつくって振る舞ったときのことを教えてくれた。[4] 彼の家に着くと、テーブルにたっぷりのシチューが置かれていた。みんなで食べながら、サヴェージは何の肉だと思うか尋ねた。鹿肉？　かなり食べごたえのある肉だった。さまざまな候補が出て盛り上がったところで、教授は答えを発表した。カバの赤ちゃんだった。ブリストル動物園の職員とのコネを通して、サヴェージはカバの

（自然死した）死体を手に入れ、骨格をブリストル大学の教育用標本コレクションに加えた。新鮮な死体だったので、良質な肉をただ捨ててしまうのはもったいないと思ったようだ。

一九七一年、ウォルドマンはスカイ島の小さな下顎骨の化石をクリフトンのサヴェージの自宅に持参し、彼に手渡した。ロバート・サヴェージはルーペでしばらく骨を観察した。そして急に椅子から立ち上がると、部屋の中をぐるぐると歩きまわった。「きみは何を見つけたと思う、マイク？」彼は大声を出した。「哺乳類だよ！」

一週間後、二人はランドローバーに乗り込み、北を目指した。

一九七一年のスカイ島は、今よりもずっと僻地だった。七月末、ブリストルを出たかれらはまずカイル・オブ・ロカルシュにたどり着き、そこから小型のカーフェリーに乗って海峡を渡った。島に着くと、ウォルドマンは郵便配達員を呼び止め、村での滞在先への行き方を尋ねた。「ミセス・マッキノンのお宅はどちらですか？」

配達員は彼に同情の眼差しを向けた。「どちらのミセス・マッキノン？」

「ミセス・メアリー・マッキノン」

配達員はため息をついた。「ええと、それでは絞れないんですよ、残念ながら」

「ご主人の名前はアンガスです」と、ウォルドマンは説明した。

「ああ」と、配達員は相槌を打ち、こう答えた。「それなら三人に絞れますね」(5)

＊7　サヴェージは独身を貫いたわけではなく、一九六九年に結婚している。妻のシャーリー・キャメロン・コリンドンは、同じく古生物学者で絶滅種のカバが専門だったが、一九七六年に他界した。

どうにか目当てのマッキノン家に到着し、ウォルドマンとサヴェージは落ち着かない夜を過ごした。早朝に起床し、慌ただしく朝食を平らげると、かれらはランドローバーを郵便局に置いて、ウォルドマンが哺乳類の顎を見つけた現場へと歩きだした。

成果はすぐに訪れた。サヴェージは言葉少ない自身の地質学フィールドノートにこう記した。「哺乳類：歯と下顎、一部は保存状態良好。多くは著しく風化、同定不能」。風化していたからといって、二人が熱意をくじかれることはなかった。かれらは丸一日海岸を探し回り、長きにわたって未発見だった骨が続々と見つかることに驚いた。カメの甲羅、ワニやサメの歯、それに何よりジュラ紀の小型哺乳類やトカゲの下顎骨や四肢骨の断片が、かれらを魅了した。

翌年四月、ウォルドマンとサヴェージは、英国各地の大学から集まった一一人の研究チームとともに島に戻ってきた。かれらは二週間にわたり、スカイ島の北端から南の小島まであちこちで調査を実施し、化石を探すとともに詳細な地質学的記録を残した。二週目にかれらはエッグ島とマック島を訪れ、前述のヒュー・ミラーが「レプタイルベッド」と呼んだ場所を探した。同年九月、サヴェージとウォルドマンは二人の共同研究者とともに、またしてもスコットランドに戻り、九月六日にエディンバラの王立スコットランド博物館（当時）を訪問した。かれらはヒュー・ミラーが採集した標本を収めた一二の抽斗を調べたあと、三度目のスカイ島遠征へと旅立った。

この旅で、かれらはついに古哺乳類学の金鉱を掘り当てた。哺乳類の骨格をひとつどころか二つも発見したことに加え、魚やワニやカメの化石も大量に採集した。かれらは、英国諸島でもっとも重要なジュラ紀中期の脊椎動物化石の産地のひとつを特定したのだ。

けれども、かれらの発見の重要性は、ずっとあとになるまで十分に理解されずにいた。一見して目をみはるものでありながら、スカイ島の化石はその後も三〇年にわたり、十分に研究も評価もされないいまだった。近年になって、わたしやわたしの同僚のような研究者たちは、冷たい石の表面に隠れた部分を読み取るテクノロジーを手にした。そうして、ついに長年の秘密が明らかになりはじめた。

CTスキャンことコンピューター断層撮影は、現代の古生物学の必須要素だ。脊椎動物の場合はとくにそうだが、無脊椎動物、植物、それに岩石そのものの研究にも使われる。たいていの人にとって、CTスキャンとの初めての、そしておそらく唯一の出会いは、例えば事故のあとの検査など、医療現場でのものだ。検査の流れはテレビの医療ドラマでよく知られている。部屋を占領するほど大きな装置に空いた円形の穴に、患者がスライド式に吸い込まれていく。医師たちは準備室に集まって、スクリーンに映し出された患者の体のあちこちを指差し、診断を下す。フィクションでは多少脚色されるとはいえ、コンピューター断層撮影がこのために開発されたものであるのは間違いない。X線撮影装置の一種であり、人体を含め、物体の内部構造を可視化することが目的だ。

CTスキャン、あるいはCATスキャン（コンピューター体軸断層撮影）と呼ばれる手法は、一九六〇年代に開発され、一九七一年に史上初の一般医療用スキャンがおこなわれた。開発の根幹に携わった二人の人物、南アフリカの医師アラン・マクリオド・コーマックとイングランドの電気工学者ゴドフリー・ニューボールド・ハウンズフィールドは、この功績を称えられ、一九七九年にノーベル医学・生理学賞を受賞した。

それまでの数十年の知見に基づき、CTスキャンは放射不透過性（radiodensity）の原理を利用している。放射不透過性とは、ある帯域の電磁スペクトルをどれだけ通しやすいかという、物質によって異なる度合いをさす。電磁放射を通さない物質は放射不透過性が高く、通しやすい物質は放射不透過性が低い。放射不透過性の単位はハウンズフィールド単位（HU）で表され、蒸留水は 0HU、空気は -1000HU、骨は +400 ～ +1000HU の間だ。実用化の鍵は、放射不透過性に関する知見を、どうやって物体の三次元立体像に変換するかにあった。

X線は電磁スペクトルの帯域のひとつだ。スペクトルの波長がより長い側には、可視光、つまりわたしたちが（多少制約のある）哺乳類の眼で見ている世界をつくる光がある。もっと波長が長いのが、赤外線、マイクロ波、電波だ。波長の短いほうには紫外線（UV）があり、一部の昆虫や鳥は眼で見ることができる。太陽から放射される紫外線は、地球上の生物には致死的なレベルだが、大気のフィルター効果が緩和してくれている。それでも紫外線は日焼けを引き起こし、皮膚がんの原因にもなる。その次に来るのがX線で、空港の手荷物検査、病院での検査、製造業や科学研究に用いられている。さらに上にはガンマ線があり、波長がもっとも短いため、もっとも高いエネルギーをもつ。

従来のX線画像では、折れた骨は平面的な二次元放射像として見える。きわめて有用ではあるが、そこからわかることには限界がある。CTスキャンは、角度を変えて何枚も写真を撮るように、複数の放射像を撮影することで、三次元立体像のデータを記録し、そのあと複雑な数式をあてはめて全体を復元する。一九七一年の最初のスキャンでは、一枚につき五分かけて一八〇枚の画像を撮影し、そのあと二時間半かけて復元がおこなわれた。最近では、古生物学者が小さな化石のスキャン画像を手に入れるのに、たいてい合わせても一時間もかからないし、数分で終わることさえある。所要時間はスキャンするサンプルの大きさと特性によってまちまちだ。

スキャンと復元の結果、X軸、Y軸、Z軸に沿って物体を繰り返しスライスした画像ができあがる。

つまり、見たいものが化石であれ人体であれ、水平面と垂直面だけでなく、奥行き面についても、どこで切った断面でも見ることができる。スキャナーの設定を調整すれば、対象物の放射不透過性の差を捉え、異なる物質の間の違いを可視化できる。生体組織、空気、液体、岩石、鉱物。可能性は無限大だ。

一九八〇年代以降、CTスキャンが古生物学の分野に普及した。最初期にCTを利用した二つの論文は、いずれも哺乳類の頭骨が対象だった。ひとつは中新世（二三〇〇万年〜五〇〇〇万年前）の有蹄類、もうひとつはホモ・エレクトゥスだ。一九八四年の二本の論文の画像は、化石の断面というよりロールシャッハテストのように見える。[6][7] それでも、それまで八〇年にわたって用いられてきた手法と比べれば、画期的進歩だった。

CTの最大の強みは、化石を破壊することなく構造を観察できることだ。手作業での薄片づくりは地質学の手法として古くから確立されていた。一八〇〇年代初頭に岩石の構造を観察する方法として生まれ、化石の内部構造の分析にも用いられた（現在もとくに古組織学の分野で利用されている）。一九〇三年、ひとりの科学者がこの手法をさらに改良した。

ウィリアム・ジョンソン・ソラスは、オックスフォード大学自然史博物館の地質学・古生物学教授で、「地質学分野で最後の博学者のひとり」[8]とされる。彼はいわばCTスキャンのアナログ版である連続断層撮影の手法を発明した。共同研究者のF・ジャーヴィス＝スミス牧師とともに、ソラスは化石の表面を一定間隔で手作業で削り取る装置をつくりだした。

「薄片の準備ができたら、カメラ・ルシダを利用してスケッチするか、顕微鏡写真を撮影する」と、ソラスは王立協会紀要に掲載された論文のなかで説明している。「写真にはスケッチにまさる利点が多数あり、とりわけ議論の余地がある場合に信頼できる記録が残る……」[9]。いったん化石を削って粉にするがシステムの各段階を過ぎると、こうした議論に決着をつけるのは困難だっただろう。「化石は必然的にこのプロセスによって破壊される」と、ソラスは述べている。

ソラスは手にした化石をすべて薄片にする勢いで、熱心に研究に取り組んだ。当然ながら、博物館のキュレーターは貴重な標本が破壊されることを歓迎しなかった。ただし、研究者たちはスケッチや画像をもとに蝋で模型をつくり、はるか昔に死んだ生物の内部構造を、かつてないほど詳細に復元することができた。

化石を壊してしまうだけでなく、この方法はとても時間がかかり、とくに大型の化石の場合はそうだった。ある古生物学者は、デボン紀の魚類化石ひとつを慎重にスライスして記録するのに二五年の歳月を費やしたことで知られる。連続断層撮影は、史上もっとも偉大な古哺乳類学者といわれるゾフィア・キエラン＝ヤウォロウスカ（彼女についてはあとの章で詳しく取り上げる）による、モンゴルで発見された白亜紀の哺乳類化石の解剖学的検討の際にも用いられた。

化石を粉砕することなく内部構造を解明できることは、明らかに大きな前進だった。一九八〇年代以降、ＣＴ画像の質は大幅に向上し、また装置の利用は容易になった。かつて古生物学者たちは、共同研究の形で撮影装置を貸してくれる製造企業や医療機関を探すのに苦労した。いまでは大学や博物館がスキャナーを所有することは珍しくない。部屋を占領していた装置は、デスクトップと呼べなくもない、家庭用オーブンほどのサイズまで小型化した。

化石の撮影に使われるのは、たいていマイクロＣＴ（μCT）と呼ばれる装置だ。医療用スキャナーよりも出力が大きく、岩石のような密度の高い物体をも透過する強力なＸ線を照射するので、小さな物体を高解像度で撮影することができる。ただし生体組織への侵襲性も強く、病院でマイクロＣＴが患者に使用されないのはこのためだ。

装置の見た目は電子レンジに似ている。分厚い外装部分がX線を封じ込め、前面のスライド式ドアには茶色い小窓がはめ込まれている。内部には、中央に化石が置かれるターンテーブル、片側に銃のようなX線発生装置、その反対側に検出装置がある。検出装置が異なるパターンで透過したX線を拾いあげ、そこから信号を受け取ったコンピューターが、画像へと変換処理をおこなう。

シンクロトロンは、マイクロCTのボリュームを一一まで上げたものだ。[*8] スキャンの世界のスーパーヒーローであり、より強く、より賢く、より激しい。従来のCTにはできないことをやってのけ、古生物学を窮地から救ってくれる存在だ。シンクロトロンのX線ビームはより強力で、物体の中をよりよく通過し、より早く結果が出る。従来のマイクロCTでは区別しづらい異なる物質も見分けられる。例えば前章に登場した、初期哺乳類の死亡時の年齢を示す歯のセメント質の年輪は、シンクロトロンを使わないと見られない。マイクロCTが入門機種のコンパクトデジカメだとしたら、シンクロトロンはハイエンドのデジタル一眼レフだ。カメラで画素数が違うように、シンクロトロンCTは解像度がより高い。おかげで研究者たちは、より小さな物体をより細部まで観察することができる。

だが、これまた写真と同じように、世界最高水準の機材を持ってさえいれば、自動的にすばらしい成果が得られるわけではない。この精密機械を使いこなすには、露光時間、スキャンの長さ、標本との距離など、さまざまな設定を対象物に合わせて調整しなければならず、これ自体がひとつのスキルだ。さ

＊8　一九八四年の映画『スパイナル・タップ』より。アンプの目盛りが通常の一〇でなく一一まであることについて、より音量が大きいのか尋ねられ、バンドメンバーがこう答える。「うん、ひとつ上ってことだよ」

らに、装置の価格、スキャンの費用（時間あたりの料金が決まっていることが多い）、あるいはそもそも装置へのアクセスの有無といった問題がある。

やるべきことはたくさんあり、ただ古い骨を放り込んだら結果を待つだけとはいかない。シンクロトロンは魔法の道具ではないが、正しく使えば、奇跡のような結果をもたらしてくれる。

午前二時まで寝られない日が二晩続くと、刺激的な「危険！」ボタンがもたらす興奮作用もさすがに薄れてしまう。海底に沈む鉛の重りのように、わたしは枕に顔を埋めた。一日の溜まった疲れで、すとんと眠りに落ちていく。

スカイ島の哺乳類化石は少しずつ姿を見せはじめている。とはいえ、わたしの滞在中にＩＤ19に蓄積される数千の投影像（復元される前のひとつひとつのスキャン結果）は、サーバーに保存されたコードでしかない。フェルナンデスがコンピューター合成したスキャン画像を送ってくれるのは数カ月先だろう。まずは撮影した投影像そのものの統合が必要だ。というのも、わたしたちの化石は一度にスキャンするには大きすぎたので、複数の投影像をつなぎ合わせなくてはいけないのだ。統合が済んだら、復元の次の段階である、デジタルセグメンテーションに必要な断層画像を作成する。これにもさらに数カ月かかるだろう。

ＣＴの投影像だけを使って化石を調べることもできるが、古生物学にほんものの革新をもたらしたのは、このデジタルセグメンテーションだ。この工程では、断層画像のデータをプログラムにかけて、対象物の三次元立体像を構築する。ソラスが蝋でつくった模型のデジタルバージョンだ。スキャンされた化石の驚異的に精密な画像を見かけたら、それはオリジナルのスキャンデータではなく、デジタル復元像を断層化したものだ。

化石のデジタル復元は、コンピューター処理であると同時に、アートでもある。内蔵ソフトウェアツールでかなりの部分を自動化でき、その中心はデータに含まれるグレースケール値〔訳注：各画素の光の強さを〇（黒）から二五五（白）までの二五六段階で表現したもの〕を立体像に変換することだ。理屈の上では、適切なグレースケール値を選びさえすれば、周囲の岩石から化石が自動的に選択される。クッキー型で生地の型抜きをするように。

だが、化石はたいていこんなふうに一筋縄にはいかない。岩石中から化石をデジタルに抜き出す作業の難易度は、骨と岩のコントラストの強さ次第だ。スキャンの設定が適切でなかった場合も、同じ問題が生じる。両者のグレースケール値が似すぎていると、化石だけを選択したくても、岩石がたくさん残ってしまい、スクリーンには無意味な塊が現れるだけだ。スキャンがどんなにうまくいっても、岩と骨を区別するのは簡単なことではない。こんなときは、データを洗いざらい見直して、どの部分がどちらにあたるのかを見定めなくてはならないため、研究者のスキルと忍耐が試される。また、ある程度の主観も入り込む。とはいえ、研究者は概して慎重で、何週間も、ときには何カ月もかけてデータに目を通し、デジタル空間から骨を拾いあげる。スコットランドに戻ったら、避けては通れないこの作業がわたしを待ち受けている。

スキャンデータに基づく研究の結果は、想像を超えたものにもなりうる。そのことを端的に裏づける、哺乳類を対象とした研究がある。フランスの古生物学者ジュリアン・ブノワと南アフリカの共同研究者たちが二〇一六年に発表したものだ。この画期的な研究[10]で、かれらはマイクロCTを使い、獣弓類、キノドン類、哺乳類の頭骨の構造を分析した。これにより、永遠に知り得ないと思っていたことが明らかになった。ひげ、毛、乳の起源だ。

毛が化石化することはほとんどないので、毛の起源を探し求める研究者は否応なく骨に注目する。軟組織のなかには、骨にその証拠を残すものもある。もっとも有名なのは筋肉だ。これまでの章で見てきた通り、大きな筋肉は骨の成長に影響を与える。骨に負荷をかけ、それに応じた形状変化を引き起こすのだ。

体の基本構造に影響を及ぼす軟組織の特徴はほかにもある。ひげと毛は、わたしたちの最大の臓器である皮膚から派生したものであり、中枢神経系につながっている。多くの哺乳類はひげを自在に動かすことができ、においを感知したときや、周囲を触覚で探ろうとするときにぴくぴくさせる。ひげや毛のこうした動作や感覚は、血管と神経に支えられている。研究チームはこれらの手がかりをもとに、哺乳類の外見の変遷をたどろうと試みた。

ペルム紀後期からジュラ紀前期までの頭骨化石をスキャンしたあと、ブノワのチームは頭骨の内部の神経の通り道に注目した。三叉神経と顔面神経は顔の感覚を司り、とくに哺乳類ではひげとの関わりが深い。研究チームはこれらの神経の経路を調べ、哺乳類の化石記録のなかのターニングポイントのひとつとして、両神経が上顎骨の内側を這うのではなく、骨に開いた小さな孔から抜け出し、上顎骨の表面を通過するようになったことを明らかにした。これはすなわち、皮膚のすぐ下で神経が複雑に分岐するようになったことを意味する。ひげのある現生哺乳類に共通のパターンだ。神経の配線が切り替わっている最初の化石は二億四〇〇〇万年前（三畳紀中期）のもので、この種は哺乳類とその近い親戚を含む、キノドン類の系統の基部に位置する。

神経だけですべてがわかるわけではない。もうひとつの証拠は、頭骨の構造、毛、泌乳の間の驚くべきつながりにある。ほとんどの爬虫類と両生類(および一部の魚類)は、頭骨のてっぺんに頭頂孔と呼ばれる小さな孔があいている。この特徴は四肢動物の共通祖先から受け継いだもので、単弓類の進化史のなかでも長きにわたって維持されてきた。頭頂孔は、松果体(いわゆる「第三の眼」)と呼ばれる脳部位と関連していて、光量を感知して活動サイクルを調整したり、体温調節を助けたりする機能をもつとされる。

数少ない例外を除いて、哺乳類系統での頭頂孔の消失は、ブノワが特定したひげの出現とほぼ同時期に起こった。

哺乳類に頭頂孔がないのは、胚発生中のある遺伝子のはたらきと関係がある。発生学研究によって明らかになった、Msx2と呼ばれるこの遺伝子に生じた変異の影響は、じつに示唆的だ。変異をもつマウスの頭骨には、祖先において頭頂孔があったのとまったく同じ位置に孔ができる。それだけでなく、毛包の維持に支障をきたし、乳腺の発達も阻害される。頭頂孔、毛包、乳腺という三つの形質が、ひとつの遺伝子と結びついている事実はとても興味深い。ここから、三畳紀中期にキノドン類のMsx2遺伝子に生じた変異が、哺乳類を定義するこれらの特徴の発達に関与した可能性が浮かび上がる。

ミルクは謎多き物質だ。哺乳類以外に、皮膚から同じようなやり方で栄養物を分泌する動物のグループは存在しない。ハト、ペンギン、フラミンゴなど一部の鳥類は、食道の細胞を変化させて「素嚢乳」と呼ばれる物質をつくりだすが、栄養価や量では乳に劣り、生産される期間も短い。両生類のなかには、卵の周囲のゼリー状の物質を与えたり、古い皮膚やその他の分泌物を食べさせて幼体に栄養を供給する種もいる。系統樹のもっと離れた枝をみると、魚にも稚魚に粘液を与えるものがいるし(『ファインディング・ニモ』でこのトリビアが語られなかったのは無理もない)、ある種のゴキブリは卵でなく幼虫を産み、体内で卵鞘から「ミルク」を与えることが知られている。[*9] とはいえ、こうした例外はたいてい、栄養価でも量でも、哺乳類のワンダーフードに遠く及ばない。

哺乳類の乳の成分は多様だ。ヒトの母乳に含まれる脂肪分はせいぜい五%で、牛乳の脂肪分はわずか一%だが、タテゴトアザラシの乳は六〇%以上が脂肪であり、氷の下で生きられるよう、これで赤ちゃんを太らせる。シロナガスクジラは毎日バスタブ三杯分ほどのミルクを与えて子育てをするが、乳牛はヒップバス［訳注：座浴用の湯桶］を満たすのが精一杯だ。泌乳の利点は、おとなの食性が捕食の難しい獲物や難消化性の食料からなる場合でも、あるいはおとなが貯蔵食（や自分の体に蓄えた脂肪）を利用している場合でも、子どもが栄養をとれることにある。このため、哺乳類は資源の乏しい環境や暑さ寒さの厳しい季節にも子育てができる。おとなが食べてさえいれば、子どもも生き延びられるのだ。

解剖図でみると、ヒトの乳房は火山のようだ。[*10] 傾斜した皮膚の下にある、泡のような脂肪の層に包まれて、乳房の大部分を構成するのは乳腺小葉だ。乳はここで生産される。乳腺小葉はブドウの房に似ていて、入り組んだ血管のネットワークに接している。小葉のひとつひとつは乳首と管（乳管）でつながっている。もちろん乳がにじみ出てくるのは乳首の先端だ。

研究者たちは、乳腺がアポクリン腺（汗腺）から進化したのか、それとも皮脂腺から進化したのかを議論してきた。両者の基本的な構造は似ている。皮脂腺は毛包の内部にあり、毛を皮脂で覆って健康に保つ役割を果たす。有袋類では乳管に毛があり、発達過程で失われることから、乳管の形成と毛包にはなんらかの関係がありそうだ。現在では、汗腺と皮脂腺の両方が乳腺の形成に関与したという考えが主流となっている。乳に含まれる成分は、保湿と皮膚のメンテナンスに加えて、組織発生と免疫反応に重要なタンパク質に起源をもつと考えられている。

授乳のような行動が、乳のない状態から形成された過程を想像するのは難しい。ダーウィンの時代から十以上の仮説が提唱されてきた。単弓類の皮膚には腺があり、この点で爬虫類のうろこに覆われた皮膚とは異なっていた。皮膚に腺があるのは哺乳類と両生類に共通の特徴なので、おそらく両者は共通祖先から受け継いだが、爬虫類ではのちに失われたと考えられるのだ。加えて、とある非常に貴重な化石にも証拠が残されている。ずば抜けて保存状態のよい、ペルム紀中期の恐頭類エステメノスクス（第5章に登場した、顔じゅうから爆発したように角が飛び出ている動物）の頭骨に、数少ない化石化した太古の皮膚が残されているという噂があるのだ。アクセスの難しいこの標本に関する文献はわずかだが、これらによると皮膚には腺があったらしい。これが確かなら、哺乳類の祖先の特徴として予測される通りであり、泌乳の進化を考える出発点として妥当だろう。

単弓類の卵の化石が見つかっていないことから、かれらの卵殻は石灰化していなかったと考えられる。一億六〇〇〇万年以上前に分岐したわたしたちの親戚であるカモノハシも、革のような殻に包まれた卵を産む。殻の成分はケラチンで、髪の毛や爪をつくるのと同じ物質だ。トカゲの卵殻もやわらかい革のようなので、このような卵はすべての有羊膜類の祖先形質だったのだろう。殻のやわらかい卵は乾燥しやすく、そのため爬虫類はしばしば湿った土壌に卵を埋める。ヘビやトカゲの一部（スキンク類など）は、

＊9　研究者たちは、パシフィックビートルローチ *Diploptera punctata* が幼虫に薄黄色の液体を与えることを示しただけでは飽き足らず、液体を抽出して（かれらはこの作業を「ゴキブリの乳搾り」と呼んだ）成分を分析した。その結果、ゴキブリミルクはきわめて栄養豊富であることがわかった。次なる代替ミルクとしてスーパーの棚に並ぶのはいつになるだろう……。

＊10　ヒトの泌乳は、サイエンスライターのリアム・ドリューが著書『わたしは哺乳類です』で掘り下げたトピックのひとつだ。「哺乳類であるとはどういうことか」をテーマにしたすばらしい本で、哺乳類の生物学的特性についてより深く知りたい方におすすめ。

進化の過程で卵を産むのやめ、代わりに体内で卵を孵して赤ちゃんを産むようになった。

単弓類はジレンマに直面した。体温がますます高くなるなかで、どうすれば卵の水分を保てるだろう？　卵を土に埋めれば湿度は維持できるかもしれないが、土の温度変化に左右される。哺乳類の系統は温血化が進んでいたので、卵の温度を高く保たなければ、胚は死んでしまう。一方で、同じ高温によって、卵が干からびるリスクも上昇する。ハリモグラは小さな卵を育児嚢のなかに産むことで、水分と高温という問題に対処している。だが、かれらのように小さな卵（ビー玉ほどしかない）は、発達の制約となる。幼獣が身体的に未発達な状態で孵化し、そのため体温を奪われやすいのだ。

卵を高温多湿に保つため、哺乳類が編み出した解決策は、汗にまみれさせることだった。「汗」といっても、ヒトがするような気化熱で体温を下げる大量の発汗と、ほかの哺乳類にみられる汗腺と皮脂腺からの分泌との間には、重要な違いがある。ほとんどの哺乳類は発汗で体を冷やすことができないため、ほかの方法でクールダウンする。浅い口呼吸（パンティング）をしたり、皮膚をなめて唾液を蒸発させたりといったものだ。けれども、汗腺からの液体の分泌がないわけではなく、単弓類系統ではこの皮膚からの分泌物を利用して、卵を湿らせるようになったと考えられている。やがて分泌物に含まれる抗微生物性の成分が増加し、卵を乾燥だけでなく感染からも保護するようになった。このことを裏づけるように、乳の成分の一部は抗微生物性タンパク質に起源をもつことがわかっている。

キノドン類の小型化が進み、ますます小さな卵を産むようになったことで、幼獣にはこれまで以上に世話が必要になった（中生代のどこかの時点で、少なくとも二つの系統、すなわち有胎盤類の祖先と有袋類の祖先が、卵を産むのをやめ、出産するようになった。正確にいつ、どのようにこの転換が起こったのかはまだわかっていない）。もしかしたらキノドン類は、卵を守る皮膚分泌物を、生後数日から数週間にわたって子に与えるようになったのかもしれない[11]。分泌物に含まれる栄養が多ければ子が健康に育ったため、自然淘汰を通じてより濃厚で栄養価の高いミルクがつくられた。前半の章で触れた通り、単孔類であるカモノハシとハリモグラには乳首がなく、新生児を寝かせる皮膚のパッチから乳を分泌する。最初の哺乳類もおそらく同じような方法をとったのだろう。のちの哺乳類系統では、汗腺が全面的にベビーフード生産工場に転換された。そして乳首が誕生した。

だが、いくら乳首があっても、赤ちゃんが吸えないなら意味がない。乳を吸うには、硬口蓋と、喉と舌の筋肉が必要だ。口の中で食物を操作する能力はすべての動物に共通のように思えるが、じつはきわめて哺乳類的な行動だ。歯の複雑化により、食物を効率よく噛めるようなったおかげで、わたしたちは食物を口の中に長くとどめるようになった。そして咀嚼物の鍋をかき回せるように、舌の動きは精緻化した。舌の根元にあり、舌を口の中に固定している舌骨は（トリナクソドンにみられるような）単純な帯状から、関節構造をもつU字型に変化した。

中国で最近、現生哺乳類に似た舌骨をもつ最初の哺乳類の化石が発見された。ジュラ紀後期の小動物のもので、ミクロドコドン *Microdocodon* と命名された[12]。次章で紹介する、革新的な梁歯目（ドコドン類）の一員だ。約一億六〇〇〇万年前の化石に残された舌骨は、口の中で食物をしっかりと咀嚼する能力が、少なくともこの時代にさかのぼることを示している。この構造のおかげで、哺乳類は食物を飲み込む前に十分に処理できるようになった。このような口内での食物操作が、のちに乳首から乳を吸うことに応用されたのかもしれない。

ＣＴとシンクロトロンのおかげで、巨大爬虫類が地上で幅を利かせていた頃、キノドン類は巣穴の中で孵ったばかりの子どもたちに毛づくろいをしていたことがわかった。やがてかれらは新生児にミルクを与えるようになり、幸先のよい生涯のスタートを後押しした。乳が栄養豊富になるにつれ、哺乳類はますます小型化し、より困難な環境で生きる道が開けた。かれらはより未熟な発達段階で誕生し、乳首に吸いついて育った。歯の生え変わりのパターンも軌を一にして変化し、子どもたちは離乳のタイミングで、たった一度だけ歯を新しく交換するようになった。世界のどこでも、ヒトの子どもたちは隙間だらけの口を指でこじ開けて笑い、永久歯が生えてくるのを待つものだが、これは二億二〇〇〇万年にわたる進化の結果なのだ。

X線スキャンは、化石を破壊することなく内部構造を明らかにする手段をもたらしただけでなく、全体的な解剖学的特徴の研究にも重要だ。小さな骨格化石の場合、単に観察しただけでは、いちばん大きな骨でさえ細部まで調べつくすことは難しい。初期哺乳類は非常に小さく、その歯はたいてい幅数ミリメートルの砂粒サイズだ。骨が岩石に埋まっている場合、そこから掘り出すのはリスクを伴う。化石を傷つけたり、紛失したりする事態も起こりうる。

ウォルドマンとサヴェージがスカイ島のジュラ紀の地層から採集した哺乳類化石は、表面から一部だけが見えている状態だった。周囲の岩石の一部は除去されていたが、依然として骨格のかなりの部分は小さすぎて掘り出せず、石灰岩に隠れていた。岩石自体も密度が高く、酸にも反応しないため、除去するのは容易ではない。こうした条件が重なって、これらの哺乳類化石を詳しく調べるには、CTに頼るほかになかった。

けれども、スキャンにかける前から、スカイ島の哺乳類についてわたしが知っていたことがひとつある。見事な骨格は大部分が隠れていたが、重要なある部分は見えていたのだ。この本のページの文字よりも小さい、その部分とは歯だ。そこから、かれらが哺乳類のどのグループに属するかがわかった。

スカイ島には、ジュラ紀の哺乳類のなかでもっとも重要なグループのいくつかが棲んでいた。かつては哺乳類進化の物語のなかで、いてもいなくてもいい端役と考えられていた、小さな動物たちだ。けれども、わたしたちはいまや、かれらが中生代でもっとも実験的な一派だったことを知っている。かれらが進出したニッチは、その後一億年以上にわたって空白のままだった。

かれらについて、また豊かに発達したジュラ紀の生態系について深く学ぶためには、古生物学のもうひとつの新たなフロンティアに飛ぶ必要がある。目的地は、中国だ。

第9章　中国発の大発見

哺乳類の先史の三分の二を占めるこの時代には……哺乳類の分類と系統に関するもっとも根本的な問題の数々に対する答えが秘められている。こうした問いに関して、のちの時代の哺乳類だけを見ていたのでは、疑わしく、ミスリーディングで、不完全な手がかりしか得られないことは必然であり、避けられない。中生代の哺乳類だけが、最初期の段階に直接的に光を当てることができる。にもかかわらず、これらは長きにわたって見過ごされ、あるいは誤った解釈や記録に埋もれてきた。このような状況が続いてきた理由はじつに単純だ。中生代哺乳類は、化石としてもっとも小さく、もっとも希少で、もっとも壊れやすいもののひとつであるためだ。

ジョージ・ゲイロード・シンプソン『中生代哺乳類目録（A Catalogue of the Mesozoic Mammalia）』

広々とした空間は光と声にあふれていた。英語と中国語の会話が金属的なリズムを奏で、磨き上げられた淡色の床のタイルと真っ白な壁に反響する。窓の外の北京の街は厚いスモッグを脱ぎ捨てた。陽射しが一面に降り注ぎ、この古脊椎動物・古人類学研究所（ＩＶＰＰ）にも差し込んでいる。

屋内では、世界各地から集まった二〇人の古生物学者たちが、エアコンの効きすぎた隅の部屋に集まって、メッカを訪れる巡礼者のように、木製の長机を取り囲んでいる。机の上に並ぶのは、いくつもの厚板状の石。墓石ほどの大きさのものもあれば、手のひらに収まりそうなものもある。ひときわ大きないくつかの塊は周囲を石膏に覆われている。どの石の表面にも、ジュラ紀と白亜紀の哺乳類の骨格が眠っている。

研究者たちはＩＶＰＰでバスを降りたあと、六階まで階段を登り、遊園地に着いたばかりの子どもたちのようにこの部屋に駆け込んだ。各標本の前で押し合いへし合いし、背を丸めて石に顔を近づけ、骨と歯が織りなす小宇宙を覗き込む。熱を帯びた議論がいくつも同時進行する。産地はどこ？　この構造の意味は？　あの咬頭は本当に相同なのか？　おのおのが異なる解釈をぶつけ合い、首を横に振り、目を丸くしている。驚愕と興奮の声があちこちから漏れ、カメラのシャッター音が絶え間なく響いている。

わたしを含めた多くの研究者たちにとって、これらの化石を「生で」見るのは初めてのことだった。わたしたちは事前にこれらの標本の記載論文を熟読し、歯や骨の微細な特徴を頭に入れてきた。中生代哺乳類に関する自分自身の研究を進めるためだ。この場に集められた標本は、トップ科学誌に論文が掲載された重要なものばかりで、中生代哺乳類の古生物学における、いずれ劣らぬ「ゲームチェンジャー」だ。しかし、これらを直接研究する許可を得るのは難しい。科学の世界にもややこしい政治的事情があり、とくに中国以外の研究者にとっては、至宝を一目見る機会を得ることでさえ、標本を収蔵する機関の研究グループに所属していないかぎり不可能に等しい。

わたしたちは中生代哺乳類に関する国際シンポジウムの一環としてＩＶＰＰを訪れた。史上初となるこのイベントは、北京自然史博物館（ＢＭＮＨ）、ＩＶＰＰ、その他の中国各地の博物館や研究機関による共催の形をとった。シンポジウムはＢＭＮＨが主催する、中国の中生代哺乳類化石に特化した世界初の企画展に合わせて開催された。

この分野の第一線の研究者として招待されたわたしたちは、企画展の一般公開が始まる前に、標本と対面する機会を得た。これらの骨格化石のほとんどは、これまでキュレーターや記載に携わった研究チーム以外の人の目に触れたことがなかった。いわゆる「爬虫類の時代」に哺乳類が何をしていたかについて、わたしたちの認識を大きく塗り替え、激震をもたらした発見が目白押しだ。シンポジウムはまた、古生物学の中心地のひとつとしての中国の現状を知る貴重な機会でもあった。

この前日、わたしたちはBMNHの研究室で、中生代哺乳類を顕微鏡越しにうっとりと見つめ、大量のメモを取っていた。今日はIVPPで同じことをするチャンスだ。中国の主要研究機関がこのように門戸を開き、協力体制を敷いて企画を開催するのは、きわめて異例のできごとだ。この国での競争は苛烈で、一八〇〇年代にコープとマーシュが繰り広げた化石戦争のように、中国の研究者たちはたいてい、戦線が開かれるたびにどちらに付くかを選ぶはめになる。これは科学だけでなく、外交においても大きな転機であり、わたしはそこに立ち会うことになったのだ。

数々の化石は、わたしたちにとってハリウッドスターも同然だった。企画展には二三のタイプ標本が並んだ。「タイプ」とはホロタイプの略で、ひとつの種全体を定義し、ほかのすべての標本を比較する基準となる標本を意味する。地球の宝物であり、そこには貴重な動物の死の瞬間だけでなく、進化の歴史におけるひとつの瞬間も、静止画として捉えられている。

オーウェンはかつて中生代哺乳類を「ドブネズミやトガリネズミのような連中」でしかないと貶したが、いまやわたしたちは、かれらが真の哺乳類王国の礎となる多様なパイオニアだったことを知っている。温血性、毛、乳、複雑な歯といった単弓類だけのユニークな遺産を受け継いで、かれらは大きさ、形態、生態、個体数のどの観点からみても繁栄をとげ、恐竜主体の生態系のなかで重要な役割を担った。かれらの旅路を何よりも克明に記録しているのが、中国で発見された類を見ない化石だ。

これらは視覚的にも圧巻で、科学的価値は計り知れない。まるで生きているかのようなポーズで保存されており、狭義の哺乳類としては最初期の、わたしたちの親戚を収めたフォトアルバムだ。なかには毛が残されているものや、消化管の内容物が分析できるものさえある。ページをめくって深遠なる年月のハイライトを精査しながら、わたしたちはそこに自分自身との接点を探し求め、現在の世界の成り立ちや、哺乳類とはどんな生き物であるかについて、理解を深めようとしている。

ジュラ紀は短く、たった五六〇〇万年しかなかったが、フックは強烈だった。二億五〇〇〇万年にわたって肩を寄せ合っていた地球上の大陸はたがいに別れを告げた。ローラシア大陸はゴンドワナ大陸の背中から降り、両者の裂け目になだれ込んだ海水は、のちに北大西洋に姿を変えた。南半球にも最初の亀裂が生じ、インドと南極がアフリカから離れた。ジュラ紀の終わりまでに、すべての大陸の継ぎ目が解かれ、隙間に新たな海が形成された。

大陸の分離が進んだことが、地球の生物多様性に影響を及ぼした。大地とともに生物のグループも分断され、自然淘汰はそれぞれの大陸で独立に生命に魔法をかけた。種数の観点からみて動物の多様性は増加し、生息環境のなかで実現できることの範囲を拡大していった。いくつもの現生の系統の最初期メンバーがこの時代から見つかっている。サンショウウオ、鳥、哺乳類の祖先などだ。ジュラ紀中期になると、動物の多様性が世界じゅうで爆発的に増加し、その後の一億年、すなわち白亜紀末の大量絶滅までの間に現れる、すべての驚異の基礎が築かれた。

中国の誕生もジュラ紀にさかのぼる。アジアのこの地域に相当する部分は、それまで数百万年にわたって赤道付近にペンキの飛沫のように点在していた。島々は豊饒な古テチス海の東端を飾りつつ、途方もない年月をかけて少しずつ北上した。ジュラ紀までに、これらのピースは北中国プレート、南中国（揚子江）プレート、タリムプレートとして結合し、現在の中国が形成された。プレートを引き合わせた造山活動の結果、それぞれの接面では一方のプレートが他方の下に沈み込み、後者は空に向かって押し上げられた。

ヨーロッパの大部分は、西洋科学の夜明けの時代に古生物学の中心地となったが、ジュラ紀には海に沈んでいた。一方、堂々と東にそびえた中国には、マラカイトグリーンの森林ときらめく淡水の湖が広がった。中国の石炭埋蔵量の約三分の二はこの時代に形成された。針葉樹、ソテツ、イチョウの森林の数千万年にわたる繁栄の名残だ。

針葉樹は現在も世界じゅうに豊富に分布するが、ソテツの分布はほとんどが赤道周辺と植物園に限定される。イチョウ科はそれ以上に珍しく、たった一種の現生種であるイチョウ *Gingko biloba* 以外はすべて姿を消した。「maidenhair tree（乙女の髪の木）」の異名をとるこの種は、かつては野生絶滅したと考えられたが、中国東部にわずかに群生が残存し、また世界じゅうの庭園や公園に美観目的で植樹されている。独特の扇形の葉で知られ、中国の象徴ともなっている。

だが、ジュラ紀には複数の種のイチョウが北半球一帯に分布し、生態系の重要な構成要素となっていた。これらの裸子植物は、石炭紀に暁の四肢動物たちにすみかを提供した小葉植物に取って代わった樹木の子孫だ。イチョウの絶滅種のなかには、シリアゲムシやウスバカゲロウといった昆虫を送粉者として共進化した種もあった。古中国には、昆虫の羽音がにぎやかに響く豊かな景観が広がっていた。

中国の森林をうろつく大型爬虫類は、枝葉をかき分けて新鮮な食料を探した。大小さまざまな恐竜たちだ。哺乳類は枝先を駆け回り、下草に鼻を突っ込んだ。空には翼竜が舞い、無数の魚や両生類が湖を満たした。

こうして情景を語ることができるのは、そこから摘み取られ押し固められた化石記録が、地球がつくった押し花のように、異例の保存状態で残されているためだ。

地殻変動が起こると、地球のはらわたが轟音をあげ噴出する。中国が形成された時代も例外ではなかった。ジュラ紀中期を通じて、新たな大地の周辺では周期的な火山噴火が発生しつづけた。シベリア・トラップからの溶岩噴出とは異なり、こちらの火山は爆発的に噴火し、周囲数百キロメートルにわたって火山灰を降らせた。

火山岩は化石と相性が悪いが、火山灰となると話は別だ。中国で、火山灰は化石の保存料のように作用した。化石を含む地層は、層序の複雑さはさておき、基本的にはレイヤーケーキのように、湖沼の堆積層と火山灰が交互に重なっている。平和な時代には、河川や湖沼の泥や有機物の粒子が少しずつゆっくりと蓄積して地層を形成する。そして時折、花火のように火山噴火が起こり、周囲一帯に死をもたらす。

火山灰は鉱物や石英の非常に細かい粒子でできていて、大気のはるか上空まで到達したあと、長い距離を移動し、触れるものすべてを覆いつくす。渓流を埋め、肺を詰まらせ、葉に付着すれば食べられなくなる。こうした小規模災害で命を落とした生き物は、厚い凝灰岩の下に葬られる。そこではスカベンジャーも死体に近づけないため、手つかずのまま堆積の新しいサイクルが始まる。あとはこの繰り返しだ。一億六〇〇〇万年の地質学的時間を乗せて圧縮すれば、ジュラ紀の生態系の全貌のスナップショットが完成する。

有名な例だが、現代世界でもこれと似たようなできごとが、約二〇〇〇年前のイタリアで起こった。[*1]

紀元七九年にヴェスヴィオ火山が噴火し、ポンペイとヘルクラネウムの街は厚さ六メートルもの灰と軽石に埋まった。多くの人々が街から避難したが、二日目の夜に起こった火砕流は、二五〇℃のガスと灰の混ざった熱風で、残った市民を一瞬にして焼き殺した。

考古学者たちは、世界遺産に指定されたこの廃墟を発掘し、多くの秘密を暴露してきた。人類史に刻まれた恐るべき瞬間は、犠牲者にまとわりついて殻のように固まった灰の層によって保存されている。人々、家畜、ペットの遺体、木材などの有機物は腐敗し、かつてそれらがあった空間だけが残された。スコットランドのクラシャック採石場でみられる、ペルム紀の砂丘で起こったのと同じようなしくみだ。この空間に石膏を流し込むことで、住民たちの最期のポーズが不気味な彫像のように復元される。

ポンペイと違って、ジュラ紀の中国の生態系は空っぽの隙間として保存されたわけではなく、葉、茎、翼、角、羽、骨、さらには毛まで完全な形で残されている。灰と堆積物の微細な粒子は、古代の石棺のように死体を封じ込め、腐敗を妨げ、永遠に保存した。そこには色がある。ランチに何を食べたかもわかる。埃をかぶった遺物どころか、新鮮な轢死体だ。骨格をよく見ようと顔を近づけると、あまりにそのままの姿なので、においまで感じられる気がする。

三畳紀後期につつましく一歩を踏み出した哺乳類は、ほどなく世界を席巻した。最後の獣弓類系統はとうの昔に死に絶え、ペルム紀末の大量絶滅のあとに繁栄した多くのキノドン類のなかで、ジュラ紀中期まで生き残ったのは哺乳類と、もっとも近い親戚であるトリティロドン類だけだった。かれらは陸海

＊1　「古代」ギリシャ・ローマの世界は、数百万年単位の仕事をしているわたしたちから見れば、つい最近に思える。

空をわがものにした爬虫類たちと世界を分けあった。

爬虫類が大型化し多様化した時代、一見すると哺乳類は劣勢にあったように思える。約二〇〇年にわたる化石採集の歴史のなかで、中生代哺乳類の遺物は数少なく、そこから読み取れる物語はあまり面白いものではなかった。恐竜たちに支配され抑圧されて、興味を惹くようなことを何ひとつできなかった時代。かれらにできたのは、目をみはるような爬虫類たちの生贄になることだけだったとされた。

すでに登場したモルガヌコドン類のあとに現れた、初期のグループのひとつがドコドン類だ。一八八〇年にこのグループの化石を最初に発見したのはオスニエル・マーシュで、彼はその後の一〇年でさらに多くの化石を採集した。マーシュはこれらを「梁のような歯」を意味するドコドン *Docodon* と命名し、この種が分類群全体の名前にもなった。

哺乳類の化石は、しばしば歯だけに基づいて他種と区別され命名される。「〜ドン」という属名が多いのはこのためで、ギリシャ語で歯を意味する dónti からきている。歯だけで区別できるのは、哺乳類の歯列が複雑であるおかげだ。初期哺乳類は何度も歯を生え替わらせるのをやめ、上の臼歯と下の臼歯がしっかり噛み合う、永久歯のセットに一度だけ入れ替えるやり方を採用した。萌出したあとの歯はわずかに摩耗し、さらにぴったり咬合するようになる。これらの歯は形状も新しくなった。盛り上がった畝や咬頭ができ、より効率的に昆虫を噛み砕けるようになったのだ。

現生哺乳類の歯でもっとも有名な構造は、トリボスフェニックと呼ばれる。ややこしい名前だが、意味するところはシンプルだ。歯を小さなジオラマだと考えてほしい。上顎のトリボスフェニック型臼歯には三つの咬頭が山々のように三角形を描いて並び、それぞれの間に険しい峡谷がある。下顎の臼歯の風景はもう少し変化に富み、片側に三つの山が、反対側に円形の盆地があり、周囲を（ふつう三つか四つ

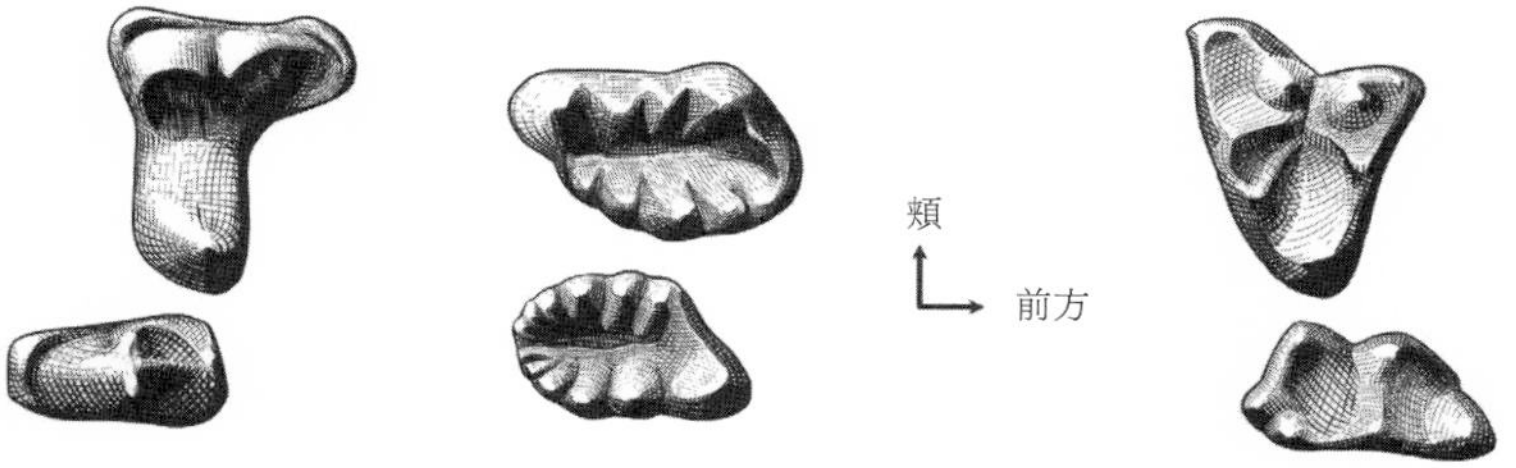

図３　哺乳類のなかの異なるグループにみられる臼歯の咬合面。ドコドン類（左）、ハラミヤ類（中央）、トリボスフェニック類（右）

の）丘陵が取り囲む。二次的な尾根や谷がある場合もあれば、山のいくつかが低くなったり消失したりしている場合もあるが、この基本構造は哺乳類に固有の形質だ。上と下の歯を合わせて噛むことで、哺乳類はトリボスフェニック型臼歯を使って食物を剪断し、すりこぎとすり鉢の要領ですりつぶす。哺乳類の複数の系統が、基本パターンの応用や調整を経験してきたが、いずれもこの咀嚼の基本設計から出発したものだ。

しかし、三畳紀後期からジュラ紀前期に現れた最初期の哺乳類は、トリボスフェニック型臼歯をもっていなかった。モルガヌコドンなどの動物たちの臼歯は、三つか四つの小さな山が一列に並んでいるだけだった。祖先がもっていた歯よりは複雑な構造だったが、現生哺乳類と比べると単純だ。そのうえ、最初期の哺乳類はどの種も昆虫を主食とする似たような食性をもっていて、すりつぶしや剪断といった、のちの時代の哺乳類にみられる能力を明らかに欠いていた。歯の構造の単純さが、生態の多様化を阻む制約になったと考えられてきた。最初の哺乳類たちはトガリネズミのようなシンプルな昆虫食者だったように思えた。

けれども、二〇一四年のある研究は、最初期の哺乳類の生態に関するわたしたちの考えに修正を迫る。英国の古生物学者パメラ・ジルのチームの研究で、対象はモルガヌコドンとキューネオテリウムという、いずれもウェールズの三畳紀後期の堆積層から発見された化石だ。二種の動物はいずれも（ミニチュア化した哺乳類の例に漏れず）非常に小さく、おもに歯と顎の骨が知られていた。ジルと共同研究者たちは、化石の一部をもとにそれぞれの種の下顎全体を復元することに成功した。彼女らはこの二センチメートルの宝物に、通常は建築資材の検査のときにエンジニアが用いる計算式をあてはめ、下顎の前後方向の各ポイントにどれだけ強度があるかを推定した。強度は動物の噛む力の強さを反映するため、そこから何を食べていたかを推定できる。

その結果、モルガヌコドンとキューネオテリウムは、そっくりな外見に反して、顕著に異なる咀嚼パターンをもっていたことが明らかになった。キューネオテリウムの咬合力はより弱く、同郷のモルガヌコドンに比べてやわらかい昆虫を食べていたことが示唆された。研究チームはこの知見を補強するため、二種の歯の表面の摩耗パターンを顕微鏡で観察した。そして、「マイクロウェア」と呼ばれるこのパターンを、異なる食性に特化した現生のコウモリの歯の摩耗痕と比較した。キューネオテリウムのマイクロウェアは、やわらかい昆虫を主食とするウサギコウモリ *Plecotus auritus* のものに似ていた。一方、モルガヌコドンの歯に残された摩耗の跡は、より硬い外骨格をもつ甲虫などを捕食するコウモリのものに類似していた。シンプルな歯しかもっていなかった最初期の種の段階で、哺乳類はすでに生態の多様化に踏み出していたようだ。

歯の研究は古哺乳類学の要だ。食性を推定するだけでなく、異なる種を区別するうえでも決定的な手がかりとなる。歯がこれほど特徴的だったのは幸運なことで、というのも中生代哺乳類の大部分は依然として歯の化石しか知られていない。体のほかの部分をさしおいて、歯が化石記録の大半を占めるのは、歯がエナメル質と象牙質からできていて、化石化の過程のなかの破壊的作用に耐性があるためだ。マッチ棒のようにか細い小型哺乳類の骨が発見されることはめったにないが、硬い歯と密度の高い下顎骨は化石に残りやすい。

哺乳類を専門とする古生物学者のひとりとして、ここで地味な歯のすばらしさを称えるべきなのはわかっている。確かに、歯の化石は情報源として、いまでもとてつもなく有用だ。起伏に富み、顕微鏡越しに輝きを放つ姿は美しいとも思う。それでも、究極の冒涜と知りつつ、こう言わずにはいられない。歯の研究はときにかなり退屈だ。中生代哺乳類の古生物学は、その歴史の大半を通じて「歯だけ」だった。小さく、あまりに複雑な歯。研究者たちは頭が痛くなりそうな呪文めいた専門用語を生み出してきた。トリゴニッドにタロニッド、プロトコーンにパラコーン、エクトメソロフィッド、それに神秘的なクリスティッド・オブリークァ。同じ用語がすべての分類群にあてはまるわけではなく、同じ構造をすべての研究者が同じ名前で呼んですらいない。専門用語を覚えるのは一苦労だし、解釈次第の部分も多々ある。ある歯がどの種類に分類されるのかや、咀嚼中にどんなふうに噛み合うのかをめぐって活発な議論が繰り広げられる。ただのひと噛みをめぐって、反目が一生続くことさえある。

というわけで、中生代哺乳類の臼歯について頭がパンクしそうな事細かな説明をして、みなさんを退屈させるつもりはないので、ご心配なく。それでも、わたしたちの物語のなかで歯の役割が重要であることに変わりはない。マーシュがモリソン層と呼ばれる米国のジュラ紀後期の地層からドコドンを発見したあと、ドコドン類はヨーロッパやロシアのジュラ紀の地層からも見つかった。かれらはジュラ紀を通じ、古代世界の北半分を占めたローラシア大陸に広く分布していたようだ。

ドコドン類は専門的には哺乳形類に含まれる。この点で、かれらは「真の」哺乳類とは区別される。こうした用語は、一九六〇年代に動物分類の考え方に起こった革命の成果を反映している。分岐学

(cladistics) と呼ばれる考えが、従来の階層的なリンネの分類体系に取って代わったのだ。

クレード (clade) とは、ひとつの共通祖先をもつ生物のグループをさす。哺乳綱というクレードには、有胎盤類、有袋類、単孔類と、約一億六〇〇〇万年前[*2]に存在した共通祖先よりあとに現れた、絶滅したこれらの親戚すべてが含まれる。かれらは「真の」哺乳類だ。このグループの外にいるものはみな、厳密な言葉の定義に従えば、哺乳綱というクレードには含まれない。

ドコドン類などの最初期の哺乳類は、哺乳綱の共通祖先よりも前の時代に系統樹から分岐した側枝であり、したがってより広く、より大きな多様性を内包するカテゴリーである哺乳形類に属する。このグループには、哺乳綱というクレードに加えて、約二億年前の三畳紀後期の哺乳類との共通祖先をもつほかのグループすべてが含まれる。動物の分類群をこのように考えると、生命はマトリョーシカのように、どのクレードも別のクレードに内包される形で表すことができる。本書に関していえば、取り上げるすべての動物を含むいちばん大きな人形は単弓類で、遠く石炭紀にまでさかのぼる。

研究者たちは、哺乳形類はどれをとっても、より洗練された姉妹群である哺乳類よりもずっとシンプルだったのだろうと考えていた。ヴィクトリア時代以来の伝統である進歩主義的な考えからの脱皮を図ってきたものの、人々はいまだに初期の哺乳形類を「原始的」と形容しがちだ。しかし、ドコドン類の歯が次々に発見されるにつれ、予想外に複雑な咬頭や隆起に誰もが衝撃を受けた。詳しく観察すると、早い段階で分岐したこれらの哺乳形類の歯は、いわばトリボスフェニック型臼歯の鏡像であることがわかった。これは文字通りの意味で、かれらの臼歯にも三つの峰があり、すりこぎとすり鉢の関係があった。唯一の違いは、「真の」哺乳類とは上下が逆転していたことだ。

ドコドン類は、厳密には哺乳類ではなかったが、哺乳類とほとんど同じ複雑な歯の構造を、哺乳類よりも先に進化させた。現生種のトリボスフェニック型臼歯を鏡に映したようなかれらの歯は、「逆」トリボスフェニック型臼歯、あるいは偽トリボスフェニック型臼歯と呼ばれる。[*3] 最初期の哺乳類の傍流のなかで、このように複雑な歯の構造を有していたかれらは特異なグループだ。この特徴のおかげで、かれらはより柔軟に、多種多様な食料を利用できたはずだ。といっても、ドコドン類はまだ昆虫を主食としていた。複雑な歯は興味深い特徴だったが、古生物学の世界を震撼させる大ニュースとまではいかなかった。

だが、それも中国の燕遼《ヤンリアオ》で最初のドコドン類の化石が発見されるまでの話だ。これらのドコドン類は、歯や断片的な骨だけでなく、全身骨格が欠けることなく、しかも多くはつながりあったまま見つかった。こうして、専門家くらいしか興味をもたなかった地味なグループは、突如として中生代哺乳類の古生物学における最重要クレードのひとつに昇格した。小さな体から明らかになった事実は、ジュラ紀の哺乳類に関するそれまでのわたしたちの思い込みを完全に打ち砕いた。ドコドン類はわたしたちに、哺乳類に秘められた可能性を解き放つ、歯の力の偉大さを教えてくれたのだ。

北京自然史博物館の外で、入館手続きを待つわたしを警備員が横目に見る。電信柱のようなわたしの背格好は、中国ではどこへ行っても人目につく。セキュリティゲートのそばの埃っぽい歩道で、わたし

＊2　正確な分岐年代はわかっておらず、研究によって推定値は異なるが、少なくともこれだけ古い。
＊3　時系列でみれば、ドコドン類のほうがトリボスフェニック型の咬頭構造を先に発明したのだから、妙な話だ。むしろ現代の哺乳類の歯のほうが「偽物」では？　こんなふうになってしまうのは、言うまでもなく、わたしたちが現在から過去を振り返っているからだ。

は米国、ロシア、ドイツの研究者たちと一緒に並んでいた。グループの三人は中高年男性で、みな中生代哺乳類の古生物学の権威。残りの二人は駆け出しの若い女性研究者（わたしとシモーヌ・ホフマン博士）だ。傍目にはちょっと妙な組み合わせに見えただろう。

博物館の館長である孟庆金《メンキンジン》が、広場でわたしたちを出迎えてくれた。彼は中生代哺乳類シンポジウムの企画責任者のひとりで、もうひとりはわたしの博士課程の指導教員であり共同研究者でもある骆泽喜《ルオジューシ》だ。孟は豊かな黒髪をした恰幅のいい男性で、温かく親切にわたしたちを歓迎してくれた。力強い握手のあと、彼はわたしたちを建物の裏口に案内した。中の待合室には飲み物が用意されていて、わたしたちは酷暑のなか街を歩いたせいで乾いた喉を潤した。だが、とてもリラックスできる状況ではなかった。これからわたしたちは、中国の中生代哺乳類というスーパーヒーローと対面するのだ。

一九九九年、北京から北東に約四〇〇キロメートルの場所で、作付のために農地を掘り返していた農民たちが、世界でもっとも見るものを魅了するジュラ紀の哺乳類化石を発見した。道虎溝《ダオフーゴウ》集落の周辺は起伏に富み、緑豊かだ。内モンゴル高原の広大な草原地帯の南端に位置し、芳香漂う松林が入り混じる。中華人民共和国の一部である内モンゴル自治区には、五〇〇〇万人のモンゴル族と二〇〇〇万人の漢族が暮らす。北に接するモンゴル共和国を下支えするように、中国北部の国境に沿って東西に広がり、面積は一〇〇万平方キロメートルを超える。長く厳しい冬を越えた道虎溝の農民たちは、蒸し暑い夏がやってくる前に、耕作の準備をしていた。

道虎溝集落はグーグルマップでは見つからないが、内モンゴル自治区が河北省と遼寧省の間に食い込んだ部分、燕山《ヤンシャン》山脈の北側にある。燕遼はこのあたり一帯をさす地名だ。道虎溝を見つけるには、学術論文にあたる必要がある。化石が豊富に発見されるおかげで、研究者の間ではよく知られていて、衛星ナビゲーションは使えなくても、古生物学の地図にはしっかり載っている。

農民たちが道虎溝集落の近くで最初の化石を発見したのは一九九八年のことだった。翌年の夏、さらに二つのサンショウウオの骨格化石が見つかった。これを皮切りに、燕遼および隣接する河北省・遼寧省の岩石露頭から、怒涛の発見が押し寄せた。最新のデータによれば、内訳は三五〇種以上の昆虫、八七種の植物、一五種の翼竜、少なくとも一二種の哺乳類、八種の恐竜、六種の両生類を数え、ほかにも魚、トカゲ、水生無脊椎動物が見つかっている。この宝の山は総じて燕遼生物相と呼ばれる。世界でもっともすばらしい状態で保存された、太古の時代を垣間見ることのできる窓のひとつだ。

中生代哺乳類の企画展のために北京自然史博物館に集められた化石と対面するまであと少し。前方の実験室には、わたしたちのために顕微鏡がいくつも用意されていた。窓はないが、明るい部屋だ。空気はひんやりしていて、むきだしのわたしの腕に鳥肌が立つ。灰白色の作業台は暖かな照明で照らされ、部屋の中央に置かれた木製のテーブルは琥珀のように輝いている。

近づいたわたしは息を呑んだ。目の前にあるのは、手のひらサイズの二つの平らな石。マスタード色のページの間でぺしゃんこになった、一匹の動物の半身をそれぞれ収めている。ポケットに入るくらい小さく、後肢の片方が下から飛び出している。骨格を包み込む暗色のしみは、おそらく丸っこいモフモフボディの成れの果てだ。頭と肩は横向きになっていて、小さな吸血鬼《ノスフェラトゥ》のようにかぎ爪をむきだして、石の表面をつま先歩きしているようだ。自分が何を見ているのかを実感して、思わず小さく声が漏れた。これはジュラ紀のモグラ、ドコフォソル *Docofossor* だ。

石に変えられた小さな獣は、おそるおそる持ち上げると軽く感じられた。わたしの様子を見て、骆泽喜もテーブルについた。彼は丸顔にかけた眼鏡を直し、わたしを見つめた。「見事でしょう?」わたしたちは小さな遺体を顕微鏡の下にセットした。一片の隙もない師匠のなせる技で、骆はわたしが見ているものをすらすらと解説した。

頭骨はほかのドコドン類よりも寸詰まりだ。歯は単純化していて、ミミズなど地中生物を採食する現生哺乳類のそれに似ている。四肢骨は相対的に短いが、ひじ（肘頭）の部分は長く鋭い。この部分に付着するたくましい上腕筋を使って土を掘ったのだ。これらの特徴はすべて、この動物がどんなふうに生きていたかを物語っている。だが、注目すべき特徴がもうひとつある。骆もわたしも、どの部分よりも印象的な前肢から目を離せなかった。

骆はドコフォソルを最初に観察した研究者のひとりだ。彼の所属はシカゴ大学だが、ＢＭＮＨのチームと共同研究をおこなっている。同館に収蔵されたこの標本は、燕遼生物相で発見された多くの哺乳類化石のひとつだ。発見まもないうちに顕微鏡を覗き込んだ彼は、自分の目を疑った。この動物は、これまで中生代哺乳類に一度として見つかったことのない適応を備えている。「どの指も関節がひとつ少ないんだ」と、彼は教えてくれた。「これを見たときは、『すごい、ここはほんとうに特別な場所なんだ！』と思ったよ」

骆が見つけたのは、自然が初めてつくりだしたモグラの手だった。

現代の世界でモグラと呼ばれている動物には、まったく別の複数の系統が含まれる。かれらは近縁ではないが、共通点がひとつある。みなショベル型の手をしているのだ。

モグラと聞いてたいていの人が思い浮かべるのは、モグラ科のメンバーだ。モグラ科はトガリネズミやハリネズミにもっとも近い関係にある。完璧に手入れした芝生を穴だらけにする厄介者で、ヨーロッパのヨーロッパモグラ *Talpa europaea*、アジアのニオイモグラ *Scaptochirus moschatus*、北米のトウブモグラ *Scalopus aquaticus* などが含まれる。墨黒からチョコレートブラウンのベルベットのような毛、ぽっちゃりして丸っこい体、短い四肢、尖った鼻先をもつ。モグラ科はみな穴掘りのスペシャリストで、かれらのボディプランは地中生活への究極の適応といえる。幅広い前肢に長く丈夫なかぎ爪を備え、土をかき分けてトンネルを掘り食料を探すのに理想的だ。耳介はなく、眼はとても小さい。視覚はかれらにとってさほど重要ではないのだ。一方、触覚は生命線であり、そのもっとも極端な例がホシバナモグラ *Condylura cristata* だ。この小さな掘削マシンの鼻のまわりには、二二本の指のような突起があり、そこに触覚受容器であるアイマー器官が二万五〇〇〇個以上も存在する。この器官は神経につながった皮膚細胞が変化したもので、多くの種のモグラにみられるが、ホシバナモグラはこれに総力をつぎ込み、やりすぎと思うくらいに発達させた。その結果、わたしたちの感性からするとやや不気味な風貌になったが、この高感度な器官のおかげで、かれらは地下の完全な暗闇のなか、触覚だけを頼りに獲物を見つけ、何の問題もなく生きていける。

モグラ的な動物はモグラ科の専売特許ではない。現生哺乳類のグループにあと二つ、同様の適応を収斂進化させたものがある。キンモグラはキンモグラ科に属し、アフリカ南部に広くみられる。かれらは同じくアフリカの動物であるゾウやツチブタに近縁だ。一方、オーストラリアにはさらに遠い類縁関係にありながら、モグラの一員に加わったフクロモグラ *Notoryctes* がいる。地上で生活するほかの有袋類と同じように、フクロモグラも育児嚢のなかで子育てする。育児嚢の開口部は、砂が詰まらないように後方を向いている。これ以外にほかの有袋類との共通点はほとんどない。フクロモグラもまた、あらゆる点で地中生活に特化しているからだ。

三つのグループは、哺乳類の系統樹のなかのまったく別の枝にいながら、よく似たモグラ的な特徴をもつ。同様の生態学的課題を解決するように自然淘汰が作用し、それぞれのケースで独立に同じような結果に至ったのだ。

自分の手を目の前に、手の甲を見るようにかざしてみよう。解剖学者は指に昇順に番号を割り当てていて、親指は第一指、小指は第五指と呼ばれる。五本指のボディプランはすべての四肢動物の共通祖先にさかのぼるため、このナンバリングはすべての四肢動物に適用される。動物がさまざまな環境や生活様式に多様化し特殊化するなかで、基本的なボディプランには無数の変更や修正が加えられてきた。いわば進化のリサイクルだ。けれども、四肢と指は相同器官であり、機能が変わっても同じひとつの進化的な起源をもつ。そのため何があろうと、たとえ指を何本か、自然淘汰や遺伝的変異や事故によって失っていようと、中指は第三指だ。

ほとんどの哺乳類がそうであるように、ヒトは長い中手骨（手のひらの部分の骨）と、その先にあるそれぞれの指に三つずつ（親指だけは二つ）指骨をもつ。繰り返しになるが、指骨の基本パターンは相同で、ただし自然淘汰を通じて変化しうる。

アフリカのキンモグラは、まさにこうした改変を加えた。かれらは地下生活への適応を一歩先へと進め、前肢の幅を広くし、爪を頑丈にしただけでなく、指の数と指を構成する骨の数を減らしたのだ。

キンモグラの指骨は子宮の中で消失する。胚発生の初期段階では、キンモグラもほかの哺乳類と同じく五本の指と三つの指骨をもつ。けれども発生が進むにつれ、真ん中の指骨（中節骨）のうち二つの成長が止まり、癒合しはじめる。その結果、誕生時にはほとんどの指に指骨が二つしかなく、小指は完全に消失している。指は小さくなり、種にもよるが巨大な爪を備えた中指が圧倒的な存在感を示していて、まるで手からつるはしが生えているかのようだ。

モグラ的な特徴は、比較的最近になって生じた特殊化だと考えられてきた。わたしたちはモグラを、哺乳類のその他の高度な特殊化（樹上生活、水中生活、滑空、動力飛行など）と同様に、「哺乳類の時代」以降の発明とみなしてきた。研究者たちがこのような仮説を支持したのは、哺乳類の適応放散や新しいニッチへの進出は、恐竜絶滅のあとに起こったという前提があったためだ。二一世紀にさしかかるまで、この前提を覆す化石証拠は存在しなかった。

そこへドコフォソルが登場した。小さなショベル型の手を顕微鏡で観察した骆は、ほかのドコドン類では三つある指骨が、どの指にも二つしかないことに気づいた。この事実の重要性は、高度に特殊化したモグラ的適応が中生代の化石記録から初めて見つかったことだけにとどまらない。最初期の哺乳類における胚発生と遺伝子発現についても、ここから示唆が得られるのだ。

指骨の短縮は、医学用語では短指症（brachydactyly）と呼ばれ、ヒトを含むさまざまな動物において、ランダムな遺伝的変異や特定の疾患が原因で起こる。マウスを対象とした遺伝子研究で、胚発生の過程で四肢形成を制御する遺伝子シグナル経路が特定されている。発生経路のひとつに問題が生じると、マウスでもほかの哺乳類でも短指症が生じる。つまりドコフォソルは、地質学的時間を越えた遺伝子シグナルと発生過程への示唆[1]という、このうえなく貴重な情報をもたらしてくれるのだ。さらに延長として、化石哺乳類の生理的・解剖学的特徴に生じたさまざまな変化の至近要因を、現生種の発生生物学研究を通じて特定された遺伝子のはたらきと結びつけることもできる。

このような化石を通して、悠久の時間を超えてはたらく進化のメカニズムがますます明らかになりつつある。

短い指をもつジュラ紀のモグラだけでも傑出した発見だが、これで終わりではなかった。ドコフォソルの記載論文が掲載された『ネイチャー』誌の同じ号で、もう一種のスペシャリストがデビューを果たした。ジュラ紀の中国の樹の上では、アジロドコドン *Agilodocodon* が優雅な生活を堪能していたのだ。

同じドコドン類でも、この種はドコフォソルとは真逆のルートを選んだ。生活場所だけでなく、身体的特徴についてもそうだ。アジロドコドンは細長い四肢をもち、長い指で樹皮や枝につかまった。くびれたウエストは体操選手のようだ。前述の通り、胸より下の肋骨の縮小や消失は哺乳形類ですでに起こっていて、これにより柔軟な動作を実現し、また並行して横隔膜を獲得した。アジロドコドンでは、肋骨がさらに著しく退化した結果、樹上生活に必要な曲芸並みの動きが可能になったと考えられる。

まだ終わりではない。二〇〇六年、燕遼生物相の哺乳類化石として初めて記載された種もまた、意外な特殊化を実現していた。地中でも樹上でもなく、水中で生活していたのだ。この動物の学名、カストロカウダ・ルトラシミリス *Castorocauda lutrasimilis* は、まさに「名は体を表す」のお手本で[*4]、「ビーバーの尾をもつカワウソに似たもの」を意味する。この種もドコドン類の一員であり、このグループの驚くべき多様性を示している。

カストロカウダは、四肢を広げて石板に突っ伏した姿勢のほぼ完全な骨格が知られている[(2)]。この標本の最大の魅力は、骨をふんわりと包むオーラのように、軟組織の痕跡が残されていることだ。お尻のあたりはとくにふさふさしていて、毛の痕跡は手足と尾を除く全身を覆っている。もっとも印象的なのは尾で、毛がなく、輪郭が胴体と比べて幅広くなっている。ここから研究者たちは、カストロカウダは扁平でパドルのような尾をもっていたと判断した。現生のビーバーの尾にそっくりで、ほかのドコドン類、あるいは既知のすべての中生代哺乳類を見渡しても、似たものはまったくみられない。尾の内部の骨そのものも側方に広がっていて、尾を使って遊泳時の推進力を得る現生の半水生哺乳類にも同様の特徴がみられる。

手足をよく見ると、カストロカウダは水かきをもっていたようだ。ドコドン類の特徴である複雑な歯はやや単純化していて、釣り針のように後方にカーブしている。肋骨が棒状というより短冊状に幅広くなっていることから、胴体は頑丈で柔軟性を欠いたようだ。そのうえ、かれらは大きかった。ほかのドコドン類が最大で約一〇〇グラムと、せいぜいよく太ったハムスターほどだったのに対し、カストロカウダの体重は約八〇〇グラムに達した。それまでの常識だった、典型的な「トガリネズミ的」初期哺乳類と比べれば、三〇倍以上の体重だ。

カストロカウダは、ネズミよりむしろカモノハシに似ていた。そこそこの大きさで半水生ニッチに高度に適応した哺乳類が、ジュラ紀の地層から発見されたことに、研究者たちは驚愕した。尾を俊敏に上下に振って進み、水かきのついた手足でがっしりした体を器用に転回して、鋭い歯で滑りやすい水生昆虫や、おそらく魚さえも捕食した。

ドコドン類は、中生代哺乳類にまつわる神話をことごとく打ち砕いた。まもなく研究者たちは、かれらだけではなかったと知った。新天地を切り拓いたグループがもうひとつあったのだ。

カストロカウダの記載と同じ年、ヴォラティコテリウム *Volaticotherium* の化石が話題を呼んだ。同じ

＊4　もちろん、これこそ学名の本来の目的だ。従来、よく考えられた学名は、初めて聞いた人がその動物に固有の特徴をすぐに把握できるものであるべきとされたが、実際には西洋の古典教育を受けていなければ理解できなかった。合理的な理由に基づく慣行とはいえ、これもまた従来の科学研究の進め方に潜む、多くのバイアスのうちのひとつだ。最近では、学名からわかるのは記載した研究者が『ハリー・ポッター』シリーズで推しているキャラクター、ということも珍しくない。

く中国で発見されたこの標本は、骨がばらばらになっていて、ドコドン類の骨格ほど見事な状態とはいえなかったものの、軟組織が残されていたことが期待を高めた。石に埋まった骨格に沿って暗い楕円形に染まった部分があり、見たところ余った皮膚のようだ。記載研究をおこなった、ＩＶＰＰと米国自然史博物館に所属する孟津《メンジン》が率いる研究チームは、詳細な観察に基づき、このしみは皮膜、すなわち前肢と後肢の間に張った皮膚のひだの痕跡であると示した。[3] ヴォラティコテリウムは、史上初の滑空性哺乳類だったのだ。

　滑空と飛行は別物だ。哺乳類のなかでは、コウモリだけが真の動力飛行を進化させた。現生のムササビやモモンガは、「flying squirrel（空飛ぶリス）」の英名に反して、実際にしているのは滑空だ。[*5] 皮膚のひだを利用して空中を移動する哺乳類は少なくない。リスの二系統、ヒヨケザル、一部のキツネザル。有袋類には「sugar glider（甘党の滑空者）」の英名で知られるフクロモモンガに加えて、フクロムササビやチビフクロモモンガもいる。爬虫類、両生類、さらには魚のなかにも、ボディプランに修正を加え、翼を生み出して揚力特性を利用しているものがいる。滑空はきわめて効率的な移動方法で、数百メートル先の樹幹に移動して捕食を回避したり、食料やねぐらを求めてなわばりを巡回するのに用いられる。

　ヴォラティコテリウムの発表以降、ジュラ紀の滑空性哺乳類が続々と発見された。そのなかにはマイオパタジウム *Maiopatagium* のように、皮膜をパラシュートのように広げて空から落ちてくる途中で一時停止したような化石もあった。皮膚や毛の痕跡に、中生代哺乳類が派手な柄をしていたことを裏づける証拠はない（そもそも現生哺乳類もほとんどは地味だ）が、これらはわたしたちの大昔の親類縁者[*6]たちの暮らしぶりを、驚くほど鮮明に映し出す。

　滑空性哺乳類の多くは、種数は多いものの謎に包まれたハラミヤ類と呼ばれるグループに属した。ハラミヤ類は、長いV字谷をはさんで円錐形の山々が二列に並ぶ、奇妙な臼歯の特徴で知られる。門歯が大きく前方に突出している点は現生の齧歯類に似ていた。こうした歯はおそらく植物食、あるいは雑食への適応だったと考えられる。かれらが哺乳類の家族アルバムのどの位置に収まるかははっきりわかっていないが、中国で見つかった化石は滑空性哺乳類の最古の記録を一億二〇〇〇万年以上も塗り替え、収斂進化の実例をさらに増やした。

ジュラ紀後期にすでに特殊なニッチに進出していた哺乳類の発見により、教科書は書き換えられた。約一億六〇〇〇万年前の巨大爬虫類が跋扈する世界で、ドコドン類はほとんどすべての可能性に挑戦した。中国の化石は、哺乳類の生態的多様性の出現に関するわたしたちの常識を根底から覆した。しかもそれらは、厳密には哺乳綱にさえ含まれないグループのものだった。こうした型破りな哺乳形類は、誰の影に隠れてもいなかった。かれらは魚をほおばり、新たな高みを探険し、勝利へのトンネルを掘り進んだ。

つつましい哺乳類の系統で多様性が解き放たれた鍵は、複雑な歯にあったと考えられている。さまざまな食物を咀嚼できたおかげで、最初期のドコドン類は、同時代のほかの系統には利用できなかった新

＊5　生物進化のライト兄弟は昆虫であり、四肢動物としては翼竜がその数億年後に飛行を完成させた。現生の四肢動物のなかで動力飛行の能力をもつのは鳥類とコウモリだけだ。鳥類が恐竜からどのように進化したかはすでによくわかっているが、コウモリの起源はいまだ謎に包まれている。最初のコウモリの化石は約五二〇〇万年前のもので、すでにエコーロケーション（反響定位）能力をもち、どこからどう見ても一〇〇％コウモリな姿形をしていた。いずれ誰かがコウモリのプロトタイプを発見し、進化のミステリーが解決されることを期待しよう。

＊6　ここでは血のつながった家族というより、友人や隣人といった意味だ。すでに述べたとおり、本書に登場するほとんどの動物は、わたしたちの直接の祖先ではない。

しい生活様式、新しいニッチ空間[*7]の開拓に成功した。トリボスフェニック型臼歯のプロトタイプを獲得したドコドン類は、将来の哺乳類の可能性を試すリハーサルに参加したのだ。

ハヤミヤ類はおそらく、ほかのグループよりも植物中心の食生活を送る、独自の立ち位置をもっていた。自然淘汰の作用により、かれらはこの優位性を活用する方向に進み、骨格全体に変化が生じた。すべての種がまったく同じ時代に生きていたという確証はないものの（層序からの推定には数十万年から数百万年の誤差がある）、このような動物たちが燕遼生物相のなかに勢ぞろいしているのは驚異的だ。多様性の理由は、哺乳類に活力をもたらす秘薬か何かが中国にあったからではない。この時代のこの地域の生態系に特殊な条件が揃っていたことを裏づける証拠はみつかっていない。つまり単純に、化石記録の緻密さが群を抜いているからでしかないのだ。ジュラ紀の中国に生きていた動物たちは、広い分布域をもつグループに属し、ほとんどは近縁種が世界じゅうとは言わないまでも、少なくとも北半球の別の場所で発見されている。ただしもちろん、他地域で見つかった骨格は、これほど完璧な状態ではない。

哺乳類が世界のどこでも同じように冒険に繰り出していたかどうかを語るには、それを裏づける骨を見つけなくてはならない。動物が特殊化したニッチに適応するにつれ、手足も、腕も、尾も、背骨も、すべてが変化していく。ジュラ紀の中国の宝の山は、わたしたちに吉報を届けてくれた。恐竜時代はけっしてワンマンショーではなかった。いまの世界で開花する、驚くべき哺乳類の多様性には、これまでわたしたちが想像してきたよりもずっと深いルーツがあるのだ。

ドコドン類の多様性のはじまりを理解するには、このグループの最初期メンバーの暮らしぶりを知る必要がある。答えの一端は、荒波打ち寄せるスコットランド沿岸部の岩の中にあるかもしれない。

陽は高く、潮は引いている。わたしは波打ち際にいた。毛布を引っ張るように海水が退いていき、マーマイト［訳注：英国で親しまれる、ビール酵母を原料とする黒褐色のペースト状の発酵食品］色をした海藻が足の指のように顔を出す。わたしはヒザラガイのように、潮汐サイクルの大半にわたって空気に触れることのない岩に座っていた。陽射しに温められた磯の香りがたちのぼる。くっつきそうなくらい岩に顔を近づけて、カニのように這い回りながら、わたしは骨を探していた。

スカバイグ湾は水を打ったように静かだ。雲ひとつない空の写し鏡となって、どちらも真っ青。海面の向こうにアン・クイルテアン、またの名をブラック・クイリンが見える。スカイ島のシンボルである急峻な連峰で、まだ羊毛のような雪を頂いている。島民と同じように、この山々も島の天気の気まぐれさを知っている。いまは太陽がさんさんと降り注いでいるが、ちょっと風向きが変われば、恐るべき三月の嵐になるかもしれない。しっかり着込んでおくのが賢明だ。

けれども、わたしの上着はほかの装備と一緒に、海岸に置き去りだった。海藻が爆ぜるほど暑い午後だった。顔を上げて海岸に目をやると、チームの仲間たちが散らばって化石を探している。ときどき大きな岩の後ろで誰かが立ち上がり、何歩か移動して、また姿が見えなくなる。

岩石が語るのは、いまとはまったく違うスカイ島の物語だ。ジュラ紀中期のヘブリディーズ盆地で形成された、グレート・エスチュアリン・グループと呼ばれる地層は、スカイ島、ラッセイ島、マック島、エッグ島、ラム島に露頭がみられる。砂岩と石灰岩からなり、大部分は淡水のラグーンの底や海岸線で、一部は浅海の底や潮だまりで形成された。スコットランドでもっとも化石を豊富に産出する中生代地層

＊7　お察しの通り、元ネタは『スター・トレック』だ。苦情は受け付けていない。

だ。

わたしたちのチームが調査している区画は、なかでも特別だ。この石灰岩はジュラ紀の温暖なラグーンで形成された。スカバイグ湾の冷たい海水とは似ても似つかない、流れのない淡水の水塊で、ワニや魚や水生爬虫類が豊富に生息した。崖に残された地層の構造から、乾燥化して水が干上がり、湖底が乾ききってひび割れる時期が続いたあと、再び水で満たされるサイクルがあったことがわかっている。たとえこの時代のラグーンで水浴びできたとしても、ブラック・クイリンを眺めながらとはいかない。この凛々しい山々をつくる大地が隆起するのは、まだ一億年も先の話だからだ。代わりに背後には、若い地球がつくりだした岩盤からなるスコットランド本土が、針葉樹林に覆われた堂々たる姿を水平線上に現していた。

スカイ島の化石は燕遼生物相のものほど傑出してはいないが、両者には多くの共通点がある。どちらも年代はジュラ紀だ（スコットランドの化石のほうがやや古い）。どちらの化石も淡水環境で形成された。どちらも沿岸部とその周辺で生活していた、似たタイプの動物たちで構成されている。そして、どちらからも数本の歯以上の化石が見つかる。どちらの産地も、動物そのものだけでなく、複雑な生態系の一部を復元できるくらい、手がかりが豊富なのだ。

マイケル・ウォルドマンが一九七〇年代にスコットランドで発見した顎の骨はドコドン類のものだった。彼とサヴェージは、これをボレアレステス・セレンディピトゥス *Borealestes serendipitus* と命名した。意味は「幸運がもたらした北の泥棒」（実際には発見はウォルドマンの事前の計画の賜物だったのだが）。スコットランドで初めて発見された中生代哺乳類であり、嬉しいことに、これで最後にはならなかった。

イングランドのストーンズフィールド・スレートからはすでに複数の種が知られていた。一八〇〇年代初頭に中生代哺乳類が初めて見つかった場所だ。その後の一五〇年で、ほかにもいくつかの産地が特定された。一九七〇年代に英国諸島のジュラ紀哺乳類に関する知見の源泉となった産地は、オックスフォードシャーのカートリントン・セメント採石場だ。

カートリントンでは一九二〇年代の操業中にすでにいくつか骨が見つかっていた。しかし、五〇年後にアマチュア地質学者のエリック・フリーマンが調査するまで、小型脊椎動物の骨の産地になるとは誰も考えていなかった。フリーマンのあと、ユニバーシティ・カレッジ・ロンドンの研究チームが調査を引き継ぎ、のちにこの場所は「ママルベッド」と呼ばれるようになる。かれらは岩石を溶かして残滓をふるいにかけ、残った堆積物のなかから骨や歯を拾い集めた。手間のかかる方法だが、その甲斐は十分にあった。

カートリントンからは数百の化石が見つかり、これらはオックスフォード大学自然史博物館およびロンドン自然史博物館でイングランドの中生代哺乳類コレクションの中核をなしている。ドコドン類は複数の種が発見され、さらに哺乳類のほかのグループ（哺乳綱の最初期メンバーを含む）のものもあった。これに加えて、トカゲ、両生類、魚、カメの断片的な化石や、翼竜の歯、恐竜の骨の一部も見つかっている。一九七〇年代以降、カートリントンは英国諸島でもっとも有望なジュラ紀中期の化石産地とみなされており、世界的にもこの時代の動物相を理解するうえで、もっとも重要な産地のひとつに数えられる。

ふるいにかける方法は、多くの異なる種を採集するにはすぐれているが、このやり方で見つかるのは骨の断片だ。オックスフォードシャーの化石産地の標本から記載された動物は、たいてい一つか二つの歯しか知られていない。ばらばらの骨は木材チップのようにごちゃまぜの状態で姿を現す。対応する体や歯がないため、正体のはっきりしないパーツとして分類するしかない。

だが、スコットランドでは違う。スカイ島の哺乳類やその他の小型脊椎動物は、たいていまとまった状態で見つかる。化石は小さく、期待を抱かせるような見た目はしていないし、むしろカモメの糞のようでさえある。だが、CTスキャンの普及という革命のおかげで、わたしたちはこの不格好な塊を研究する機会に恵まれた。驚いたことに、そこには複数の骨が含まれていて、ほぼ完全な骨格を収めたものまであった。ぱっとしない標本ほど、スキャンにかけるとすばらしい結果が得られる、と言ってもいいくらいだ。

時空の狭間で圧縮され四肢を広げる、象形文字のような中国の標本には遠く及ばない。しかし、スコットランドの骨の強みは、ぺしゃんこになっていないことだ。三次元構造が維持され、もとの形のまま残されている。ウォルドマンとサヴェージが身をもって学んだ通り、これらの骨を岩石から取り出すのは難しい。石灰石は、のちにクイリン山脈をつくりだす火山噴火により高温で焼かれていて、酸にあまり反応しない。そのためスカイ島では、オックスフォードシャーでおこなわれたような一括の採集は不可能だ。その代わり、ここでは燕遼に匹敵する完全な化石が得られる。

スコットランド国立博物館のオフィスに戻ったわたしは、フランスから送られてきたシンクロトロンのスキャンデータの分析にあたった。スカイ島の骨格は、ジュラ紀の先駆者であるドコドン類であることがわかった。息を呑むような中国の標本と比べて、英国の種は近縁ではあるが、おそらく系統樹のより根元に位置するとみられる。そのため、ドコドン類の祖先的ボディプランを維持している可能性がある。

このあとは、骨格の記載論文の執筆という大仕事がわたしを待っている。このジュラ紀のアイランダーがどんな装備で進化のレースに臨んでいたのかを考察する手がかりを集めなくてはならない。

生物種の生態、つまり種とその生息環境との相互作用を理解することは、古生物学者の最大の関心事のひとつだ。ドコドン類の想像を超えた多様性が明らかになって以来、とりわけ中生代哺乳類の研究者は生態を重視するようになった。化石からこのテーマを探求するおもな方法のひとつに、生態形態学（エコモーフォロジー）がある。習性がどのように身体的特徴をつくりあげるか、あるいは言い換えるなら、形態と機能の関係を調べるやり方だ。

生態形態学は古くからある概念だが、その分析手法は大きく様変わりした。かつてキュヴィエやオーウェンは測定と比較に多大な労力を費やしたが、いまではプログラミングと自動化が、こうしたプロセスに統計的な厳密さをもたらした。観察はときにあてにならない。目的は、観察結果を検証して、統計的に有意であるかどうかを確認することだ。

例えば、クマのくるぶしが特殊な形態をしているのは、かれらに特有ののんびりした歩き方のためだというのは、確かにその通りかもしれない。そこから、くるぶしの形態はこの動きが形成したものであり、クマのくるぶしの形は生態形態学的に機能と直結していると判断したくなる。だが、クマのくるぶしの形が共通なのは、じつは単純にどの種のクマもたがいに近縁であるからではないと、ほんとうに断言できるだろうか？　みな同じ科に属するかれらは、単に共通祖先からこのような形を受け継いだ可能性もある。研究者たちはこうした問題を切り分けて解決するために、コンピュータープログラムを用いて、データを統計的検定にかける。形態、機能、系統（種間の類縁関係）の間にどんな関係があるかを検証するのだ。形態と機能の間の関係が、形態と系統の間の関係よりも強固であるなら、生態形態学的な特殊化が起こった結果であり、単なるその分類群に共通の特徴ではないと考えて差し支えないだろう。

クマの例でいうと、たしかにかれらは独特のスローペースで歩くが、そもそも祖先から受け継いだくるぶしの形態がきわめて特殊だったため、生態形態学的シグナルは確認できない。つまりクマのくるぶしに関しては、生態よりも系統の影響のほうが強いのだ。

動物の運動に関して、とりわけ多くを語ってくれるのが、四肢骨の長さだ。すでに述べたように、アジロドコドンの長い指からは器用に樹に登ったことが、ドコフォソルの短い指とショベル型の手からはモグラ的な地中生活者だったことがわかる。四肢の形態が動物の運動に与える影響を考えるうえで、もっとも基本的な要素は、体と比較した相対的な四肢の長さだ。

走行性の動物は細く長い四肢をもつ。ウマ、チーター、ハネジネズミ[*8]がいい例だ。対して、あまり歩かない動物や、日常的に走って獲物を追跡したり捕食者から逃げたりしない動物は、相対的に四肢が短い傾向にある。サイ、ウォンバット、あるいは極端な例として、ほとんど歩けないに等しいアシカなどを考えてみよう。違いは直感的に明らかに思えるが、実際は四肢も体のほかの骨も複数の機能を担っているため、解釈は一筋縄ではいかない。いくつかの動物のグループでは、生態による四肢の長さの違いはごくわずかで、検出が困難だ。長さと幅の測定値は、ある程度は役に立つが、関節などの複雑な形態は捉えきれないし、三次元での解析にも不向きだ。

現代の研究者が形態と機能の関係を調べる際、もっともよく用いる手法のひとつが、幾何学的形態測定と呼ばれるものだ。この手法は、二次元（骨の写真を使う）でも三次元（CTスキャンデータを利用して骨のモデルを作成する）でもおこなうことができる。どちらの場合も、骨全体の形態を把握できるように多数の点を指定する。これらはランドマークと呼ばれ、CGやアニメーションの制作で使われるモーションキャプチャー動画に少し似ている。ランドマークを適切な場所に指定して、骨の重要箇所の位置関係を記録するのだ。幾何学的形態測定による形態分析では、たくさんの異なる種の動物の骨に同じランドマークを指定して、データセット全体でのランドマークの分布を比較する。さて、クマとチーターの同じくるぶしのランドマークを、どうやって比較しよう?

幾何学的形態測定の結果は、形態空間と呼ばれるグラフの一種として描かれる。個々の動物のデータ点が形態空間のなかで占める位置を、ほかの動物のものと比較することで、骨の形態に関する相対的な情報が得られる。例えば、穴掘りのスペシャリストである動物種が、みな形態空間のある一角に集まり、木登りに長けた樹上性の動物はそれとは別の一角にクラスターをつくるとしたら、形態の分布が生態の違いを反映していることになる。どの骨で検証しても、クマとチーターは遠く離れた位置にくるはずだ。

視覚的判断に加えて、幾何学的形態測定の結果は、統計的にも検証できる。例えば、現生種のデータセットで分析してから、化石のデータを追加して、形態空間のなかで占める位置を調べる。こうすることで、化石種が現生のどの種にもっとも似ているか、その類似性が統計的に有意かどうかを検証し、生態に関する考察を引き出せるのだ。

現在、中生代哺乳類や近縁のグループを対象に、幾何学的形態測定がおこなわれ、生態学的多様性の解明が進んでいる。だが、このようにはるか昔の動物を分析する場合には、えてして思わぬ障害が立ちふさがる。第一に、完全な骨格があまりに少ない。数百種が命名されているといっても、そのほとんどは歯と顎の骨しか見つかっていない。これでは、食性についてはそれなりに情報が得られたとしても、

＊8　「elephant shrew（ゾウトガリネズミ）」とも呼ばれ、ハネジネズミ目に属するかれらは、自然界の小さな勝者と呼ぶにふさわしい。サイズは小さめのハリネズミほどだが、時速三〇キロメートルで走ることができる。ヒトが時速一六〇キロメートルで走るようなもので、これはオリンピック金メダリストのウサイン・ボルトの四倍近いスピードだ。

移動方法はわからない。四肢骨を含む化石であっても、たいてい損傷しているし、中国の美しい轢死体のような化石もぺしゃんこになっている。そのためCTスキャンにかけるのは難しく、研究者が分析したい特徴も圧縮されている。

けれども、最大の問題は、絶滅種と現生種が数億年分の進化的変化に隔てられていることだ。中生代哺乳類は、表面的には現生哺乳類と似ているように思える。素人目には、齧歯類と言われても信じてしまいそうだ。けれども、かれらの骨が語る物語はもっと複雑だ。多くの種は、祖先から受け継いだ形態的特徴と、新たに獲得した特徴をあわせもっていた。

くるぶしを構成する最大の骨、踵骨《しょうこつ》の例に戻ろう。この骨は、現生のグループでは姿勢と移動方法について多くを教えてくれるが、じつは三畳紀のキノドン類からジュラ紀後期・白亜紀前期の動物までの間で、ほとんど変化がみられない。また、肩帯を構成する骨のいくつかは、ガニ股だった単弓類の祖先の硬直的な前半身を支え、やがて縮小するが、完全に消失したのは白亜紀になってからだった。変わり者の単孔類はいまだにこれらの骨を維持していて、現生哺乳類のグループのなかで特異な存在だ。

一方、筋肉が新しい仕事を担うようになり、体重が変化すると、前例のない骨の形状も進化した。三畳紀哺乳類のような小さな動物が分析対象の場合に特有の問題もある。一般に、小動物は骨格を大々的に改変することなく、新たな移動方法を身につけることができる。身軽なおかげで、既存の筋肉だけで樹に登ったり、敏捷に走り回ったりできるのだ。言い換えれば、かれらの骨から生態形態学的シグナルを検出するのは、きわめて難しいことが多い。

こうした理由により、現生種と遠い昔に姿を消した親戚を直接比較しても、体のしくみが根本的に異なるせいで、無意味であったり、解釈が難しかったりすることがある。古生物学者にとっては避けられない宿命だ。確かに難題だが、克服できないわけではない。どんなに些細なものであれ、証拠がひとつひとつ積み重なるにつれ、わたしたちの思い描く古代世界はますますクリアに正確になっていく。そして、中生代哺乳類がそうだったように、ときには大幅な飛躍をとげる。

ジュラ紀は、現生哺乳類の系統が出現した直後の時代である点でも重要だ。わたしたちはふつう、現生哺乳類の主要二系統を、有袋類と有胎盤類と呼ぶ。しかし、中生代以降の絶滅した側枝も含めた学術用語は別にある。有袋類と、有袋類に近縁の絶滅哺乳類のグループすべてを含むクレードは、後獣類と呼ばれる。後獣類の姉妹群であり、すべての有胎盤類とこちらにより近縁の絶滅哺乳類を含むクレードの名前は、真獣類だ。二つをあわせたものが獣類で、ヒトを含め今日の地球上に生息する哺乳類は、単孔類を除き、すべて獣類の一員だ。

真獣類と後獣類の分岐がいつ起こったかについては諸説あるが、獣類の祖先がジュラ紀に生きていたのは間違いない。歴史上初めて記載された哺乳類化石である、イングランドで見つかったあの「オポッサムのような」顎の骨は、間違いなく獣類の系統樹の根元近くに位置した。

燕遼で見つかったある化石は、最初期の真獣類の候補として議論の的となっている。ジュラマイア *Juramaia* と名付けられたこの哺乳類は、「トガリネズミのような」ご先祖様という決まり文句そのままの、ほんとうに小さな動物だった。石板の上で圧縮された前半身だけが見つかっていて、前肢を投げ出した姿がコミカルだ。ただし、誰もがこの種を真獣類と認めているわけではない。現代の二つの哺乳類系統が別々の進化の道を歩みはじめたと確実にいえるのは、白亜紀になってからだ。

約一億六〇〇〇万年前の獣類に、なんら特別なところはなかった。確かに歯は複雑だったが、生態学的イノベーションという意味では、かれらは周囲で真っ盛りだった生態形態学のパーティーに乗り遅れていた。

しかし、中生代哺乳類のイノベーションは、歯や四肢だけにとどまらなかった。なかでも、ある構造の配置換えが、哺乳類の聴覚機能を四肢動物において前代未聞のレベルに高めた。ジュラ紀に哺乳形類が繁栄を謳歌したのは確かだが、真の哺乳類もまた、この時代にまったく新しい構造を獲得した。

初期哺乳類の化石は、哺乳類の頭骨のなかの重要エリアのひとつである、耳に起こった変化についてかけがえのない情報をもたらしてくれる。耳は、哺乳類の体のなかで、歯と同じくらい詳細に研究されてきたパーツだ。これにはもっともな理由があり、第7章で軽く紹介したが、話はまだまだ終わらない。現代の哺乳類は、ほかの四肢動物をはるかに上回る可聴域をもつ。音の周波数はヘルツの単位で表され、ヒトは二〇〜二万ヘルツの音を聞き取ることができる。加齢につれて高周波数帯への感受性が衰えるのは、蝸牛のなかの微細な「毛」が失われるためだ。若い頃のピークでも、ヒトの聴覚は哺乳類のなかでは平凡で、飛び抜けてすぐれてもいなければ劣ってもいない。だが、わたしたちの仲間には、聴覚を極限の高みまで引きあげたものもいる。

スペクトラムの端っこで、もっとも高周波の音を知覚するのはコウモリやイルカだ。一部の種のコウモリは二〇〇キロヘルツ（二〇万ヘルツ）の音を知覚し、イルカの可聴域は二七五キロヘルツに達する。海生哺乳類の可聴域は、低周波側にも振り切っている。シロナガスクジラは地響きのような一〇ヘルツを下回る低周波音で大洋を超えたコミュニケーションをおこなう。陸上では、ゾウは足の裏を介してはるか遠くの音を感じ取り、一四ヘルツの振動まで知覚できる。

このような驚異的な聴覚は、自然淘汰によって四肢動物のボディプランが哺乳類の耳に改造されたからこそ可能になった。研ぎ澄まされた感覚は哺乳類の行動と生態に多大な影響を及ぼし、狩りやコミュニケーションの様式を一変させた。そのため研究者たちは、耳の進化の過程の解明に取り組んできた。かれらは哺乳類系統のなかで変化の軌跡をたどり、わたしたちの進化の歴史における「無駄を省けば満ち足りる」の見事な実例を発見した。しかも、耳の進化のパターンはじつに意外なものだった。

音とは要するに空気の振動だ。音が最初に到達する耳介は、音を取り込み、音源の方向を特定する機能をもつ。耳介をもつほとんどの動物と違って、わたしたちは耳介を動かせない。耳をぴくぴくさせるのがどんなに上手い人でも、キャットフードの袋が擦れるかすかな音に反応して耳をぐるりと回すネコと比べれば、まるで勝負にならないレベルだ。

音は外耳道を通過し、鼓膜に衝突する。ここが中耳の入口だ。哺乳類の中耳には三つの小さな骨があり、これらが音を内耳に伝える。槌骨、キヌタ骨、アブミ骨は、あわせて耳小骨と呼ばれ、哺乳類の体でもっとも小さな骨だ。耳小骨は単に外からのメッセージを伝達するだけでなく、増幅する役割も担っている。アブミ骨はほかの四肢動物にもあるが、哺乳類は二つの骨を追加することで、音の増幅機能を劇的に高めた。この効果は、ボールを手のひらで打つか、ゴルフクラブで打つかの違いにたとえられる。九番アイアン[*9]で打ったボールは、見事な軌跡を描いてはるか遠くまで飛んでいく。

内耳に入ると、音は蝸牛を満たす液体を通して伝わる。この液体は内リンパ液と呼ばれ、蝸牛の内表面にある微細な「毛」を揺らして振動を伝える。振動は電気信号に変換され、脳に送られ解釈される。

＊9　わたしはゴルフはやらないが、いちばん飛距離が出るのはドライバーか三番ウッドらしい。でも、それだと響きがイマイチだ。

電信技師にモールス信号を送るようなものだ。内耳の構造、なかでも蝸牛の渦の長さは、その動物がどれだけ鋭い聴覚をもつかを教えてくれる。化石記録のなかでは、系統関係を解明する手がかりとしても有用だ。耳を構成する骨を通過する神経と血管の構造は、時代とともに変化しただけでなく、系統による違いもあるからだ。

最初の単弓類の顎関節は、頭骨の方形骨が下顎の関節骨と接していた。この配置は、顎をもつすべての脊椎動物の祖先形質であり、魚にもみられる。また下顎は歯骨、角骨、上角骨、前関節骨、筋突起など、複数の骨で構成されていた。しかし、キノドン類の時代までに、下顎の大部分は歯を収めた歯骨に占められるようになり、残りの骨は縮んで後方に追いやられた。

しかし、小さくなった下顎の骨はけっして無用ではなく、下顎そのものの振動を通じて音を感じ取る当時の単純な耳に、音を伝達する役割を果たしていた。そのうちのひとつである角骨は、プレート状になってより効率的に振動し、アブミ骨を介して蝸牛にシグナルを送るようになった。方形骨と方形頬骨も音の伝達に関わっていたが、これらは強固につながっていて、顎関節を補強する一方で、可動域を制限していた。この配置が、キノドン類の下顎中耳（ＭＭＥＣ）と呼ばれる、わたしたちの出発点だ。

祖先状態のＭＭＥＣから、完全な現生哺乳類の耳（ＤＭＭＥ）への変化は、進化史における奇跡的な転換のひとつだ。咀嚼のしくみが改良されて筋肉の配置が変化したことで、筋肉を支える役目から解放された結果、下顎の骨はますます小さくなった。最初に方形頬骨が退化し、方形骨の可動域が広がった。下顎の後方にある骨は揃って縮小しはじめたが、まだ音の伝達機能を担っていたため、消失には至らなかった。ドコドン類などの哺乳形類では、まだ歯骨の後方にこれらの骨を収めた後歯骨溝（postdentary trough）と呼ばれる広い溝があった。前関節骨は軟骨化し、下顎骨の内部を通るメッケル溝と呼ばれる

図４　哺乳類進化の過程で下顎の後方の骨は縮小し、中耳に統合された。

特徴的な痕跡を化石に残すようになった。

ここまではいい。でも、小さな骨はいったいいつ、どうやって耳の中に収まったのだろう？　三畳紀後期を思い出すと、最初の哺乳類はみな小さく夜行性だった。サイズの縮小は、哺乳類の聴覚の形成に関わる不可欠な前提条件であり、これにより歯骨の後方の骨が完全に顎関節から解放された。哺乳類が、現生種にみられる耳の構造と鋭敏な聴覚を進化させたのは、夜の世界を動き回ることへ適応だったのかもしれない。シンプルな筋書きだ。だが、真相はずっと複雑で、単に年月とともに骨がどんどん小さくなっていったわけではなかった。

話をややこしくするのは、いつだって単孔類だ。かれらの祖先であるグループは、少なくとも一億六〇〇〇万年前にほかの哺乳類から分岐した。こんなふうに言えるのは、単孔類系統の最初期の種の化石が、この時代の地層から見つかっているからだ。中国とイングランドのシュオテリウム *Shuotherium* や、アルゼンチンのヘノスフェルス *Henosferus* などがあげられる。同じ白亜紀のより新しい種としては、初期の単孔類であるステロポドン *Steropodon* が、オーストラリアのライトニングリッジの地層から発見されている。しかし、これらの種にはいずれも、まだメッケル溝があった。つまり、かれらはＤＭＭＥをもっていなかったのだ。にもかかわらず、子孫である現生の単孔類はＤＭＭＥをもっている。

ほかの哺乳類に目を移すと、状況はさらに複雑だ。初期の獣類（単孔類以外の哺乳類）は、現生哺乳類のような耳をもっていなかった。けれども多丘歯類と呼ばれる、獣類に近縁の齧歯類に似た動物たちは、獣類よりも前に哺乳類の系統樹から分岐したにもかかわらず、DMMEを備えていた。後獣類と真獣類はもちろんDMMEをもつが、その共通祖先はDMMEをもっていなかったらしい。

いったいどういうことだろう？　古生物学者たちは、キノドン類から現生哺乳類に至る、すっきりまとまった耳の進化の軌跡を思い描いていた。だが、化石記録を見るかぎり、哺乳類の耳は現れたり消えたりを繰り返している。そんなことはほとんどありえない。進化の「巻き戻し」、すなわちいったん喪失した形質の再獲得は、皆無とは言わないまでも、非常にまれなできごとだ。ほかの形で説明できるはずだ。

耳の謎の答えを、骆泽喜《ルオジューシ》は二〇一一年に概要として提示し、二〇一六年にさらに詳しく論じた。[4][5] 中国の新たな発見も含め、すべてのデータを再検討した彼は、大胆な解釈を提示した。彼の考えは、同じ問題に対して何度でも同じ解決策に回帰する、母なる自然のお決まりのパターンを下敷きにしている。

骆は、哺乳類の別々の系統で、DMMEが独立に複数回進化した[*10]と主張したのだ。単孔類を含む系統は、中生代に分岐したあと、独自にDMMEを進化させた。一方、獣類の共通祖先もまた現代的な耳を獲得し、これが（単孔類を除く）現生哺乳類のDMMEのプロトタイプとなった。したがって、多丘歯類のDMMEもまた、独立に進化したものだ。完璧な仮説とはいえないが、現代的な耳が独立に三回進化したと考えるほうが、先祖返りが何度も起こったとする唯一の代替仮説よりもはるかに理にかなっている。知っての通り、まったく別の系統の動物が、同じ進化的課題に対し、解決策として似たような適応を生み出すことは珍しくない。

複数の異なる系統で同じ形質の獲得または喪失が起こる現象は、同形形質（homoplasy）とも呼ばれる。

この仮説はいまも、哺乳類の耳のこれまでの化石記録を、もっとも節約的に、シンプルに説明するものだ。聴覚の強化は、生存におおいに役立つすぐれた適応であったために、一度どころか、少なくとも三度にわたって進化したようだ。

哺乳類の耳は中身だけでなく、外見もあわせて中生代の発明品だった。高周波音を検出できる中耳と内耳の構造ができるまで、哺乳類系統（とその祖先）は、頭の輪郭からはみ出す耳介をもっていなかった可能性が高い。というのも、耳介は高周波音の検出に特化した構造だからだ。

ほかの四肢動物では、音は左右の耳の間の頭の中を通過する。この場合、振動の強さの違いを分析することで、脳は音源の方向を特定できる。両生類と爬虫類では、片耳から入った音は口を構成する骨を伝って反対側の耳に届く。鳥類は左右の内耳をつなぐ管をもつ。一方、哺乳類は左右の耳が実質的に独立している点でユニークであり、まるで錐体骨という防音壁に包まれたレコーディングスタジオだ。この構造は、音の発生源を突き止めるときに問題となる。

問題解決の糸口になったのは、またしても小型化だったようだ。一九六〇年代、研究者たちは小型哺乳類が高周波音を聞き取れることに気づいた。詳しく調べるうちに、重要なのは体全体のサイズではなく、両耳間の距離であることがわかった(6)。小さい動物ほど、両耳が音を検出する時間差は小さくなる。哺乳類は左右の時間差だけでなく、音圧の強さの違いも音源定位に利用している。そして、左右の耳の間の距離が非常に小さい場合、音圧から音源の方向に関する信頼できる情報を引き出すには、高周波音

＊10　当初は五回進化したかのように見えたが、かつてＤＭＭＥをもっと考えられた動物（例えば第7章で取り上げた小さなハドロコディウム）の一部は、現在では祖先的な状態の耳を備えていたことが明らかになった。

でなければならないとわかったのだ。

　このことから、小さい体と甲高い声はセットであることが示唆される。哺乳類の左右の耳が独立していたため、周囲の世界を把握するには、より鋭敏で高周波に対応した聴覚が必要だった。これがDMMEだ。耳介が高周波音の構造を調整することで、音が前方または後方から来ている場合の定位能力が向上する。だが、低周波音の場合、この恩恵は得られない。つまり、一定の高周波数帯を感知できるようになるまで、哺乳類は音源定位のための耳介をもつメリットがなかったのだ。

　化石記録に残る最初の耳介は、スペインの白亜紀前期の地層から見つかった、スピノレステス *Spinolestes* という動物のものだ。次章で詳しく紹介するが、丸く、ネズミの耳に似ていて、中国以外で軟組織が化石として残った数少ない事例のひとつだ。わたしたちが想像する現生哺乳類には欠かせない、皮膚のひだと軟骨からなる耳介は、比較的新しい発明だったようだ。*11

　音の検出に長けていたことは、初期哺乳類に圧倒的な優位性をもたらし、捕食者を避け、食料を見つけ、他個体との相互作用（配偶、競争、子育てなど）の際にこれまでにない方法でコミュニケーションをとることが可能になった。こうした変化はほぼ確実に脳の大型化と連動していたはずだ。灰白質の増大により、感覚系からの入力情報の処理が効率化されただけでなく、中生代にますます複雑化した行動のための演算もできるようになった。

　わたしたちがモーツァルトのアリアやアリアナ・グランデを耳で楽しめるのは、中生代の哺乳類のおかげだ。こうして新たな音響装置を装備したかれらは、必要なツールをすべて手に入れ、恐竜時代のなかでの繁栄と多様化の道を進んでいった。

ジュラ紀に頭角を現した哺乳類のグループは多種多様だったが、いずれも小さな体に革命的な基本装備を詰め込んだ祖先を出発点としていた。恐竜に忙しいからといって、自然淘汰は哺乳類をほったらかしにはしなかった。現代の生態系においてそうであるように、中生代哺乳類はさまざまな生息環境に進出し、それに応じて体を変化させた。歯の形は、かれらの成功の原動力のひとつだった。ドコドン類は歯をきっかけに、遊泳、木登り、穴掘りへと特殊化という、未踏の道へと踏み出した。

ジュラ紀が終わりに近づくにつれ、驚異のドコドン類や宙を舞うハラミヤ類は衰退していった。ほかの哺乳類のグループがかれらに取って代わり、次の白亜紀の八〇〇〇万年にわたる繁栄を受け継いだ。そのなかには、哺乳綱の初期メンバーもいた。早い時代に分岐した単孔類系統の祖先もそのひとつだ。かれらは集団から最初に分かれたグループのひとつで、中生代哺乳類のさまざまな系統と同じ時代を生き、そのほとんどが非鳥類恐竜とともに死に絶えたあとも、現代までしぶとく生き延びた。

緑豊かな世界を謳歌した哺乳類は、中生代のまばゆい陽射しの下で地に満ちた。そして白亜紀が幕を開けると、新たな世界が花開いた。

*11　現生哺乳類のなかには耳介がないものもいる。たいていは水生（鯨類やアザラシなど）か、音源定位を必要としない地下生活者（モグラやホリネズミなど）だ。

第10章　反乱の時代

のちに哺乳類を生み出す見込みがあるのは
かれらのなかのどの集団だったのか？
……
それにその古い集団の位置づけは
壮麗なる哺乳類一族の祖としてよいのか？
ヘンリー・ナイプ『星雲から人類へ（Nebula to Man）』

ブリテン島の砂利浜に、大西洋の波が絶え間なく打ち寄せる。水平線の向こうで、ドイツのUボート[*1]が連合国の商船を待ち構えている。時は一九三九年九月。第二次世界大戦の開戦直後、大西洋を横断する物資輸送船に対する攻撃というドイツの戦術はすさまじい効果を発揮し、英国はほかの連合国から孤立していた。

海岸をパトロールする兵士たちは、新たな脅威から海岸線を防衛するという任務を忠実に遂行した。かれらは崖のたもとを歩くひとりの男を発見した。男は地図を持って周囲をうかがっていた。兵士たちは動揺し、海岸に降りて男を詰問した。男の受け答えを聞き、兵士たちの疑念は深まった。ドイツ訛り

＊1　潜水艦を意味する Unterseebooten の頭文字。

だ。無実の訴えをよそに、かれらはすぐさまスパイ容疑で男を拘束した。地図を持って重要な海岸をうろつく理由なんて、ほかに何がある？

男の名前はウォルター・ゲオルク・キューネ。彼は「伝説的なドイツの中生代哺乳類ハンター」[1]だった。逮捕時の彼は二〇代後半で、国を憂う兵士たちは知るよしもなかったが、すでに化石コレクターとして名を馳せていた。

この前年、キューネは妻のシャルロッテとともに母国ドイツから英国に渡った。一九三〇年代の緊迫した政情により、ドイツのハレ大学での彼のキャリアは断たれた。共産主義シンパとの嫌疑をかけられ、教授職を追われたうえに、九カ月にわたって投獄されたのだ[2]。その後、彼はシャルロッテとともに化石を採集し、博物館に売って生計を立てた。世界情勢が悪化の一途をたどるなか、かれらは英国に避難し、そこでも化石採集の仕事を続けた。

キューネ夫妻は初期哺乳類の小さく希少な骨を発見する才能に恵まれていた。かれらはすでに、ホルウェル採石場やその他いくつかのイングランドとウェールズの中生代地層で、岩盤の亀裂に詰まった堆積物を水中でふるいにかける方法で採集をおこない、大成功を収めていた。三畳紀の哺乳類モルガヌコドンを発見し命名したのは彼だ。彼が後世に残した業績のひとつは、中生代哺乳類の化石を採集する際に水中で選別する方法を確立したことだ[3]。「わたしには初期哺乳類がどこで見つかるかがわかります」[4]と、キューネはケンブリッジ大学の古脊椎動物学者フランシス・レックス・パリントンに請け合った。パリントンは哺乳類進化の権威であり、キューネが博物館に持ち込んだ歯の化石を喜び、初期哺乳類の歯をひとつ五ポンド（現在の価値で三〇〇ポンド以上）で買い取った。

この年の九月、英国とフランスがドイツに宣戦布告した直後、キューネは地質学地図とハンマーを手に、侵食された大西洋岸の崖で亀裂充填箇所を探していた。そこを兵士たちに見つかったのだ。彼は終戦までの年月をマン島の強制収容所で過ごす。

幸い、キューネは英国の科学界に多くの友人をもっていた。自然史博物館の同僚や、ロンドンの複数の大学の研究者たちが政府に嘆願したおかげで、キューネは戦時中もかれらと共同研究を続け、さらには抑留中でありながらロンドンの博物館を訪問することも許可された。キューネはこうした機会を生かして化石の研究に没頭し、キノドン類の古生物学に関する自身のもっとも重要な業績を打ち立てた。哺乳類のごく近い親戚である、オリゴキフス *Oligokyphus* のモノグラフだ。[5]

キューネのモノグラフは、古生物学者なら誰もが参照する基準となった。彼はこの動物の解剖学的特徴を図表と文章で詳述し、ばらばらに見つかった二〇〇〇個以上の骨の記録をまとめあげた。オリゴキフスは哺乳類の系統樹の側枝をなすグループに属するため、そのボディプランからは哺乳類と非哺乳類キノドン類の共通祖先がどんな動物だったかを理解するうえでなくてはならない手がかりが得られる。この種は現在でも、数百におよぶ系統学的検討のなかの参照点、すなわち外群として、哺乳形類および哺乳類のなかの系統関係を決定するために利用されている。オリゴキフスは、ほぼ哺乳類と呼べるかどうかの分水嶺なのだ。

にもかかわらず、オリゴキフスは一般大衆だけでなく、ほとんどの古生物学者からも忘れられている。かれらは近縁種とともに、キノドン類が獲得したスペシャリストとしての適応を見事に体現する存在だったが、いまでは現代にもっともありふれた哺乳類、つまり齧歯類に外見上似ていたことくらいしか話題にのぼらない。しかし、オリゴキフスの食性と頭骨は、哺乳類の全進化史のなかで最大の成功を収めたのだ。

オリゴキフスはトリティロドン類と呼ばれるグループに属する。キノドン類のなかでもっとも哺乳類に近い関係にあるとされる系統のひとつで、世界じゅうできわめて豊富に化石が発見されている。キューネは英国で見つけたが、北米からアジア、アフリカ、さらには南極まで、ほぼすべての大陸から産出が知られている。イタチのような控えめな種もいれば、ラーテルをもねじ伏せそうな種もいた。トリティロドン類は三畳紀末から少なくとも白亜紀前期までという、驚くほど長期間にわたって存続した。八〇〇〇万年の経験は伊達ではなく、かれらは中生代のキノドン類のなかでもっともしぶといグループのひとつだった。かれらの骨格に関する詳細な情報は、初期哺乳類の起源と系統関係の理解に不可欠だ。だからこそ、キューネのオリゴキフスのモノグラフは記念碑的で、いまなお有用なのだ。

奇妙なことに、キノドン類の古生物学において、トリティロドン類は日陰者扱いされている。だが、かれらはおおいに成功しただけでなく、同時代の初期哺乳類がまだ進出していなかった生活様式、すなわち植物食への特殊化を果たしていた。ジュラ紀前期まで、小柄な最初期の哺乳形類は昆虫を食べていた。ほかの非哺乳類キノドン類がすべて死に絶えるなか、トリティロドン類は繁栄した。自然淘汰がかれらを最高級の「葉っぱすりつぶし機」に変えたおかげだ。

もちろん、それまでにも植物食の単弓類はいた。最初にニッチを開拓したのは、石炭紀後期の屈強な大食い選手たちだ。ペルム紀の超獣ハルクは適応を一歩進め、無尽蔵にある葉っぱのごちそうを、共生細菌をたくさん棲まわせた消化管で発酵させた。バトンを受け取ったディキノドン類は、三畳紀を通じてこの地位を維持した。だが、いかつい先駆者たちはみな姿を消した。ワニと恐竜がのし歩く世界で、哺乳類が小型化して下生えに隠れるなか、トリティロドン類はサラダの食べ放題を満喫した。

植物食への特殊化は、ほかの非哺乳類キノドン類がすべて絶滅するのを尻目に、かれらが成功できた重要な要因であると考えられている。初期哺乳形類はほぼすべて、鋭い咬頭で節足動物の外骨格を噛み砕いていた。かれらの歯はハサミと圧搾機を兼ね、一生に一度の生え変わりにより、非常に効率よく切ったりつぶしたりすることができた。

トリティロドン類は別のやり方を選んだ。かれらの奥歯は、二つの山脈が前後方向に平行に走るような形をしていた。上の歯の尾根が下の歯の谷に収まる構造だ。咀嚼中は顎を前後にスライドさせて、植物をエナメル質の溝に送った。また、かれらの歯はエスカレーター式に継続的に生え変わった。口の奥から新しい歯が萌出し、古い歯が前から抜け落ちて、新しい山脈が絶え間なく供給された。犬歯より後ろの歯をコンスタントに入れ替えることで、繊維質に富む食事の代償である、絶え間ない歯の摩耗に対処していたのだ。

ベルトコンベア式の生え変わりパターンは、現生哺乳類のいくつかのグループでも進化したが、メカニズムは多少異なる。例えばゾウは、巨大な臼歯を顎の後方から新たに送り出し、古い臼歯と入れ替える。ゾウの長い生涯のうちに生え変わりは最大で六回起こり、存命中に六代目の歯がだめになると、かれらはふつう餓死してしまう。海牛類、すなわちジュゴンやマナティーも同じしくみを採用している。海牛類はゾウと近縁だが、ゾウと違って臼歯の供給回数に上限はないらしく、一度にひとつずつ、歯列が完全に揃うまで送り出される。[*2] 一部の種のカンガルーも同様だ。現生哺乳類において連続的な生え変わりは例外だが、いずれのケースでも、植物食による著しい摩耗への対処として、動物たちはこのように改変をおこなってきた。[*3]

日常的な摩耗への対策はひとつではない。哺乳類として世界でもっとも成功をとげた系統は、奥歯ではなく前歯で課題を解決した。進化の観点からみて、かれらは単弓類が達成した究極の偉業と言ってもいいだろう。かれらには、自然淘汰が生み出したもっとも急進的なイノベーションのすべてが詰め込まれている。小さな体、内温性という内なる炎、爆発的な増加を可能にする速い繁殖速度。そして生涯伸びつづける門歯で、堅果から樹の幹までありとあらゆるものを齧りつくす能力。もうおわかりだろう、そのグループとは齧歯類だ。

すべての現生哺乳類の種のうち、ほぼ半数は齧歯類だ。マウスをはじめ、リス、ヤマアラシ、ビーバー、トビネズミ、モルモットにカピバラまで、齧歯類はどこにでもいる。[*4] 英名の rodent は、ラテン語で「齧る」を意味する rodere に由来する。よく目立つ前歯はかれらのトレードマークで、長く分厚くなっており、二本の木材のようだ。頭骨をみると、この歯には歯根がなく、摩耗の速度に合わせて顎骨からひっきりなしに萌出する。かれらの門歯は植物食に完璧に適応していて、とりわけ齧る動作が必要な硬い食物をうまく処理できる。例えば、南米に棲むアグーチ *Dasyprocta* は、とてつもなく硬いブラジルナッツの中身を食べることができる数少ない動物だ。ビーバー *Castor* は幹を齧って倒した樹を持ち去り、家の建築資材にすると同時に、樹皮や枝先のやわらかい葉を食べる。

齧歯類の頭骨は見間違いようがない。前端に巨大な前歯（強度を増す鉄を含む色素でオレンジ色に染まっていることもある）があり、その後ろに歯のない隙間がある。後方には歯冠が平らですりつぶしに適した臼歯があり、全体的な構造は門歯の噛む力の最大化に特化しているように見える。門歯の後ろの歯のない広い間隙は歯隙（diastema）と呼ばれ、六〇〇〇万年前の祖先が犬歯を生やしていた場所を示している。

植物食の動物は、しばしば犬歯を失い、代わりに歯隙をもつ。はるか昔の獣弓類から現代の植物食哺乳類まで、植物食者の典型的な特徴だ。ウサギもこれにあてはまり、そのためまったく別の分類群（兎形目）に属するにもかかわらず、齧歯類と混同されがちだ。両者は頭骨の形態がよく似ていて、伸びつづける門歯をもつので、一緒くたにされるのは無理もない。このような他人の空似は、自然界のいたるところに見られる。初期の動物分類の試みは、しばしばこうした類似性にかき乱されてきた。形態の類似は収斂進化の賜物だ。共通のライフスタイルで成功を収める方法として、自然はしばしば同様の解決策を提示する。[*5] ウサギと齧歯類の歯でいえば、いずれも植物質をかじり取り、すりつぶすことに最適化されている。

話を中生代に戻すと、同じ「齧歯類型」の頭骨はトリティロドン類にもみられる。ただし、かれらの場合はゾウ風味も混ざっている。巨大化した門歯とその後ろの歯隙は特徴的なペンチ型のパターンをなしている。すりつぶしを担う奥歯はベルトコンベア式に生え変わり、これは生涯続いたようだ。多くの化石産地で、トリティロドン類は抜け落ちた歯だけが知られている。かれらの歯は、スコットランドのスカイ島を含む世界じゅうの化石動物相から、[(6)] タバコの吸殻のように豊富に見つかる。トリティロドン類のベルトコンベア式の歯は、三畳紀のキノドン類の基本パターンだった継続的な生

＊2　ゾウと海牛の系統は約五〇〇〇万年前に分岐した。興味深いことに、ゾウの祖先は半水生だった可能性がある。三五〇〇万年前のゾウの親戚であるモエリテリウム *Moeritherium* の歯からは、この動物が水草を食べていたことが示唆されるのだ。このことがわかったのは、食性を反映する炭素同位体分析のおかげだ。モエリテリウムは現代のゾウの直接の祖先ではないものの、こうした生活様式はグループの初期メンバーの多くに共通していたかもしれない。これが正しければ、ゾウの系統は陸生から半水生になったあと、再び完全な陸生に戻ったことになる。ゾウさん、優柔不断は嫌われるよ？

＊3　もうひとつの対処法として、歯冠の高い歯を発達させて生涯にわたる摩耗に備える種もいる。

＊4　南極は例外だが、地球温暖化の現状を考えれば進出は時間の問題だ。

＊5　お気づきの通り、わたしは本書で収斂進化に繰り返し言及している。これは偶然ではなく、こんなふうに何度も取り上げることで、進化の歴史のなかにどれだけありふれているかを実感してもらうためだ。

え変わりに、多少の変更を加えたものだった。同様の生え変わりパターンをもつ現生のグループ、例えばマナティーは、中生代の祖先がもっていた二生歯性を捨て去り、継続的な生え変わりに似たパターンに回帰した。

この特徴から、トリティロドン類が植物食に高度に特殊化していたことに加え、かれらが新生児に母乳を与えていなかった可能性が浮かびあがる。かれらは子ども時代にすべての歯を一度だけ交換するという方法をとっておらず、また離乳を示唆する証拠も見つかっていない。トリティロドン類の赤ちゃんの歯は、おとなの歯とまったく同じで、ただサイズが小さいだけだった。かれらは生まれてすぐに植物を食べた。このことを裏づける研究結果を、二〇一八年に古生物学者のエヴァ・ホフマンとティモシー・ロウが発表した。トリティロドン類は一度の産子数がとても多かったのだ。米国アリゾナ州で発見されたカイエンタテリウム *Kayentatherium* の化石は、少なくとも三八頭の子どもたちに覆いかぶさっていた。[7] ほとんどの哺乳類の最大産子数をはるかに上回る数だ。[*6] ここから研究チームは、哺乳類の産子数の減少は三畳紀後期よりもあとに起こったと論じた。子だくさんもまた、古代の有羊膜類の名残と考えられる。

トリティロドン類が注目に値するのは、ほかの非哺乳類キノドン類がすべて絶滅したあとも、哺乳類と共存しつつ、長きにわたって存続したからだ。けれども、地球の生命の叙事詩に登場するキャラクターがみなそうであるように、かれらの日々も終わりに近づいていた。軽んじられ研究の進んでいないトリティロドン類は、のちにかれらに代わって台頭するグループの前触れと位置づけられている。かれらを主要な植物食者の地位から追い落としたグループは、やがてもっとも多様な植物食哺乳類となり、白亜紀とその後の時代に繁栄をとげる。

ジュラ紀中期から白亜紀前期にかけて、「真の」哺乳類の一系統が世界を席巻した。かれらも齧歯類に似たペンチ型の頭骨とすりつぶしに適した臼歯をもっていた。トリティロドン類とは遠い親戚にすぎなかったが、この先駆者たちと同じ適応を獲得した。植物食へのさまざまな適応が凝縮されたかれらのボディプランは、中生代を生き抜き、小惑星衝突さえも超えて、同胞たちと「哺乳類時代」の主役の座を争う武器となった。今日に至るまで、かれらのクレードの長寿記録は破られていない。

かれらの成功はすべて、フラワー・パワーのおかげだった。

南カリフォルニアの砂漠のはるか上空で、世界でもっとも高価なカメラのひとつが宇宙空間を漂っている。一ピクセルが一五メートル四方なので、あなたやわたしの盛れた写真を撮ってはくれないが、九九分ごとに高度七〇〇キロメートルの軌道で地球を一周し、一日に七二〇枚の画像を撮影する。[*7] カメラの名前はランドサット八号。この星の究極の長距離セルフィーを撮影する観測衛星だ。

二〇一九年三月末、地球はスポットライトの中心で頬を赤らめていた。普段は淡い色をしたコロラド砂漠を見下ろすと、紅潮に目を奪われた。乾燥した景色の端から端まで、花が咲き乱れていたのだ。アプリコット色のポピー、薄紫のバーベナ、濃厚なバターのようなタンポポが、丘を飲み込み、谷を覆いつくした。砂漠に生命が満ちあふれた。

通常は一〇年に一度しか見られない自然現象、スーパーブルームだ。この現象が起こるのは、気象条

＊6　もっとも近いのはマダガスカルに棲む小型哺乳類のテンレックで、種によっては通常の出産で三二頭程度が生まれる。テンレックは哺乳類のなかでは例外で、ふつう産子数が母親の乳首の数を上回ることはない。ただし、有袋類はしばしば乳首よりも多くの子を産むことで知られ、生き残れるのは子どもたちのごく一部だ。

＊7　ソーシャルメディアのヘビーユーザーよりも少しだけ多い。

件が完璧で、冬の降雨が豊富なときだけだ。それ以前の七年間、降水量はきわめて少なかった。南カリフォルニアは二年連続で干ばつに襲われ、景観の大部分を占める乾燥した灌木地と外来種が優占する草原はほとんどが枯れ果てた。そこへ例年になく雨の多い冬が訪れ、眠りつづけていた花の種子をキスで目覚めさせた。春になると、それまで干からびていた丘は色彩の洪水となった。スーパーブルームは途方もない規模で、宇宙からも確認できるほどだった。

地上では、花の祭典に生き物たちが大挙して押し寄せた。送粉者と一緒に、同じくらい活発な厄介者もやってきた。インスタグラマーだ。過去三〇年で最大のスーパーブルームの話題はソーシャルメディアを席巻した。レイクエルシノアという小さな町のすぐ北に位置するウォーカー渓谷は、一斉開花のホットスポットとなり、五万人以上の観光客でごった返した。(8) インフルエンサーたちは一時間半待ちで入場し、撮影スポットを奪い合った。万華鏡のような花畑のなかでヨガのポーズをとり、寝転んで花を下敷きにしながら、スマホのレンズに向かって唇をとがらせた。みなこの瞬間を捉えたいだけでなく、その瞬間に居合わせた自分を捉えたいのだ。この新時代において、自然は代わり映えしないアヒル口のわたしたちに添えられる、壮麗な背景でしかない。

地球の生命進化史における、ある重大なできごとが起こっていなかったら、現代にはスーパーブルーム自撮りどころか、人類そのものが存在しなかった。約一億二〇〇〇万年前、植物の一グループが出現し、物理的にも生態学的にも景観を全面的につくり変えた。これらの植物がなければ、わたしたちがいまここにいないのは確実だ。わたしが言っているのは、もちろん花のことだ。

手近な窓から外を眺めてみよう。来月の収入を賭けてもいいが（そんなに多くないので期待しないでほしい）、最初にあなたの目に入る植物は被子植物、つまり花を咲かせる植物だ。英名の angiosperm は、ギリシャ語で容器や瓶を意味するangeionと、種子を意味するspermaに由来する。要するに果実をつける植物だ。被子植物は今日の世界になくてはならない、あまりに巨大な要素であるため、普段はほとんどわたしたちの意識にのぼらない。ヒトは被子植物に毒を盛り、摘み取り、花瓶に挿して枯らし、食べる。踏みつけて歩き、上に座り、下にも座る。一方、被子植物はわたしたちが呼吸する空気をつくっている。

信じられないかもしれないが、少なくとも一億三〇〇〇万年前まで、花は世界にひとつもなかった。植物が上陸してから三億五〇〇〇万年の間、開花は起こらなかったのだ。これまでの章で見てきた通り、生態系の植物要素は、最初は地衣類、ヒカゲノカズラ類、ミズニラ類、シダ類が占め、続いて裸子植物が現れた。これらのグループの植物はいまなお健在で、とりわけ裸子植物のなかの針葉樹は、世界の森林の主要構成要素のひとつだ。裸子植物は種子と花粉をつくり、甲虫など送粉を担う昆虫たちとある程度の共生関係を築いている。しかし、こうした植物の大半は、風媒と水媒だけで問題なく繁殖できる。

最初の被子植物の起源は正確にはわかっていない。被子植物の花粉のもっとも古い化石は白亜紀前期のものだが、花そのものの最古の化石がどれかについては諸説ある。二〇一八年、古植物学者の国際研究チームが、中国のジュラ紀前期の香山層から最古の花の化石を発見したと発表した。[9] この年代は、遺伝学研究に基づいて被子植物が誕生したと推定される年代により近く、これによると被子植物は裸子植物の一群から早くも三畳紀に分岐したとされる。[10][11] ある仮説によると、被子植物の祖先でゲノム重複が起こったことが、この分岐を促した。ゲノム重複は多くの動植物のグループにおいて進化の原動力になったと考えられている現象だ。スイスの三畳紀中期の地層から見つかった花粉の化石は、被子植物のものである可能性が指摘されているものの、[12] 現時点でこれほど古い起源を支持する確たる証拠はない。中国のジュラ紀前期の化石についても、裸子植物のものを誤認しているにすぎないとする研究者もいる。

出現した時期が正確にいつだったにせよ、最初の被子植物は湿潤環境、例えば密林の薄暗い下層に適応していたという点で、研究者たちの意見は一致している。おそらく集団サイズは小さく、地理的分布も限られていたはずだ。最初の被子植物はジュラ紀の間、裸子植物が支配する世界のマイナーな構成要素として、ひっそりと命をつないだ。

ところが白亜紀に入ると、花は時代の主役となった。化石記録のなかのスーパーブルームはじつに唐突に始まっていて、初期の進化学者たちは頭を悩ませた。ダーウィンの考えによれば、進化は「大々的かつ突発的な変化を生み出すことはできず、少しずつゆっくりと段階的にしか作用しない」[13]。にもかかわらず、花束はどこからともなく、まるで空から降ってきたかのように、白亜紀中期に完全な形で現れた。ダーウィンにとって、これは「忌まわしい謎」であり、彼は世界じゅうの植物学者との意見交換を通じて解明を試みた。

進化に関するわたしたちの理解が進むにつれ、被子植物の唐突な登場はもはや謎ではなくなった。ダーウィンは半分だけ正しかった。自然淘汰はゆっくりと漸進的なこともあるが、状況によっては駆け足で爆発的にもなりうる。化石記録は解像度が低いため、地質学的時間のわずかな枠のなかにある「移行的」化石を発見するには探索に相当の努力が必要だが、たいていは遅かれ早かれ発見される。

ダーウィンの謎を解く手がかりとなる化石は三つある。一つめはポルトガルで見つかったスイレン目の一種。[14] 二つめは、隣のスペインで発見され、モントセチア *Montsechia* と名づけられた、ヒルムシロ［訳注：オモダカ目の水草の一種］に似た植物。[15] 三つめは、キンポウゲの仲間のリーフルクトゥス *Leefructus* と呼ばれる種で、中国の遼寧省で発見された。[16] 年代は三種とも白亜紀前期で、約一億二五〇〇万年前にさかのぼる。花を咲かせる植物が当時すでに存在したことは明らかで、しかも一部は現生種と同じグループに含まれた。無から出現したわけではなかったのだ。[*8]

その直後、花は世界で革命を巻き起こした。一億二五〇〇万年前から八〇〇〇万年前までの間に、被子植物はじめじめした下層植生の環境を抜け出し、突如として生命の歴史のなかでも一、二を争うほど革新的で爆発的な適応放散を果たしたのだ。

これを含めた一連の事象は、白亜紀陸上革命と呼ばれ、まさに大地を覆いつくす規模で進行した。植物群集は生活環境と食物連鎖の基盤であるため、そこに起こる変化は生態系全体に影響を及ぼす。白亜紀の昆虫、哺乳類、爬虫類はみな、被子植物が新たに生み出した豊富な栄養源である、花蜜や果実に適応し多様化した。突然に高鳴りはじめた地球のハートは、芳しい果汁をほとばしらせた。

送粉を担ったことがわかっている最初のハチは白亜紀前期のもので、捕食性のカリバチのような祖先から進化した。蛾やアリが多様化し、バッタやタマバチ［訳注：植物に寄生して虫こぶ（ゴール）をつくる、タマバチ科の小型のハチの総称］も続いた。これらはみな、新たな捕食性昆虫の食料となり、さらにそれらを捕食する動物の存在基盤となった。新たな系統のトカゲやヘビ、さらにもっと大柄な親戚であるワニも、ガサガサ、シュルシュルと表舞台に這い出してきて、繁栄した。

恐竜も絶好調だったが、相変わらず新たな形態へと進化しつづけていたかれらは、周囲で進行する花の進化から直接的な影響を受けなかったと考えられている。白亜紀末までに、恐竜の代表選手である植物食のグループ、例えば新角竜類（エステメノスクスの二番煎じな三本角のトリケラトプスなど）[*9]や棍棒のよう

＊8　被子植物は単子葉植物と双子葉植物という二つのグループに大別される。ダーウィンが謎と呼んだのは、すべての被子植物の出現ではなく、とくに双子葉植物の多様化であったことは、ここで指摘しておくべきだろう。

＊9　この見事な獣弓類には第5章で出会った。

な尾をしたアンキロサウルスが、下層植生を食むようになっていた。かれらの頭上で葉をむしっていたのは、ヘッドバットが得意のパキケファロサウルス。二足歩行の植物食者で、ドーム型の厚い頭骨に角の縁取りをつけた、地獄の剃髪僧のような姿をしていた。ハドロサウルス類は白亜紀後期のスーパーブルームのなか、一番乗りでアヒル口をしていた。この時代にインスタグラマーがいたら、もっと悪名高い動物たちの手頃なおやつになっていただろう。ハリウッドと小学生を同じように熱狂させる、おなじみのティラノサウルスやスピノサウルスがのし歩いていたのだから。

だが、それよりも興味深いのは、今日もなお生きつづけている恐竜たちの一群だ。鳥の祖先である鳥群（Avialae）のもっとも古い化石はジュラ紀後期の地層から発見されている。この産地は、遊泳し、滑空し、穴掘りする中生代哺乳類の驚異的な多様性が明らかになったのと同じ場所だ。白亜紀前期のジェホロルニス *Jeholornis* やサペオルニス *Sapeornis* の発見の知らせが中国から舞い込んだことで、きゃしゃで二足歩行のジュラ紀のマニラプトル類恐竜と、白亜紀後期の「ワンダーチキン」（ニワトリとカモの共通祖先に近い初期鳥類）のような動物たちを隔てるギャップが埋まりはじめた。[17]

哺乳類もまた、白亜紀が花開くとともに熱狂に加わった。植物が発端となった革命は、とりわけ植物食者にとてつもない影響を及ぼした。

知られているかぎり最後のトリティロドン類の化石は、日本の中部地方にある白亜紀の地層から発見された。約一億三〇〇〇万年前、ひとつの水系の河川が東京から西に四〇〇キロメートル離れた現在の石川県にある白峰地区を離合しながら流れていた。支流のひとつが、動物たちの骨を最期の安息地へと運んだ。カエル、カメ、トカゲ、ときには恐竜さえも。こうしてできた雑多な集まりのなかに、立方体状をした、咬頭と窪みの列をもつ小さな歯があった。最後のトリティロドン類、[*10]モンティリクトゥス・

クワジマエンシス *Montirictus kuwajimaensis* は、この歯だけを残して姿を消した。かれらの歯と一緒に、植物食キノドン類に代わって台頭した、ニッチの後継者の歯も見つかった。多丘歯目の哺乳類だ。

多丘歯類は、中生代の終盤に、種数と個体数の面でもっとも成功を収めた哺乳類だ。激変する白亜紀の世界におけるかれらの位置づけを理解するには、再び砂漠のお花畑の中心に戻り、中生代哺乳類に関する知見の礎を築き、二一世紀へと継承した女性に会わなくてはならない。

革命は、自然だけでなく人々をも形づくる。ウォルター・キューネが戦時下の英国で政府の監視のもとオリゴキフスを研究していたころ、ポーランドのひとりのティーンエージャーが、ナチス占領軍と戦うヨーロッパ最大の非合法レジスタンスに加わった。ナチスへの抗戦を通じて鍛えあげられた不屈の精神で、彼女はのちに共産党政権下の偏狭な言論封殺にも反旗を翻した。彼女は女性として初めて、モンゴルの砂漠地帯への古生物学調査隊を率いた。彼女は単なる女性版インディ・ジョーンズではなく、厳密な学術性と協働的アプローチにより、哺乳類の解剖学と進化に関する理解を世界じゅうで刷新した。世界でもっとも偉大な科学者のひとりであり、中生代哺乳類の古生物学の第一人者だ。六〇年にわたるキャリアの終盤、八〇代になってから彼女が著した本は、中生代哺乳類を知るための必読書だ。

彼女の名は、ゾフィア・キエラン＝ヤウォロウスカ。

ゾフィア・キエランは一九二五年、ワルシャワとベラルーシ国境の中間に位置する小さな町ソコウ

＊10　本書の刊行直前、わたしの同僚の毛方園《マオファンユアン》らにより、白亜紀初期の新たなトリティロドン類が記載された。中国で発見された見事な骨格化石は、フォッシオマヌス・シネンシス *Fossiomanus sinensis* と命名され、モンティリクティスとともにかれらの最後の世代に加わった。

フ・ポドラスキで生まれた。キエラン家はヨーロッパ各地にルーツをもっていた。父方はスカンディナヴィア系で、一六〇〇年代半ばにポーランド南東部に逃れてきたスウェーデン人の末裔だった。母親はスコットランド・ゲール語でドゥニワサル（duniwassal）と呼ばれる、スコットランドの小貴族の血を引いていた（「男性」を意味するduineと、「高貴な」を意味するuasalの合成語）。ゾフィア・キエランは世界市民であると同時に、どこにも属さなかった。戦禍の少女時代は、彼女の人格を形成し、彼女に世界を再建する力を授けた。

キエランの父フランシシェクは、ロシアで一等准士官として安定した地位に就いていたが、一九一七年の一〇月革命をきっかけに翌年ポーランドに戻り、第一次世界大戦の従軍中にマリア・オシンスカと出会った。戦後、夫妻はクリスティーナとゾフィアという二人の娘たちに恵まれ、幼子を抱えてワルシャワに移り住んだ。フランシシェクは新たな職に就き、マリアも事務員として働いて、十分な稼ぎを得たかれらは家を買った。

キエランの意思の強さと学問の才能は、幼少期から際立っていた。写真のなかの彼女は真剣な面持ちで、決然と唇を堅く結んでいる。糖蜜のような暗色の瞳には、反骨精神が宿っていた。子どもの頃のある年のクリスマス、おばの家に大勢が集まるパーティーを嫌がった彼女は、家族からできるだけ遠くに離れて座り、ひざの上に算数の教科書を置いて、みながお祝いするなか、ひとり強情に学校の宿題をしていたという。

この真面目さが報われて、一一歳で彼女はワルシャワの名門校への入学を認められた。彼女は動物学博物館の図書室で、動物学と古生物学の教科書を読みふけった。進化理論がキエランの頭脳に火をともし、彼女はこれを生涯の仕事にすることに決めた。一家はこのまま快適で豊かな生活を送るかに思えた。

一九三九年、同世代のすべての人々と同じように、キエラン家の暮らしも暗転した。ゾフィア・キエランが一四歳のとき、ドイツがポーランドに侵攻し、ワルシャワへの空爆が始まった。同年九月、ナチス軍がワルシャワに攻め入り、ポーランドはドイツとソビエトロシアの支配下に置かれた。

キエランの剛毅な性格は、こうした戦火で荒廃した環境で形づくられた。彼女はのちに、開戦の年がもつ自身にとっての重要な意味について語っている。世界がひっくり返ったこの年、彼女は「非合理的で矛盾だらけ」[18]のローマカトリックの信仰を捨てたのだ。両親も信心深い人たちではなく、宗教行事に参加しないという彼女の決断をすんなり受け入れた。それでも、今日に至るまで国民の大部分がローマカトリックを信じる、ポーランドのひとりの若い女性にとっては、間違いなく大胆な意思表示だった。キエランに躊躇はなく、以後、彼女は生涯にわたって完全に無神論を貫いた。

一五歳のとき、彼女は地下準軍事組織「シャレ・シェレギ」で衛生兵として訓練を受けた。ナチスは非ドイツ人が中等教育を受けることを禁じ、違反者には死刑もありえた。しかしキエラン姉妹は女性校長の計らいで、許可を得たドイツ語と園芸のクラス（女子に認められた教育はこれと編み物だけだった）を隠れ蓑にして、秘密裏に勉強を続けることができた。

それから五年間にわたり、キエラン家は第三帝国への抵抗を続けた。かれらは娘のクラスメイトのユダヤ人少女二人をかくまい、ひとりを安全な場所に脱出させ、もうひとりのヤナ・プロトについては身元を隠して自宅に住まわせた。[*11] ついにワルシャワ蜂起が起こると、キエランとヤナは仲間たちとともに、

＊11　一九九一年、ヤド・ヴァシェム（ホロコースト博物館）は、フランシシェクとマリアのキエラン夫妻および娘たちを「諸国民の中の正義の人」として表彰した。この称号は、ホロコーストからユダヤ人を救った非ユダヤ人の功績を称えるものだ。キエラン＝ヤウォロウスカはこの称号を心から誇りに思っていた。

街から占領軍を撤退させるべく戦い負傷した六〇〇〇人のポーランド兵士たちの治療にあたった。何もかもが混乱状態だったが、キエランはどこへ行くにも古生物学の教科書をバックパックに詰め、落ち着いた時間に読んでいた。いつか夢を叶えるという願いの火は消えていなかった。

蜂起は失敗し、キエランとヤナは収容所に送られた。強制労働収容所に移送されるまでの中継地点だ。二人はそこでキエランの母親と再会し、どうにか揃ってスキエルニエヴィツェの町に避難した。ナチスによるワルシャワの破壊は徹底していた。二〇万人の市民が死亡し、その多くは集団処刑の犠牲者だった。「この都市は地球上から完全に消滅すべきである」と、ハインリッヒ・ヒムラーは宣言した。「石ひとつに至るまで残らず倒しつくす。すべての建物を基礎だけになるまで破壊する」[19]。かれらのジェノサイド計画のなかで、ワルシャワは単なる交通の要衝でしかなく、市民は強制移住か殺害の対象だった。

終戦までに、市街地の五分の四が消滅した。戦闘による損壊もあったが、ほとんどは組織的で計画的な破壊の結果だった。歴史建造物、図書館、学校、大学など、何ひとつ被害を免れなかった。ようやく戦争が終結すると、ソ連軍が廃墟のようなワルシャワに進駐した。以後、この首都と国はロシアの共産主義勢力圏である東側諸国に組み込まれ、この体制が五四年にわたって続くことになる。

終戦を知らされたキエランは、スキエルニエヴィツェから七一キロメートルの道のりを歩いてワルシャワに戻った。一家が暮らしたアパートは破壊されていた。奇跡的に無傷だった自転車をがれきの山から掘り出すと、彼女は動物学博物館に向かった。そこで彼女は、家を失い、収蔵棚や展示物の残骸の間につくられた仮設避難所で生活していた博物館職員たちに加わった。かれらは協力して収蔵品を回収し、少しずつ博物館の再建と復旧を進めた。

キエランはまもなく博物館の助手に採用された。博物館の図書室はなぜか破壊を免れていたため、キエランはそこに蓄積された知識を吸収することができた。彼女は研究を続け、博士号を取得した。意外なことに、彼女の最初の研究テーマは、のちに自身が第一人者となる初期哺乳類ではなく、三葉虫と古代の蠕虫だった。博士課程を終えたあと、キエラン＝ヤウォロウスカ（一九五八年、彼女は親友で医学生だったズビグニエフ・ヤウォロウスキと結婚した）は一〇代の頃に心奪われた脊椎動物の研究に戻ろうと思っていた。けれども指導教員の考えは違って、彼は多毛類の研究に専念することを勧めた。

多毛類はウミケムシとも呼ばれ、化石記録としてはしばしば大顎だけが知られる。やわらかくグニャグニャした体にある、唯一の硬質部分だ。キエラン＝ヤウォロウスカは酸を使って、史上初の完全な多毛類の大顎の化石を岩石から取り出し、前例のない詳細さで古代の多毛類の口を復元した。微細構造への鋭い観察眼と、難しい作業における集中力は、のちに自身が発見する哺乳類化石の研究の基盤となった。

一九六〇年代までに、キエラン＝ヤウォロウスカはポーランド科学アカデミー（PAN）の一角をなす、ワルシャワ古生物学研究所の所長にまで登りつめていた。前任の男性所長はオープンで国際的な思考をもった人で、退任前にポーランド・モンゴル合同古生物学調査の開始に向けた交渉をまとめていた。ゴビ砂漠での化石探しだ。キエラン＝ヤウォロウスカは、幼少期の憧れの人物であるロイ・チャップマ

＊12　アンドリュースは映画シリーズの主人公であるインディ・ジョーンズのモデルとされている。ただし確かな証拠はなく、同時代の英国の探検家パーシー・ハリソン・フォーセットも候補にあげられている。いずれもステレオタイプな男性探検家で、考古学と古生物学はいずれもこうしたイメージを払拭したがっている。幸いなことに、両分野ともマッチョな略奪者は過去のものになりつつあるからだ。

ン・アンドリュース[*12]の著作でこの地域について知っていた。アンドリュースは一九二〇年代、米国自然史博物館のチームのひとりとしてゴビ砂漠を訪れ、恐竜やその卵の化石を発見した。しかしキエラン＝ヤウォロウスカにとって、想像力をかきたてたのは別のお宝のほうだった。

「ゴビ砂漠の古生物学調査について初めて知った日のことは、いまでもはっきり覚えている」と、彼女はのちに著書『恐竜を探して（Hunting for Dinosaurs）』で述べている。一九四六年、「ヴィルチャ通りにあるコズウォウスキ教授の自宅の小さな部屋でのことだった……その朝わたしたちは、奇妙な名前の哺乳類の頭骨が黒板に描かれているのを見た。デルタテリウム *Deltatherium* とザラムダレステス *Zalambdalestes* だ。知られているかぎり最古の有胎盤哺乳類だった……このとき初めて、わたしはゴビ砂漠が古生物学者にとって正真正銘の黄金郷《エルドラド》だと知った」

ゴビ砂漠探検の記述は、少女時代のキエラン＝ヤウォロウスカを虜にした。冒険に憧れ、旅に魅せられる思いは、アンドリュースの記事や彼の旅行記『地の果てまで（To the Ends of the Earth）』を読みふけるにつれ、ますます高まった。「わたし自身もその場所に行けるなんて、しかもたった一六年後にポーランド・モンゴル古生物調査を率いることになるなんて、夢にも思わなかった」

一九六二年、キエラン＝ヤウォロウスカは第一次調査隊の派遣のため、六カ月の準備期間を与えられた。当時ほとんどの西側の科学者にとって、このような探検を女性が率いるなど、およそ考えられないことだった。ヨーロッパ、米国、南アフリカが実施した同様の調査はみな男性がリーダーだった。だが、東ヨーロッパではキエラン＝ヤウォロウスカをはじめ、何人もの先駆的な女性科学者たちが、それぞれの分野の草分けとして活躍していた。

彼女が作成した二〇ページにおよぶ装備リストには、三カ月分の車の燃料、食料、キャンプと料理に必要な器具一式、医薬品、それに灼熱の昼と凍える夜を乗り切るための衣服などが並んだ。これらの装備は木箱に詰められ、シベリア鉄道でモンゴルの首都ウランバートルまで送られて、調査隊の到着を待った。

チームには学術面での準備も必要だったが、当時のポーランドに恐竜や中生代哺乳類の化石コレクションは存在しなかった。書籍や学術論文もほとんどが戦禍で失われていた。そのためキエラン゠ヤウォロウスカは重要な文献をマイクロフィルムの形で輸入した。チームはセミナーに集まり、ポーランドの厳しい冬が明けるのを待つ間、ゴビ砂漠の地質学と古生物学についておおいに議論した。かれらは層序を頭に叩き込み、世界各地で同時代の地層から発見された恐竜や哺乳類のリストを作成した。

一九六三年五月、キエラン゠ヤウォロウスカの最初のポーランド隊を乗せた飛行機が、ワルシャワを発ちウランバートルへと飛び立った。かれらの任務は予備調査で、キエラン゠ヤウォロウスカ自身は同行しなかった。モンゴルの共同研究者たちと合流したチームは、有望な候補地を選定し、砂漠を移動するのに頼れる車両がどれなのかを身をもって学んだ。灼けつく真昼の太陽と絶え間ない強風をしのげるテントの建て方も考案した。四カ月後、かれらは表層から採集した最初の化石である、暁新世（六六〇〇万年前〜五六〇〇万年前）の哺乳類と恐竜の卵とともに帰国した。

予備調査隊の情報に基づき、キエラン゠ヤウォロウスカはモンゴルに向かう第二次調査隊を一九六四年に組織した。研究チームはその後もたびたび派遣されることとなる。いよいよ彼女自身が、乾燥した白亜紀のアジアの中心地を探検するときがやってきた。

白亜紀（Cretaceous）という名前はラテン語のcretaに由来し、石灰岩の一種である白亜（チョーク）を意味するが、地質学では同じ意味のドイツ語のKreideの頭文字をとってKと略される。白亜紀末の大量絶滅事象はK-Pg（白亜紀－古第三紀）、白亜紀陸上革命はKTRだ。やわらかな白亜の堆積層は、西ヨーロッパの各地ではるか昔の死体を包み込んだ。白亜は海生無脊椎動物の殻に含まれる炭酸カルシウムでできていて、当時のヨーロッパが豊かな浅い海の底にあったことを示す。

水没していたのはヨーロッパだけではなかった。白亜紀、超大陸パンゲアの最後の名残が分裂し、広範囲で海進が起こった。今日のわたしたちが知る海、すなわち北大西洋、南大西洋、太平洋、北極海などが形成されただけでなく、大陸もおなじみの形をとりはじめた。とはいえ、まだラインナップに見つからない陸地もあった。インドはまだアフリカ南部の沖合で、マダガスカルとくっついたまま逡巡していた。さらに南の高緯度帯では、オーストラリアと南極もまだ離れられずにいた。

石炭紀以来もっとも高い海水面のおかげで、白亜紀の大陸の海岸線は今とはまったく違っていた。アフリカの北端、中東、ヨーロッパのほぼ全域は海面下にあった。北米は南北に分断され、間に西部内陸海路が走っていた。この海路はときにハドソン海路、ラブラドル海路と合流し、大陸を三つに分割した。南米も北西部はほとんどが海の底で、現在のベネズエラ、コロンビア、エクアドル、ペルーにあたる地域を海が支配した。

世界でもっとも有名な山々は存在しなかった。アルプス山脈は豊饒なテチス海の跡地から姿を現しはじめたばかりで、アフリカとヨーロッパが接近するにつれ、褶曲し隆起していった。太平洋の東縁を見ても、北のロッキー山脈と南のアンデス山脈はまだ、かつての造山活動[*13]によって残された丘陵でしかなかった。

しかし、大地は再び隆起しつつあった。白亜紀には、太平洋東縁の構造プレートが別のプレートの下に潜り込んで地殻を押し上げる、今なお続くプロセスが始まった。今日のアンデス山脈は世界一長い山脈であり、全長約七〇〇〇キロメートルに達する。ロッキー山脈はその後の氷河期に侵食を受けたが、最盛期には現在のチベット高原に匹敵する標高に達した。高山の代名詞であるヒマラヤ山脈は影も形もなかった。ヒマラヤは地質学的に見れば赤ちゃんも同然で、過去五〇〇〇万年の間に姿を現し、今なお隆起しつづけている。

これらの山々は気候の形成に不可欠な役割を果たしている。空気の流れを変え、水分を雨として奪い、河川水系を潤す。さらに南極と同じように、水を氷河として保持する。白亜紀には南極大陸に多少の氷河が形成されたと考えられているものの、八〇〇〇万年にわたるこの時代の大半を通じて、地球上に雪や氷はほとんどなかった。このことがさらに海面上昇を促し、地球に壮大な水の世界が広がった。海流はほとんど遮られることなく、赤道を東から西にぐるりと一周した。

こうした数々の地球物理学的変化が合わさって、世界の気温が上昇した。地球はジュラ紀末の寒冷期を脱し、徐々に暖かくなって、南極大陸すら緑に覆われた。赤道から極までほとんど温度差がなくなったため、湧昇流が弱まり、海洋の一部は淀んだ。深海の温度は今より二〇℃も高く、酸素欠乏を示す頁岩が岩石記録に残されている。

にもかかわらず、海面上昇によって広大なものとなった海洋生態系では、陸上と同じような革命が巻き起こった。中生代の幕開け以来、海では大きな転換が進行していた。古生代の間、海の生物多様性の基盤をなしていたのは、海底の固着性生物だった。生き物たちは外骨格をまとってうずくまっていた。

＊13　地殻のピースが寄り集まること。

しかし三畳紀に入ると、こうした生き物たちはニュータイプの海生捕食者たちの格好の餌食になった。硬い殻を砕くのに特化した小石のような歯をもつ「クラッシャー」が、やすやすと腹を満たしながら食物連鎖を登りつめた。新たな脅威に対応できなかった動物たちは絶滅し、逃げ隠れする能力が高いものだけが生き延びた。

食物連鎖の反対側では、強大な海生爬虫類たち（恐竜ではなく、水中生活に完全に回帰し独立に適応放散した系統）が現れ、栄華を極めた。魚竜類、プレシオサウルス類、プリオサウルス類、モササウルス類が、中生代の海にひしめき合った。いずれも四肢動物のなかでいち早く海生適応を果たしたグループだ。のちに哺乳類の一系統がこれに続き、現在のクジラやイルカとなる。

モンゴルは白亜紀の間も陸地だった。高原だったが、乾燥してはおらず、今日の風景とは対照的だった。

チンギス・ハンのステップは、ロシアのシベリアと中国の内モンゴル自治区の狭間に位置し、西洋人にとって過酷な「辺境」の代名詞となっている。ティンブクトゥと並んで、モンゴルはしばしば何もない場所を形容する決まり文句にされるが、実際にはどちらも強大なかつての帝国の中心地だった。いまなお世界でもっとも人口密度の低い国のひとつであり、わずか三〇〇万人の国民のうち、三人に一人が遊牧または半遊牧生活を送っている。

国土の大部分は高地草原であり、南部は平坦だが、北部と西部のロシアとの国境には高山が連なる。夏の気温は四〇℃台後半に達し、冬はシベリア気団の猛威によりマイナス三〇℃まで下がる。想像を絶する過酷な冬のせいで、モンゴル語には家畜の大量死を表す単語が五つもある。[*14]

わたしたちはゴビ砂漠と呼んでいるが、「ゴビ」という単語には特別な意味がある。砂だらけの砂漠と違って、ゴビは乾燥した草原で、ラクダは生きられるがマーモット[*15]は生きていけない場所だ。つまり、脆弱で植生がまばらな、水の乏しい環境なのだ。モンゴルのゴビの南に広がる茫漠たる土地は、ヒマラヤの影になっている。山々が南風に含まれる雨を貪欲に飲み干すせいで、チベット、タクラマカン、ゴビ砂漠、そしてモンゴルの中心部までを含む、北の広大な土地は乾ききっている。

だが、モンゴルはずっと乾燥していたわけではない。今の極限環境は、地質学的なめぐり合わせの結果だ。ゴビ砂漠で見つかる化石や岩石は、高齢の親戚の家のマントルピース〔訳注：暖炉の周囲の装飾〕に置かれたセピア色の写真のようだ。そこから、ゴージャスで活気に満ち、華麗な宝石を身にまとう、パーティーの花形だった在りし日のモンゴルが見てとれる。そこには白亜紀がもたらした恵みのすべてがあった。モンゴルで見つかる化石は、哺乳類の進化と現生哺乳類の起源についてのわたしたちの理解の基礎を築き、これらの動物を研究した人々のキャリアを形成した。

一九六四年六月、キエラン＝ヤウォロウスカは酷暑のウランバートルにひとり降り立った。彼女はモンゴルが「永遠の青空の国」と呼ばれる理由を実感した。ここでは快晴の日が年間二五〇日を数える。モンゴル科学アカデミーとウランバートル大学の研究者たちとの一週間にわたる共同作業を終え、彼女は二人の共同研究者とともに、フィールド用の小型車に乗り込み、南に向かった。

＊14　ズッド（大量餓死）は、次の五種類に区別される。低温が原因のクイテン（寒さ）、大雪が原因のツァガーン（白）、水不足が原因のカル（黒）、一時的な雪解けのあとの寒の戻りで牧草が氷に覆われて起こるトゥメル（鉄）、そしてこれら異なるズッドの複数が組み合わさって起こるカヴサルサンだ。

＊15　マーモットはぽっちゃりした地表生のリスで、草原や高山でよく見られる。

アカデミーの現地職員であるダグワが後部座席に座った。彼はキエラン＝ヤウォロウスカの母国に一年住んだ経験があり、ポーランド語を話せた。運転席のバトチルもモンゴル人で、ロシア語を話せた。ダグワとバトチルが歌うモンゴル語の民謡をBGMに、三人は人影まばらな草原に残る、かすかな轍をたどって車を走らせた。

灼熱のモンゴル南西部への長い旅となった、この年とその後の調査について記した文章に、キエラン＝ヤウォロウスカはトールキンの『指輪物語』に出てきそうな地図を添えている。馬やラクダの群れを見送りながら二日間にわたってドライブし、チームはウランバートルから五五〇キロメートル離れたダルンザドガドの町に到着した。そこから西へさらに数日車を走らせたネメグト渓谷で、作業にはげむ先遣隊と合流した。緑の草原は徐々に活力を失い、砂漠に入った。道路がないところでは、干上がった河床を走った。

キエラン＝ヤウォロウスカはモンゴルの遊牧生活に難なくなじんだ。水の乏しさと相部屋での宿泊は、チャップマン・アンドリュースの旅行記を愛読していた彼女には意外ではなかった。水はすべて一旦沸かしてから使わなくてはならず、火をおこすにはハロキシロン *Haloxylon* と呼ばれる燃えやすい砂漠生の灌木を使った。馬やラクダの乳を発酵させたクミスをモンゴル人のチームメンバーたちと酌み交わし、ノウサギや野生ヒツジのアルガリといった野生動物を狩って食べた。

乾ききった渓谷にいるのはかれらだけではなかった。アイベックスやガゼルの群れが丘を駆け、キャンプのまわりではトカゲやトビネズミが走り回り、食い意地の張ったオオミミハリネズミがゴミを漁った。無害な動物ばかりではなかった。ペストを媒介するマーモットには近づかないよう注意した。キャンプのひとつでは、ハエの大群が空気をスープのように濁らせ、頭痛の種となった。有毒のクサリヘビやサソリをテントから追い出すのは日常茶飯事だった。けれども、いちばんタチが悪かったのは、ソルプグこと巨大なヒヨケムシだ。クモとサソリの雑種のような見た目をした、手のひらほどもあるホラー映画の怪物が、不気味な悪夢のように壁を這い回り、ベッドに侵入した。かれらほどチームに嫌われた生き物はいない。

フィールドワークは化石と暑さ対策を中心に実施された。毎日、チームは七時に朝食をとり、七時半から作業を開始した。スカイ島のわたしのチームや、世界じゅうで中生代哺乳類を探す誰もがそうだが、彼女らもまたトリュフハンターのように、食い入るように地面を見つめ、大地を這い回って過ごした。スコットランドと違うのは、何週間にもわたって強烈に照りつける太陽の下での作業だったことだ。午後一時になると中断してテントの影で昼食をとり、そのまま午後五時まで午後の灼けつく暑さを避けて休憩した。そのあと作業を再開し、午後八時の夕食まで続けた。

気温はまさに極限だった。日中はたびたび四〇℃を超え、ときに大きく上回った。ある酷暑の日など、はぐれた雨雲がひとつ通過したものの、雨粒は地面に到達する前に蒸発して消えてしまった。砂嵐がテントを引き倒し、そこらじゅうにゴミをまき散らした。夜はテントの外、星空の下で眠ることもあり、朝になると寝袋に霜が降りていた。

彼女らが最初に発見した恐竜の完全骨格は、小さな崖の下部の地層から顔を出していた、若いタルボサウルス *Tarbosaurus* のものだった。その後もたくさんの化石が見つかり、なかには当時最大の標本もあった。竜脚類はそれまでモンゴルでは断片的にしか発見されていなかったが、チームは初の完全な骨格を発掘した。ディノケイルス *Deinocheirus* などの新種の恐竜を命名し、それまで北米で見つかっていたプロトケラトプス類ガリミムス *Gallimimus* の新たなタイプも記載した。過去の調査で発見されていたプロトケラトプス

Protoceratops やヴェロキラプトル *Velociraptor*、アンキロサウルス類の新たな化石も加わった。[*16]

もちろん、キエラン゠ヤウォロウスカがほんとうに興味をもっていたのは、もっと小さな哺乳類だった。チームは一九二〇年代の米国の調査隊や、一九四〇年代のソ連の調査隊の足跡をたどった。赤い砂岩が夕陽に輝くさまから、「炎の崖」を意味するバイン・ザクと呼ばれる場所で、調査隊は斜面を探索し、新たに哺乳類の化石を採集した。崖の表面の高い位置でひとかたまりになって侵食を受けていたそれは、まるで誰かが落としたコインのように、足元に転がってきた。地層の境界をたどって何キロメートルも歩き、チームは化石を豊富に含む新たな場所も発見した。

ポーランド・モンゴル合同調査は一九七一年まで続き、それまでにゴビで発見された最良の標本の数々を発見して幕を閉じた。チームは発掘したエリアの詳細な地図を作成し、綿密な記録を残した。キエラン゠ヤウォロウスカは、モンゴル側の研究者たちと足並みをそろえて調査を進められるよう尽力し、その年の調査を終えるたび、器具のほとんどを発足まもないウランバートルの古生物学研究所に寄付した。研究チームは現地の人々にフィールドで教育訓練をおこない、参加者のなかでゾリクトとグンジドという二人の女性たちは、とくに熱心な化石ハンターになった。その後もキエラン゠ヤウォロウスカは、モンゴルの研究者たちへの教育と支援に惜しみなく時間を費やし、専門知識を共有した。一九四〇年代のロシアのチームの研究は、大部分がロシア語でしか発表されておらず、国際的な認知度が低かった。しかしポーランド・モンゴル合同調査隊は成果を国際学術誌に英語で発表したため、センセーショナルな発見は学問の世界にしっかりと届いた。

一九六五年末までに、調査隊は三〇体もの新たな哺乳類化石を発見した。モンゴルは再び古生物学のエルドラドとして脚光を浴び、恐竜時代の哺乳類たちは進化学のステージの中心にあがった。

白亜紀中期、モンゴルは浅いテチス海の北縁に顔をのぞかせていた。乾燥した灌木地も飛び石状に存在したが、その隙間を埋めていたのは肥沃な森林で、多くの湖に彩られ、川が入り組んで流れていた。鬱蒼とした森林は、恐竜や哺乳類など植物食の動物たちのすみかとなり、それらを捕食する大小さまざまな捕食者を育んだ。

研究チームがゴビで発見した数々の化石については、多くの文章が書かれてきた。記載された種名のなかには、世界じゅうの小学生たちがそらで言えるものも少なくない。骨格だけでなく、初めて恐竜のものと認められた卵[*17]が炎の崖から発見されたことも、画期的なできごとだった。

卵を発掘したのは一九二〇年代に米国自然史博物館が派遣した調査隊[*18]で、この発見は幼少期のキエラン＝ヤウォロウスカを魅了した。アンドリュースと調査隊メンバーのウィリアム・キング・グレゴリーがアジアから米国に戻ったとき、誰もが尋ねたのは卵についての質問だった。報道陣がかれらを取り囲み、シャッターを切りつつ、卵についての情報やコメントを求めた。のちの報道は、恐竜の古生物学に対する世間の関心に再び火をつけた。

＊16　ゴビや中央アジアの他地域で化石を発見したのは、こうした調査隊が初めてではなかった。地域住民によるこうした骨化石の発見は、数千年の歴史のなかでたびたびあったが、現在では架空の動物として知られている、グリフォンなどのものと解釈されたのかもしれない。

＊17　これらの恐竜の卵の化石は、世界で初めて見つかったものではない。ジャン＝ジャック・プーシュ神父は一八五九年、ピレネー山脈で「非常に大きな卵殻のかけら」を見つけたものの、正体はわからなかった。

＊18　ただし、当地の先住民たちはずっと昔から知っていた。アンドリュースは、炎の崖の近くの新石器時代の遺跡から見つかった、恐竜の卵の殻でできたネックレスについて記述している。

こうして事後には爬虫類が話題をさらったものの、そもそも調査の最大の目的は、わたしたち哺乳類の起源の探究だった。一〇〇年前のバックランドの言葉と奇妙なくらい重なるのだが、グレゴリーは一九二七年の記事で、次のように述べている。

……六個の不完全な保存状態の小型哺乳類の頭骨の化石が、恐竜の卵を産出したのと同じ地層から発見されたことに、きわめて重要な意味を見出すのはごく一部の人々だけだ……だが、この調査を古生物学側面から見れば、白亜紀の哺乳類の頭骨は、これまで見つかったなかでおそらくもっとも価値のある化石だろう。(21)

彼が「小さく臆病な獣たち」[*19]と呼んだこれらの動物は、現生哺乳類の系統、すなわち獣類の最初期のメンバーだった。ストーンズフィールドの顎と同じように、化石は目立つ同時代の恐竜たちの影に隠れてしまったが、グレゴリーはかれらの重要性に気づいていた。六つの頭骨のうちのひとつを、調査隊メンバーが砂漠で乾いた手で持って撮った写真が残っている。ピンぼけした背景には口にくわえたパイプたばこ。写真の中央に収まった頭骨はサクランボの粒ほどで、彼はこれを親指と人差し指でつまんでいる。

六つの頭骨は、マーシュとオーウェンによる米国の化石哺乳類研究の系譜を受け継いだ、ジョージ・ゲイロード・シンプソンの手に委ねられた。一九二八年、彼はオーウェン以来もっとも包括的な中生代哺乳類化石の目録を完成させた。シンプソンは史上もっとも影響力のある古生物学者のひとりで、とりわけ一九四四年の名著『進化のテンポとモード（Tempo and Mode of Evolution）』で知られる。彼は進化的変化がどれほどの速度で起こりうるか、また速度と変化の様相との間にどんな関係があるかという研究テーマに先鞭をつけた。彼の考えは、二〇世紀前半に進展した古生物学の全面的再編、いわゆる「現代的統合」に貢献した。進化を新しい視点で理解するこの動きは、ダーウィンのおおもとの理論に、遺伝学、個体群動態、地質学的タイムスケールでみた大規模な進化的変化のパターン（マクロ進化と呼ばれる）に関する新たな知見を融合させるものだった。また、進化という現象を数理的に解析し、個人による観察よりもデータを優先した。

シンプソンとグレゴリーは、ゴビ砂漠の哺乳類頭骨の共同研究に取り組み、こう結論づけた。「白亜紀前期においてさえ、分類群としての哺乳類はすでに駆け出しのキャリアから遠く離れた段階にあった」

アジアでの調査により、現代の哺乳類の適応放散のすべてを予言するような化石の数々が見つかった。このことが現代の生物世界の起源について何を語るのか、全容を理解するにはさらに詳しい調査が必要だった。

一九二〇年代の時点で、後獣類（有袋類とその近い親戚からなるグループ）は米国の白亜紀の地層から発見されていた。後獣類の姉妹群である真獣類（有胎盤類、および後獣類よりも有胎盤類に系統的に近いその他の哺乳類すべて）については、恐竜時代に生きていた証拠がまだ見つかっていなかったが、白亜紀末の大量

＊19　スコットランドの国民的詩人、ロバート・バーンズの傑作「二十日鼠へ（To a Mouse）」からの引用。「小さく抜け目ない、縮こまった臆病な獣よ／おまえの胸の狂騒はいかほどか！（Wee, sleekit, cowrin, tim'rous beastie, / O, what a panic's in thy breastie!）」偶然にも、ジョン・スタインベックの小説『二十日鼠と人間』もこの詩のタイトルにちなんでいる。「ねずみや人がどれだけ計画を練ろうと／えてして狂いは生じるもの（The best-laid schemes o' Mice an' Men / Gang aft agley）」

絶滅の直後である古第三紀の地層からは発見されていた。したがって、真獣類が最初に現れたのは白亜紀とされたが、化石証拠がないうちは、わたしたちの系統のはじまりに関する研究者たちの考えは憶測の域を出なかった。何より証拠が必要だった。

最初のゴビ砂漠調査で、白亜紀に真獣類が存在した証拠が見つかった。とりわけ、ザラムダレステスと名づけられた化石は、真獣類と考えられていただけでなく、当時知られていたなかでもっとも完全な中生代哺乳類の化石のひとつだった。

中生代の真獣類と後獣類の違いは、第一に歯にある。真獣類の臼歯は三つだが、後獣類は四つ以上あった。こうした違いを説明する論文に添えられた、謎めいた歯の咬頭の図は、生物学というより宇宙人の象形文字のようだが、じつはこうした初期系統における咬頭の配置の概要を明確に示したものだ。くるぶしの骨にもちょっとした違いがあり、頭骨やその他の骨の細部にも差異が認められる。しかし外見については、どちらのグループもおそらくそっくりだっただろう。かれらはまた、今日の世界に生きている多くの小型哺乳類によく似ていた。

中国、モンゴル、ウズベキスタンで発見された化石から、後獣類の起源地はアジアだった可能性が浮上した。後獣類と考えられる最古の化石であるシノデルフィス *Sinodelphys* は、オポッサムに似た樹上生活者で、熱河《ジェホル》生物群の一員だ。この場所もまた、燕遼生物群と同様に圧巻の保存状態を誇るが、年代はジュラ紀ではなく白亜紀だ。熱河でも、信じがたいほど多様な化石が、写真のように細部まで保存された状態で発見されている。シノデルフィスの存在は、北米がユーラシアとの長い抱擁についに終止符を打つまでに、初期後獣類の一部が新大陸に到達したことを示唆した。その後、新大陸でさらに進化して最初の有袋類となったものが、南米やオーストラリアに拡散したと考えられた。

ところが最近の研究で、後獣類の起源に関するこの仮説に疑問符がついた。二〇一八年、熱河生物群のなかから新たな標本が発見され、研究者たちはシノデルフィスを再びじっくりと観察する機会を得た。現在、研究者たちはシノデルフィスはじつは真獣類だったと考えていて、その結果、疑問の余地のない最古の後獣類の化石は、北米のずっとあとの時代のものに押しやられた。このグループが実際にどこで、どのように誕生したのかは、現段階ではまだ謎に包まれている。

シノデルフィスとともに熱河生物群で発見されたのが、樹上性で同じく真獣類と考えられているエオマイア *Eomaia* だ。意味は「暁の母」。エオマイアはまさしくモフモフ毛玉で、茶色い塊のまわりに爪楊枝のように細い骨が並ぶ。あなたの母はほんもののハムスターだったのだ。[*20] このぺしゃんこの轢死体は、現生哺乳類の系統が約一億二五〇〇万年前のアジアで繁栄していた証拠だ。現代の哺乳類の物語は、ほとんどの人が教わってきた六六〇〇万年前よりも、はるか昔から始まっていた。

ここではひとまず、現生哺乳類の主要系統の最初期メンバーは相当なベテランだと言っておこう。いまいる哺乳類だからという理由で、わたしたちはかれらの進化的起源に魅了され、祖先探しに夢中になる。『ウォーリーをさがせ！』[*21] で遊ぶ子どものように、ページを開くたび、無数のキャラクターのなかから現生哺乳類につながる動物を見つけ出そうとする（ここにいた！　はい、次のページ！）。

だが、物語のこの時点では、現生哺乳類の祖先はまだ端役でしかなかった。白亜紀のシーンには、進

＊20　『モンティ・パイソン・アンド・ザ・ホーリー・グレイル』に登場する、フランス人の城の住人が放つ見事な悪態から。もちろん、すでに述べた通り、実際にはエオマイアは齧歯類ではない。齧歯類はまだ進化していなかったのだから。かれらがエルダーベリー臭かったかどうかは何ともいえない。

＊21　北米ではウォルド。

化と競争と成功について教えてくれる、もっと華々しいキャラクターがいたのだ。

モンゴルでのフィールドワークが終了した一九七一年までに、「この調査で採集された白亜紀哺乳類のコレクションは、世界でほかに類を見ない、中生代哺乳類の頭骨の最大のコレクションとなった[22]」と、キエラン＝ヤウォロウスカは一連の研究について解説した記事で述べている。発見された化石の大部分は獣類の系統ではなく、当時はるかに繁栄していた、哺乳類のなかの別のグループに属する。その筆頭が多丘歯類だ。

キエラン＝ヤウォロウスカは、何年も前に無脊椎動物の研究で培った鋭い観察眼で、多丘歯類の頭骨の分析に取りかかった。CTスキャンの原型である、ソラスが考案した[*22]連続断層撮影[23]により、彼女は神経と血管の通り道を三次元的に再現した。彼女はこうした知見をもとに、大成功を収めたこの哺乳類のグループが、獣類を含めた系統樹のほかの枝とどんな関係にあるのかを示し、長年の論争の的だった家族関係を解き明かした。

分析は頭骨だけではなく、四肢や胴体の骨も対象となった。彼女は、かつて後獣類と単孔類に特有と考えられていた骨盤の一部をなす骨が、多丘歯類にもあることに気づいた。この事実は、すべての哺乳類系統の共通祖先がこのような形態の骨盤をもっていたことを裏づける、最初の証拠となった。一部の多丘歯類の四肢骨は、ウサギのような四足での跳躍移動をしていたことを裏づけるものだった。これほど古い哺乳類であるにもかかわらず、高度に特殊化した移動方法をとっていたのだ。キエラン＝ヤウォロウスカの研究により、多丘歯類は知る人ぞ知るニッチな研究対象から、中生代哺乳類の古生物学における最大のテーマのひとつとなった。

多丘歯類は白亜紀にもっとも種数の多かった哺乳類で、全体の半分を占めていた。モンゴルで見つかった化石の多くには「バータル」で終わる名がつけられているが、これはモンゴル語で「英雄」を意味する。カンプトバータル *Kamptobaatar* は「曲がった英雄」、トンバータル *Tombaatar* は「大きな英雄」だ。当然のなりゆきとして、多丘歯目をほんとうの意味で古生物学の地図に載せた女性を称え、ゾフィアバータル *Zofiabaatar* が命名されるまで、長くはかからなかった。哺乳類の一系統であるかれらは、北半球の森林、草原、乾燥地に生息した。樹上性も、穴居性も、トビネズミのように乾燥した灌木地を跳ね回るものもいた。大きなものはビーバーほどの大きさになり、丸鋸のような巨大な小臼歯で食物をすりつぶす前にスライスした。たまに肉食をするときにも役に立ったかもしれない。

一九二七年、ゴビの哺乳類に関する記事のなかで、グレゴリーは恐竜について、途方もない巨大化と繁栄のおかげで、こうした小さな生き物たちが徐々に地上に台頭しつつあることに、ほとんど気づきもしていなかったと皮肉った。「かくして強大な者たちは倒れ、卑小な者たちが地球を継承した」。だが、かれら自身やポーランド・モンゴル調査隊の発見、それに中国での近年の発見を総合して考えれば、哺乳類は中生代の間にすでに確固たる足場を築き、繁栄していた。かれらにはイノベーションによって可能性を押し広げてきた長い歴史があった。三畳紀に小型化と夜行性化のボトルネックを経験したあと、哺乳類はほどなくさまざまなサイズに多様化し、あらゆる生活環境を利用して、かつては恐竜が絶滅するまで踏み込めなかったと考えられてきたニッチに適応した。哺乳類はけっして、初期の断片的な化石から想像されたような、「卑小な」生き物ではなかった。

＊22　第8章参照。

中生代哺乳類の物語における最大の衝撃が、二一世紀に入ってまもなく訪れた。中国の白亜紀の地層から、哺乳類の一系統がただ大柄になっただけでなく、当時これ以上ないくらい常識外れの食料を口にしていたことを示す化石が発見されたのだ。最初の捕食性哺乳類。[*23] かれらが選んだメニューは、恐竜だった。

完全な肉食に特化するのは、生存戦略として楽な道ではない。単弓類のなかで最初に大型の完全肉食性動物が現れたのは、獣弓類の系統だった。かれらは噛みつくための長く鋭い犬歯、追跡と襲撃に適した体型、獲物を押さえ込むのに有利なたくましい首と前肢といった、明らかに捕食に特化した形質を備えていた。

しかし、ほとんどの肉食獣は肉しか食べないわけではない。わたしたちはつい断定的な表現を使いがちだが、ひとつのタイプの食料しか摂取しない動物はむしろ例外だ。こうしたスペシャリストは、唯一の食料が絶滅したり、生息地の喪失に見舞われた場合、生存が危うくなる。ジャイアントパンダ *Ailuropoda melanoleuca* がいい例だ。[*24] 肉食獣とされる動物の食性のうち、肉が占めるのはわずか三分の一ということもある。例えば、ほとんどのクマの肉食の割合はこの範囲に収まり、ベリー、堅果、木の根や新芽をおもな食料としつつ、補助的に肉を食べる。キツネなど、イヌ科の大部分の種はちょうど半々で、食料のおよそ半分が肉に由来し、残りの半分は植物質やキノコが占めている。

これに対し、超肉食性動物（hypercarnivore）は、食性の少なくとも四分の三を肉が占める。この言葉を聞くと、わたしたちはたいてい咆哮するトラやTレックスを思い浮かべるが、ちょっと落ち着こう。超肉食性動物はそんなふうにセクシーなものばかりではない。ヒトデやアホロートル[*25]も超肉食性だ。肉食動物はみな、状況によっては生体組織だけを食べて生き延びることができるが、超肉食性（あるいは「絶対的」肉食性）動物の場合はそれが主食だ。かれらの生理的・形態的特徴は、大量の肉を処理することに特化している。

ネコは絶対的肉食性だ。かれらの消化管はシンプルで比較的短く、そこに植物食者に見られるような、発酵を担う共生細菌の大群は棲んでいない。ネコの腸は孤独な砦だ。何しろ、肉が消化管のなかで発酵する最悪の事態は絶対に回避しなくてはならない。ネコは生存に必要な栄養を得るため、大量のタンパク質を摂取する必要がある。でも大丈夫、獲物になる植物食動物は、いつでも肉食動物よりたくさんいる。食物連鎖の基本だ。

白亜紀には、複数の哺乳類系統に超肉食性の昆虫食者がいた。この事実は歯と体のサイズから明らかになっている。ほかの四肢動物を捕食する肉食動物は、一般に獲物よりも体が大きい傾向にあるが、例外もある。例えば、イタチ科に属するケナガイタチ、オコジョ、フェレットなど胴長短足の肉食獣たちは、小さくキュートでくねくねした外見からは想像できないほど獰猛なハンターだ。イタチ科でもっとも小さいイイズナ *Mustela nivalis* は、ユーラシア、北米、北アフリカが自然分布域だが、ニュージーランドをはじめ世界各地の島々に移入されてきた。あなたの手のひらの上で丸くなって眠れるくらい小柄

＊23　ここでは真の哺乳類、すなわち哺乳綱の一種を意味する。

＊24　ジャイアントパンダはササに目がない。タケ・ササ類の豊富な地域で生きていくのにぴったりの生き方だが、そのせいで現在の分布域は中国のごく一部に限られていて、森林破壊により生息地が減少している。人の手による急速な開発に直面し、特殊化が不利な要素としてはたらいた結果、かれらは絶滅危惧種の代表選手となった。

＊25　メキシコに分布するサラマンダーの一種。羽のようなエラをもち、とてもかわいい。

でありながら、イイズナは自分の一〇倍もある獲物を殺す。そのため、人為導入された各地で在来生態系に破滅的な損害をもたらしている。

中生代哺乳類による殺戮を裏づける証拠は、鋭い歯と大きな体だけではない。中国の遼寧省で発見され、二〇〇五年に中国の研究チームが発表した化石は、史上最大の中生代哺乳類だったが、それ以上に消化管に残された最後の食事の驚くべき内容で一躍有名になった。

この化石はきれいな状態ではなかった。わたしは前述の中生代哺乳類シンポジウムの一環でＩＶＰＰを訪れ、直接観察する機会に恵まれた。黄色く変色した骨の塊は、卵の殻のような薄茶色の岩石から取り出され、観察しやすいよう石膏型に移植されていた。頭骨は砕けている。標本の端から端まで背骨がまっすぐに伸び、肋骨が側面に広がり、四肢があったはずの場所には折れた骨が集まっている。有罪の物的証拠は、上腹部に残された汚物の塊だ。記載論文を発表した研究チームは、この塊を詳細に分析し、哺乳類のものではない骨を見つけた。その正体は、ばらばらになった恐竜の赤ちゃんの四肢骨だった。

恐竜を食い物にしたこの新種の哺乳類は、レペノマムス・ロブストゥス *Repenomamus robustus* と命名された。現行犯ではなかったが、動かぬ証拠がお腹の中に残っていた。最後の食事はプシッタコサウルス *Psittacosaurus* のテイクアウトだ。レペノマムス・ロブストゥスはキタオポッサムほどの大きさだったが、姉妹種であるレペノマムス・ギガンティクス *R. giganticus* はラーテルに匹敵し、鼻先から尾端までが約一メートル、体重は約一四キログラムに達した。かれらは中生代の肉食獣である、ゴビコノドン類と呼ばれるグループの一員だった。

ゴビコノドン類とその近縁種は、アルゼンチン、タンザニア、インドなど世界各地で見つかっている。ジュラ紀前期から白亜紀後期まで生息したが、終盤には数を減らしつつあった。多くの種が絶対的肉食性で、といっても獲物の中心は昆虫だったようだが、かれらですらありふれた昆虫食動物とは一味違った。例えばスピノレステス *Spinolestes* は、ヤマアラシに似た穴居性の種で、スペインで見つかった。発見場所のラス・オヤスは、非常に保存状態のよい白亜紀の化石を産出するラーゲルシュテッテだ。驚くべきことに、軟組織の耳介（前章を参照）に加えて、臓器まで化石として保存されていて、肝臓の葉構造や筋肉でできた薄い横隔膜が確認できた。けれども、何より注目を集めたのは、体を覆う上毛［訳注：多くの哺乳類にみられる二層構造の被毛のうち表層を覆う部分］の一部が棘に変化していたことだ。哺乳類における武装の進化を示す初めての例だ。ヤマアラシのような棘のおかげで、スピノレステスは安全にアリやシロアリをむさぼった。ゴビコノドン類は、昆虫食の種でさえ、けっして侮れない動物たちだったのだ。

ゴビコノドン類がどのくらい能動的に狩りをおこない、どのくらい日和見的な死肉食をしたのかを推測するのは難しい。どんなに優秀な捕食者でも、機会さえあれば死体を食べる。恐竜の骨のなかには、チャンスを逃さない中生代哺乳類がかじった跡と考えられる、小さな擦り傷があるものが見つかっている。確実に言えるのは、ゴビコノドン類が肉食に適した歯をもっていたこと、そして大型種ばかりではなかったとはいえ、かれらの一部が当時の生態系において最大級の哺乳類であったことだ。

中国の白亜紀の熱河生物相では、ほかの化石標本からも胃内容物が見つかっている。意外ではないが、哺乳類は小型恐竜にとってメニューのひとつで、例えばコンプソグナトゥス類の一種であるシノサウロプテリクス *Sinosauropteryx* は哺乳類を捕食したことがわかっている。歯とかぎ爪と尾を備えた、細身のニワトリのような恐竜だ。シノサウロプテリクスのある標本の消化管からは、多丘歯類のシノバータル *Sinobaatar* と、別の哺乳類であるジャンゲオテリウムの顎の骨が見つかっていて、かれらが哺乳類やその他の小型四肢動物を捕食したことを示している。大型哺乳類もまた、トカゲや両生類、それにおそらくは恐竜に加えて、親戚である小型哺乳類を捕食していた可能性が高い。

レペノマムス・ギガンティクスは、これまで知られているかぎりもっとも完全な状態で保存された、もっとも大型のゴビコノドン類だ。しかし、別の場所で単体で見つかっている歯からして、さらに大柄な荒くれ者がこれから見つかってもおかしくない。地球を継承した者たちは卑小だったかもしれないが、白亜紀にかれらが恐れるべきは、恐竜だけではなかったのだ。

白亜紀、そして中生代全体に生きていた哺乳類についてのわたしたちの理解は、まだ完全とは程遠い。ゴビコノドン類、多丘歯類、それに獣類に属する哺乳類たちが、もこもこの足で北半球の大地を踏みしめていたのはいいとして、南半球の獣たちの進化史はよくわかっていない。同じことが、地球の歴史上の多くの時代にあてはまる。進化に関するわたしたちの知識は不均衡で、これにはいくつかの根本的な原因がある。

歴史的に見て、古生物学の発祥地はヨーロッパと北米であり、両地域の人々はどこよりも長く化石探しをしてきた。世界のほかの地域の宝物は、たいていヨーロッパの帝国に吸い上げられた。他国からの富の収奪を基盤として繁栄したこれらの国々では、おもに上級階級の男性たちが、化石の研究やお気に入りの学術的テーマの探究に打ち込んだ。植民地で発見された化石は、ほかの略奪品と同じように、宗主国に持ち去られ博物館に収蔵された。ヨーロッパ以外で発見された「最初の」化石のほとんどは、現地住民たちが先に見つけたものだった。現地コミュニティの知識は無視されるか、科学の名の下に悪用されるのが常だった。長きにわたる収奪の末、ついに独立をなしとげた国々は不安定で、古生物学の優先順位は低く、調査に危険が伴うことも珍しくなかった。帝国主義の負の遺産の清算は、現代の博物館や研究者が直面している、もっとも重要な課題のひとつだ。

発見が偏っている理由には、地理的および地質学的側面もある。そもそも、適切な時代の岩石が露頭していなければ、化石を見つけることはできない。南半球では陸と海の割合が大きく後者に傾いていて、しかも地殻を構成する岩石の大部分は、土壌と植生に覆われていて掘り出せない。地球の肺であるコンゴ盆地とアマゾン盆地の熱帯雨林は、植生がきわめて密であるため、化石に手をつけるのはほぼ不可能だ。それに南極では、氷床の裾がまくれあがっているごくわずかな場所から、くるぶしあたりの地層を垣間見るのがやっとだ。

多くの化石はインフラ建設中に発見されるが、荒々しい地形であったり、国が政治的・社会経済的に苦境にあったりすると、こうした開発は進まない。道路が未整備だと、岩石露頭に到達するまでに周到な準備が必要で、採集した標本の輸送も難題となる。それにもちろん、地層が埋没したり、傾いたり、侵食されたり、風雨にさらされたり、水没したり、押し流されたりしていることもある。人々が築いた都市の下に、パズルのピースがあるかもしれない。町の広場の足元に、進化の金脈が眠っていることもあるだろう。それどころか、化石を含む岩石そのものが、建築資材として利用されることさえある。

古生物学の不均衡は是正されつつある。その最たる例が、常識を覆す自国の貴重な化石の本格調査に潤沢な資金を投じている中国だ。過去二〇年だけを見ても成果は圧倒的で、哺乳類の進化のみならず、鳥や両生類、それどころか複雑な生命体そのものの起源に関する、わたしたちの知見を大きく書き換えてきた。

モンゴルの古生物学研究は、いまではボロルツェツェグ・ミンジンのような国内研究者が率いている。

かつてモンゴルを訪れた西洋の調査チームの料理人にしかさせてもらえなかった彼女は、いまやモンゴル恐竜研究所の創設者だ。彼女は自国のかけがえのない遺産である標本の返還を求めて今なお戦いつづけていて、過去に密輸業者が違法に持ち出し、外国でオークションに出品して利益をあげた、[*26] 五〇以上の恐竜の化石やその他の標本の返還を実現してきた。

南米では新たな化石産地が増えていて、とくにアルゼンチンは中生代地層の露頭が豊富だ。近年もっとも話題を呼んだキノドン類の新たな化石のいくつかは、ブラジルの研究者たちが自国で発見し記載したものだ。アフリカに目を移すと、以前は南アフリカが発見の中心だったが、タンザニア、マダガスカル、モロッコで新たな産地が確立されたことで、太古の時代の動物たちの分布図は塗り替えられつつある。

この章の執筆中にも、マダガスカルで発見された中生代哺乳類がニュースの見出しを飾った。「狂った獣」を意味する、アダラテリウム *Adalatherium* と名づけられたこの動物は、中生代哺乳類のなかでもっとも情報の乏しいグループに属する。ゴンドワナ獣類と呼ばれるこのグループは、つい二〇一四年まで、いくつかの奇妙な歯の存在のほかにはほとんど何も知られていなかった。今ではマダガスカルの白亜紀の地層から二体のほぼ完全な骨格が発見され、身の上話を語りはじめている。

ゴンドワナ獣類はこれまでに、アルゼンチン、マダガスカル、タンザニア、インドで発見されている。多丘歯類と同じく、かれらも小惑星衝突を乗り越え古第三紀まで生き延びたことが、南米と南極で見つかった化石から明らかになっている。アダラテリウムは大量絶滅の直前の時代を生き、当時のマダガスカルはすでにアフリカとインドから約二〇〇〇万年にわたって切り離されていた。その結果、かれらはユニークな生き物に進化した。見た目は巨大なウッドチャックのようで、トリティロドン類などのグループに数百万年にわたる優位性をもたらしたのと同じような、ペンチ型の頭骨をもっていた。白亜紀のほかの哺乳類との関係で言えば、ゴンドワナ獣類は大繁栄した多丘歯類とごく近縁の姉妹群、あるいは同じ系統の派生的グループとされている。ただし、ハラミヤ類により近いと考える研究者もいる。前章に登場した、白亜紀の森林を滑空していた動物たちだ。

南半球における哺乳類の進化はいまだ多くの謎に包まれている。ここにあげた国々が、古生物学の未来の鍵を握ることは明らかだ。

ゾフィア・キエラン゠ヤウォロウスカの功績は、中生代哺乳類の研究に転換をもたらした。二二〇以上の学術文献に加えて、彼女は七〇以上の一般向けの著書や記事も執筆し、世代を問わず、かつてないほど広い読者層に初期哺乳類を知らしめた。彼女はまた、数々の学会、博物館展示、フィールドワークの企画、設立、実行にも携わり、モンゴルや中国をはじめ、全世界の才能あふれる若手研究者たちを育成した。

にもかかわらず、彼女はいまも、科学史において正当な評価を受けていない数多くの女性研究者たちのひとりにとどまっている。キエラン゠ヤウォロウスカが亡くなったあと、ジョン・R・ラヴァスは追悼記事のなかで、彼女をマリー・キュリーに並ぶ、史上もっとも重要で後世に多大な影響を及ぼした女性科学者のひとりと位置づけた(24)。

一九七四年に撮影された写真のなかで、キエラン゠ヤウォロウスカはモスクワでの会議を終えて広場

*26 もっとも有名な例がタルボサウルス・バタール *Tarbosaurus bataar* の骨格であり、二〇〇七年に俳優のニコラス・ケイジが二七万六〇〇〇ドルで落札した。

に立っている。隣に並ぶ女性研究者仲間のニナ・セメノヴナ・シェヴィレワは、齧歯類が専門の古生物学者だ。二人を挟んでダークスーツを着た中年男性たちが写っている。キエラン＝ヤウォロウスカは笑っていて、黒髪が風になびき、白のドレスがまばゆい。パーティーでの別の写真では、彼女は晩年のG・G・シンプソンとの会話に熱中している。ゴビ砂漠で撮影された写真では、ずらりと並ぶ上半身裸の男性たちに三人だけ混じっている、膝をすりむき小麦色に日焼けした女性たちのひとりが彼女だ。もっとも有名な写真の彼女は、砂漠の砂の上に腹ばいになり、赤茶けた大地から掘り出されたばかりの化石に夢中になっている。

中生代哺乳類のすべてを網羅した記念碑的大著、『恐竜時代の哺乳類（Mammals from the Age of Dinosaurs）』が二〇〇四年に刊行されるまでに、キエラン＝ヤウォロウスカは母国ポーランドに戻った。彼女はそれまで、長きにわたる外国でのキャリアの大部分をオスロ大学で過ごしてきた。『恐竜時代の哺乳類』は教え子である二人の若手研究者との共著で、かれらはいまや次世代のリーダーとして分野を牽引している。リチャード・チフェリと、わたしの指導教員である骆泽喜《ルオジューシ》だ。執筆当時のキエラン＝ヤウォロウスカは八〇歳近かったが、偉大な科学者の例に漏れず、依然として精力的に研究に打ち込んでいた。同書はいまも並ぶもののない文献であり、当時知られていたすべての中生代哺乳類が解説されている。世界じゅうの古生物学者の本棚が、この大著の重みでたわんでいるはずだ。

二〇一一年、生涯愛した夫のズビグニエフが亡くなったあと、彼女は仕事に没頭した。ワルシャワ郊外の彼女の自宅は古生物学の聖地のひとつとなった。キエラン＝ヤウォロウスカはこの自宅兼仕事場で、世界じゅうの研究者や友人たちを暖かく迎えた。

彼女は二〇一六年に亡くなった。[*27] 最期のそのときまで明晰で鋭敏だった。彼女の人生は幾多の革命によって形づくられた。耐え忍んできた国や社会の革命と、自身が巻き起こした科学の世界での革命だ。彼女は歴史上もっとも偉大な科学者のひとりとして記憶に刻まれるべき人物だ。

キエラン゠ヤウォロウスカのような研究者たちが注目してきた、白亜紀の哺乳類の繁栄は、白亜紀陸上革命の恩恵によるところが大きい。哺乳類は今も、花を咲かせ果実をつける植物と親密な生態学的つながりを保っている。直接的な結びつきが哺乳類の進化を方向づけただけでなく、植物相の変化は昆虫の進化に影響を与え、昆虫食者に新たな食料源をもたらした。現在約三五万種が知られる被子植物は、すべての植物種の九〇％を占め、多様性の面でほかの植物のグループを圧倒している。[*28] これらが白亜紀に突然の多様化を果たした理由は、いったい何だったのだろう？

ダーウィンの時代の科学者たちは送粉に注目した。送粉昆虫と花がお互いの存在に適応し、花が昆虫にとってますます魅力的になる一方で、昆虫は花粉をより効率的に運搬し、特定の種の花により強く依存するようになったと、かれらは考えた。確かにこのアイディアは、花と送粉者（昆虫だけでなく、哺乳類や鳥類も含む）の関係がますます込み入った共依存的なものになっていったことをうまく説明できる。けれども、被子植物がスタート台を離れるのにずいぶん時間がかかった理由については何も語っていない。

＊27　彼女に会ったことがある、と言えたらいいのだけれど、わたしが研究者のキャリアに踏み出そうというちょうどその頃、彼女はこの世を去った。数年後、中国での哺乳類シンポジウムで、わたしは彼女をよく知る人々とテーブルを囲み、白酒を酌み交わしながら、彼女の人生と功績にまつわる途方もない物語に耳を傾けた。かれらは今、キエラン゠ヤウォロウスカから学んだことを次世代の学生たちに継承していて、わたしたちは彼女の明晰な頭脳と寛大な精神から恩恵を受けつづけている。

＊28　ただし個体数に関してはそうとも言い切れない。世界に裸子植物は約一〇〇〇種しかいないが、ほとんどが針葉樹からなる寒帯林を見ての通り、これらは陸上の広大な範囲を支配する傾向にある。

二〇〇九年のある研究[25]は、花そのものではなく、葉に注目した。葉は呼吸する。水を利用して、二酸化炭素を吸収し、酸素を放出する、これらの物質は葉脈を通して輸送される。葉に葉脈が多いほど、物質交換を急速におこなうことができ、生産性が高まる。米国とタスマニアの研究チームは、葉の化石の葉脈と気孔の数を調べてパターンを読み解き、太古の時代に植物がどれだけ旺盛に成長できたかを推定する研究をおこなった。

その結果、被子植物の葉脈の数は白亜紀に一〇倍以上に増えたという、驚きの事実が判明した。過去四億年の進化史のなかで、植物は気候条件や大気組成の大変動を経験してきたが、これほど大々的な灌漑設備をつくりだしたのは被子植物だけだ。この仮説ですべての疑問が完全に解決するわけではないが、白亜紀の被子植物は突如として、成長速度の面で裸子植物を上回るようになったと考えられる。蒸散作用が促進された結果、被子植物自身が湿潤なマイクロハビタット［訳注：ある生息環境のなかで、周囲と区別される特有の条件を備え、しばしば周囲では見られない動植物が生息する狭い領域のこと］をつくりだし、針葉樹林には見られないような鬱蒼とした下層植生が形成されたのかもしれない。これに加えて、送粉の効率化、甘い果実をつけることによる種子散布能力の向上により、被子植物が優位に立った可能性がある。

白亜紀陸上革命は誰にとっても朗報だったわけではない。植物相の転換により、膨大な新たなニッチが形成され、動物の多様性は増加した。だが、ジュラ紀のアスリートだったトリティロドン類は、激動の世界における敗者のひとりとなった。

これまでトリティロドン類は、多丘歯類との競争に敗れて絶滅したと考えられてきた。あるグループが別のグループを追い落とすという発想は、「競争排除仮説」とも呼ばれる。自然界で同じニッチを利用する複数のグループは共存できないという前提に立ち、弱者（つまり相対的にあまり適応できていない方）

はいずれ必ず強者に置き換わるとする考えだ。一九世紀初頭にこの仮説の実証を試みたロシアの生物学者にちなみ、ガウゼの法則とも呼ばれる。この単純化された理論は、進化史を帝国の興亡にたとえ、古典的な軍事用語、戦闘と戦争の言葉で説明する。けれども真実はもっと複雑で、強さよりも運が物を言う。

数理的シミュレーションや実験室環境では、食料、水、光、空間といった資源の利用効率にすぐれたひとつの種が、容易に別の種を駆逐する。しかし、生態学者が自然界に目を向けると、生物集団は好き勝手に法則を無視しているように見える。同じ資源を利用する複数の種は、しばしば重複して分布する。生態系はあまりに複雑で、ひと握りの法則や数字では説明できないのだ。

動物種どうし、あるいは動物と物理環境の相互作用は、場所によっても年によってもばらつきがあり、気候条件や競合する種の分布、好適環境の分布から影響を受ける。スペシャリストが台頭し、ニッチを奪取したかと思えば、環境条件が再び変化するとともに、敗れ去り死に絶える。長期的な時間軸のなかで個体数は変動し、伝染病から太陽の黒点活動まで、ありとあらゆるできごとがその引き金になる。システムは途方もなく多次元で、だからこそ自然を対象とした研究、とくに地質学的過去に関する研究は今もなお、かつてないほど活気にあふれ、謎に満ちている。完全な理解という目標は、いつでもわたしたちの指先をすり抜けていく。それでも、あと少しという思いを原動力に、わたしたちは手を伸ばしつづける。

多丘歯類が単純にトリティロドン類よりもすぐれていたと考えるのは簡単だ。哺乳類であるかれらは、未成熟な幼獣に乳を与えて育て、そのおかげで子の生存率を高められたのかもしれない。あるいは一度しか生え変わらない歯のおかげで、食物をより効率的に処理し、より多くの栄養を吸収できたのかもしれない。なにしろ多丘歯類は「真の」哺乳類なのだから、きっと祖先より「すぐれて」いたはず……ほら、よく気をつけていないと、わたしたちも進化と進歩を混同して、ヴィクトリア時代の古い轍に戻ってしまう。

今のところ、多丘歯類とトリティロドン類が直接的に競争し、前者が後者を打ち負かしたという仮説を支持する証拠はほとんどない。しかし、被子植物革命と重なる交代のタイミングを考えると、植物相の構成の変化により、多丘歯類が有利になったことが示唆される。トリティロドン類はどの哺乳類にも負けないくらい、生命のゲームをうまくプレーしていた。だが、自然はまたルールを変えた。それだけのことだ。

まもなく訪れる変化は、ルールブックを窓から投げ捨てるようなものだった。環境の全面的な激変が、わたしたち哺乳類の系統だけでなく、地球上のすべての生命を襲った。

第11章　故郷への旅

嘆きながら、かれらは荒れた道をたどり、ソテツのやぶを踏みしめた
かれらが進む先々に、轟音と破壊がついて回った
そうして入江に着いた頃、燃えさかる太陽が
果てしない海に沈み、トカゲの一日は幕を閉じた
エセル・C・ペドリー『ドットとカンガルー（Dot and the Kangaroo）』

かれら小さき者たちの勇猛果敢さに、わたしはこのうえなく驚嘆した……
ジョナサン・スウィフト『ガリバー旅行記』

コケを敷き詰めた巣穴の中で、小さな毛玉が身震いする。鼻先は暖かいお腹に隠れている。ひげがぴくりと動く。眠ったまま、青草の香りと噛み潰した虫のジュースの記憶に胸を躍らせる。そこらじゅうを走り回るとりとめのない夢を見て、小さな指先を丸める。巣穴は絶妙に暖かく、向きを変えて尻尾をたくし込むのにちょうどいい広さだ。薄暗く、麝香の香りに満ちている。大地の手のひらの中の、穏やかな眠り。

まどろむ小さな獣は、よその大陸から到達した轟音を気にも留めない。恐竜の群れが頭上をのし歩く音と大差ないからだ。数時間後、空腹を覚えた彼女は、地下鉄のようにトンネル網を巡回する。甲虫を捕まえ、はみ出た細根をかじる。中央駅に戻り、毛づくろいし、伸びをして、また眠る。頭上ではすす

が層をなして空を染めあげ、やがて雪のように舞い散る。

数日後、小さな哺乳類はようやく地上に顔を出し、いつものルートを走る。他個体ににおいのメッセージを残し、積もった灰を避けながら、倒木の陰や岩の隙間を縫うように通過する。近くの空き地に大きな動物の死体があり、昆虫や小さなスカベンジャーが臨時の大集会を開いている。彼女も急いで宴に加わる。

空気が生きているかのように、無数のハエたちがゆらめく。数カ月が経過し、小さな獣はつややかな被毛を手入れして、交尾期に備える。パートナー候補は大勢いる。かれらの個体数は激増していた。突然の死肉の大盤振る舞いと、付けあわせのキノコに舌鼓を打ち、みな丸々としている。かれらは開けた場所で追いかけっこや取っ組み合いに興じる。今年は命を狙ってくる捕食者が妙に少ないので、誰もが怖いもの知らずだ。今は昼間？　それとも夜？　暗闇に適応した敏感な視細胞を眼にたっぷり詰め込んでいれば、そんなのどっちでもいい。

四匹のピンク色の新生児がコケの中で身をよじる。母親はふわふわの体でかれらを包み、熱を帯びた肌をなめる。外は不自然に寒いが、巣穴の中は一定温度に保たれている。静かで安全な子どもたちのゆりかごだ。母親は、自分のお腹を満たせるだけの食料を見つけることさえできれば、それを赤ちゃんに与える栄養に変換できる。地上に広がる大量死を元手にした、栄養たっぷりのミルクを吸って、子どもたちは育つ。

景色は陰鬱さを増す。何年も冬が続き、骨がそこらじゅうに散らばる。空が晴れはじめ、太陽の帰還とともに、死体の山が溶けていく。シダの押し寄せる波が、緑の景観を連れ戻す。あの母親はもういない。だが、何世代もの彼女の子孫たちが変わらず日常を送っている。新たなトンネルが延伸される。ピンク色の新生児が何百世代も誕生し、地球を継承する。

哺乳類から見れば、白亜紀末の黙示録的な大惨事は、耐え忍ぶほかない過酷な季節という程度だったのかもしれない。かれらとて影響を受けなかったわけではない。ほとんどの動物たちと同じように、哺乳類も途方もない犠牲を強いられ、多くの系統が絶滅した。だが、わたしたちの創世神話はご存知の通りだ。われらが祖先は、恐竜の遺灰の下から不死鳥のように現れた。

非鳥類恐竜を根絶やしにした大量絶滅事象は、白亜紀と古第三紀の略称から、K-Pg イベントと呼ばれる。約六六〇〇万年前のできごとだ。地質学者チームを率いたアルバレス父子が、地質学的転換を物語る岩石の層を発見したことは、あまりに有名だ。宇宙が引いたイリジウムの下線。ここから生命は一変する。

原子番号77のイリジウムは、地球上では希少元素だが、小惑星には豊富に含まれる。白亜紀と古第三紀の堆積層の間にはこの物質が大量に含まれ、小惑星が地球に衝突したことを示していた。一九八〇年、アルバレス父子は衝突が実際に起こり、その痕跡を地球上の至るところに残したとする仮説を発表した。同じ地層に溶けた岩石の小球や衝撃石英が見られることも、かれらの主張を支持していた。こうしてクレーター探しが始まった。

一〇年の時を経て、探索はメキシコのユカタン半島北部沿岸に行き着いた。すべての生物種の四分の三を死滅させた衝撃の痕跡は見逃しようがなさそうだが、これほど難航したのは、クレーターがメキシコ湾のちょうど縁に位置していたためだ。証拠の半分は海中にあった。それでも、研究者たちが見つけた痕跡は、衝突で形成されたと推定されるクレーターの大きさと一致した。

直径約一五〇キロメートルで、たとえよく整備された道路が通っていても車で横断するのに二、三時間はかかるこのクレーターは、中心近くに位置する町の名前にちなみ、チクシュルーブ・クレーターと名づけられた。岩盤にできたあばたの深さは二〇キロメートル。表面下の構造を示した地図には、岩石のリングが描かれ、池に落ちた水滴がつくる波紋のようだ。

いまだにチクシュルーブ・クレーターを形成した衝突はK-Pg大量絶滅の原因ではないと主張する研究者もいるが、証拠は圧倒的で、陪審員は全員一致で有罪判決を下すだろう。地質年代推定により、衝突のタイミングに矛盾がないことも確かめられている。ただし、大量絶滅を促す原因はほかにもあったのかもしれない。白亜紀末、海水面は下がりつつあり、これにより背景絶滅率［訳注：大量絶滅が起こっていない時期に通常の進化のプロセスとして起こる生物種の絶滅を単位時間あたりの種数で表したもの］は上がっていた可能性がある。さらに同じ頃、ペルム紀末に全生命を壊滅させかけたシベリア・トラップに似た、トラップ溶岩流がインドを覆い尽くしていた。火山活動が局地的絶滅を引き起こしたのは確実で、さらにここから生じたエアロゾルは地球規模の気候変動を加速させた。白亜紀末に小惑星が衝突した時、地球の生命はすでに苦境に立たされていたのかもしれない。

チクシュルーブ・クレーターを残した小惑星は小島ほどの大きさだった。ハワイの島のひとつが、あるいはクイリン山脈を頂くスカイ島が、まるごと空から降ってくるところを想像してほしい。その衝撃は長崎と広島に落とされた原子爆弾の数十億倍に相当する。人類史に刻まれたあらゆる記録を上回る規模の巨大地震が発生し、大地を教会の鐘のように振動させた。熱衝撃波が周囲数百キロメートル以内のすべての生命を一瞬にして黒焦げにした。暴風はおそらく、一〇〇〇キロメートル先まで森林の木々を倒し尽くした。

衝突地点は地球のみぞおちと言えるような、考えられるかぎり最悪の場所だった。浅海に突っ込んだ小惑星は大量の海水を押しのけ、巨大津波を引き起こした。高さは最低でも一〇〇メートルに達し、一五〇〇メートル弱という推定すらある。この水の壁が北米沿岸に襲いかかり、液状のロードローラーのように内陸部を蹂躙した。大西洋の反対側でも、小規模な津波がまたたく間にヨーロッパとアフリカの沿岸に到達した。衝突地点から遠く離れているにもかかわらず、津波の高さはまだ三階建ての家ほどもあった。

メキシコ湾岸の岩石には大量の石膏が含まれ、したがって硫黄も豊富だ。これが衝突によって蒸発し、液状化した岩石が大気中に拡散した。放射性を帯びた噴出物が何時間も降り注ぎ、地球の半分のエリアにいた生物はすぐさま被害を受けた。衝突のその日のうちに数十億の生命が奪われた。メキシコ湾岸を焦土にしたこの時の山火事に比べれば、現代のそれは楽しい夏のバーベキューのようなものだ。

大気中に巻き上げられた砂埃は、悪意をもっているかのように旋回しながら、気流や偏西風に乗って地球を包み込み、やがてすべての生命は呼吸困難に陥った。太陽は変わらず昇ったが、エアロゾルの厚い壁を通過できるのは、本来の日光の半分ほどにすぎなかった。一年かそれ以上にわたり、生き残った者たちは真っ暗闇と薄明[*1]という毎日のサイクルに苦しんだ。濃密なすすに含まれる硫黄は、水滴と合わさって硫酸と化し、有毒の液体が地球の表面に降り注いだ。青々とした植生の表層は灼けただれ、衝突地点からもっとも遠く離れた土地に棲む植物食者さえ、ほどなく飢餓に陥った。

＊1　スコットランドの北端に位置するシェットランドでは、太陽がほとんど沈まない夏至の真夜中の光景をシマー•ディム（simmer dim）と呼ぶ。さらに北では、夏至には太陽がまったく沈まず、真夜中の太陽（midnight sun）と呼ばれる。

核の冬が訪れ、数年にわたって居座った。表面気温の急降下によって嵐が発生し、生存者を鞭打った。肉食動物はあてもなくさまよう植物食者を捕食し、死体を漁って、しばらくの間はもちこたえた。だが食料はやがて底をついた。白亜紀の複雑な食物網は寸断され、ひとつひとつパーツを取り除かれて、廃墟と化した生態系の残骸だけが残された。

衝突があと数時間遅かったら、事態はかなり違っていたかもしれない。地球がそっぽを向いていたら、小惑星は太平洋や、誕生まもない大西洋に飛び込んでいただろう。大洋に直撃していた場合、押しのけられる海水の量は多くなるが、深海が衝撃を吸収したはずだ。大気中に放出される岩石や硫黄は少なくなり、衝突の長期的ダメージは減少した。非鳥類恐竜は生き残れたかもしれない。

ラブラドール・レトリーバーより大きな動物のほとんどは、K-Pg大量絶滅事象を乗り切れなかった。大量絶滅のあとの動物相が全体的に小型化する現象は、リリパット効果と呼ばれる。[*2] 大型動物は大変動によりひときわ深刻な打撃を受け、命をつなぐだけの資源を見つけることができないようだ。繁殖速度が遅いせいで回復できないのもあるだろう。生き残った者たちは、体が小さいおかげで生存に必要なエネルギーが少なく、こうして自然淘汰は急速に小型化を促す。

K-Pg事象は、恐竜たちの断頭台だった。非鳥類恐竜が長期間にわたって生存した証拠はほとんどない。わずかな例外は、古生物学者たちが「ゾンビクレード（dead clade walking）」と呼ぶ、短期的にもちこたえたものの回復には至らなかった集団だ。小惑星衝突の前に繁栄を享受していた初期鳥類は失われ、現生種につながる系統でも、その白亜紀の枝の多くが切り払われた。(1) どの鳥のグループが生き残ったかを知ったら驚くかもしれない。カモ、ニワトリ、走鳥類（エミューなど）の祖先に加えて、小型の飛翔性鳥類のグループのいくつかが、新時代への進出を果たした。

翼竜はおそらく、白亜紀後期にはすでにふるいにかけられたあとだった。数少ない生き残りに、キリン並の巨体を誇るアズダルコ類がいた。翼竜は次第に多様性を増していった初期鳥類にニッチの大半を奪われたとする説もあるが、この仮説には前章で取り上げた、トリティロドン類から多丘歯類への転換についての説明と同じ欠点がある。いずれにせよ、小惑星衝突によって、アズダルコ類の巨大翼竜も姿を消した。

小動物がみな生き残れたわけではない。トカゲ[2]や両生類でも複数の系統が絶滅した。それにもちろん、哺乳類も大災害の犠牲になった。繁栄を極めていた多丘歯類はアジアなどの地域で衰退し、有袋類を含むグループである後獣類も同じ道をたどった。植物も、それに依存する昆虫も大打撃を受けた。砂埃の粒子とエアロゾルが太陽光と熱輻射を遮ったことで、葉の光合成効率が低下し、大量枯死が起こった。K-Pg境界の堆積層に菌類の胞子が大量に残されている事実は、ペルム紀末の大量絶滅のときと同じように、広範囲で有機物が腐敗したことを裏づけている。[3]食料源の喪失により、ハナバチ類も減少し[4]、多くの種が絶滅した。

河川や海ではワニたちが苦しみ、海生爬虫類やその他の海生生物は消滅するか、深刻な減少に見舞われた。おそらく地球上でもっともよく知られ、もっとも頻繁に採集される化石であるアンモナイトは、渦を巻いた無数の殻だけを残し、海から完全に姿を消した。

どの分類群についても、正真正銘の最後の生き残りがいつ絶滅したのか、正確に知ることは不可能で、

＊2　スウィフトの『ガリバー旅行記』に登場する、ふつうの人間の一二分の一のサイズの住民たちが暮らす小さな島国から名づけられた。

これはシニョール・リップス効果[*3]によるものだ。イタリアのソフトポルノ俳優の芸名のような響きだが、れっきとした古生物学の法則であり、化石記録を読み解く鍵のひとつだ。どの生物種についても、それがいつ出現したか、あるいは絶滅したかを確実に特定することはできない。厳密な意味で最初や最後の個体が化石として見つかることはないからだ。代わりにわたしたちが得るのは、骨が示す種の存続期間の最小推定と最大推定だけだ。

大量絶滅事象そのものの持続期間についても、数百年から数千年だったという説もあれば、数万年続いたという説もある。とはいえ、地質学的スケールで見れば、カメラのフラッシュのように一瞬だったことは確実だ。

絶滅からの回復の道のりは、地域によってさまざまだった。米コロラド州での研究によれば、生態系の自己修復は五〇万年以内に始まったとされる。四〇〇万年後までに、パタゴニアなどの地域では葉食性の昆虫が回復した[5]。植物と昆虫の共生関係の一部が終焉を迎える一方で、新たな契約が結ばれ、それらが生態系の復活の基盤となった。アリとシロアリは生態系に不可欠な役割を獲得して繁栄し、蝶もそれに続いた。被子植物は急速に回復した。新しい系統の果樹が誕生し、たくさんの飢えた哺乳類や鳥類を利用して、種子をばらまき繁栄した。

深海は大部分が破壊を免れた。降り注ぐ酸性雨は浅海を毒し、カルシウムの殻をもつ生物を死滅させたが、変化の波は水柱の深い底までは届かなかった。植物と海の間には、新たな食物網の基礎をなす、頑丈な土台が残された。

一部の動物分類群にとって、事態は絶滅というより仕切り直しだった。以前の大量絶滅でもそうだったように、スペシャリストがもっとも痛手を被った。危機を乗り切るには柔軟性が、進化的なリメイクが必要だった。衝突直後のストレスを耐え忍んだ者たちは、どうにか切り抜け、一時的な繁栄すら手にした。一部の種は、レフュジアと呼ばれる、広範囲に環境が激変するなかで比較的影響が軽微だった場所、いわば生態学的シャングリラに籠城した。かれらは久々の陽射しに目をぱちくりさせながら、不毛の大地に再入植した。

恐竜のあとの世界が落ち着きを取り戻すなか、いち早く台頭したのは真獣類の哺乳類だった。中生代の後半には脇役にすぎなかったグループだ。古第三紀に起こった真獣類の華々しい回復は、地球上のすべての生命に影響を及ぼした。

こうして「哺乳類時代」の第二幕が始まった。

古第三紀は混沌のなかにあった。嵐のあとはそういうものだが、再建には時間が必要だった。この時代は六六〇〇万年前に突如として始まり、四三〇〇万年にわたって続いたあと、新第三紀にバトンタッチした。古第三紀と新第三紀を合わせたものが、かつては第二紀に続く時代として、第三紀と呼ばれていた。ヴィクトリア時代の命名法に忠実に従ったもので、今でも時折使われることはあるものの、地質年代表が改定された結果、現在は無効な名称となっている。

新第三紀からバトンを受け取ったのは、現在わたしたちが生きている地質年代である第四紀で、二五〇万年前に幕を開けた。古第三紀、新第三紀、第四紀は合わせて新生代と呼ばれる。わたしたちは端っこの小さな出っ張りでしかなく、脊椎動物の歴史を腕の長さとしたら、爪に乗っかっているようなもの

＊3　提唱者である二人の研究者、フィリップ・シニョールとジェレ・リップスにちなんでいる。

だ。

哺乳類が慌ただしく態勢を立て直した、古第三紀の進化のレースのようすを振り返るのは容易なことではない。哺乳類はこの時代に産声をあげ、小さくシンプルな祖先から多様化した、と説明する本はたくさんある。だが、わたしたちはもう、この筋書きは間違いだと知っている。哺乳類が背負う過去は複雑で、その勇ましいスタートは、古第三紀の幕開けから三億年も昔にさかのぼる、とはいえ、現生哺乳類の起源に関するステレオタイプも、一抹の真実を含んでいる。

哺乳類と鳥類の何が特別だったのだろう？　シンプルに答えるなら、何も特別ではなかった。すでに見た通り、K-Pg 大量絶滅事象を乗り切った分類群はたくさんあった。鳥類は現代においてかなり種数が多いが、魚の種数を一目見れば、多様性の基準を考え直す気になるだろう。[*4] 理由はさておき、わたしたちは哺乳類と鳥類という二つのグループにひときわ執着しがちで、庭に招き、映画をつくり、ずっと昔に亡くした子どものように家族として迎え入れさえする。

だが、それぞれ毛と羽に覆われた両者に、いくつか興味深い共通点があるのは確かだ。そのなかには、大量絶滅のあとの急速な復活に寄与した特徴もあるかもしれない。

人類にとって重大な意味があるからこそ、哺乳類が K-Pg 大量絶滅のあとでどのように地に満ちたかを理解することに、わたしたちは膨大な時間を費してきた。なかでも悩ましい疑問は、モフモフの祖先たちがどうしてもっと早く多様化しなかったのかだ。何千万年もの間、かれらが脇役に甘んじていた理由は何だろう？　長年の定説によれば、わたしたち哺乳類を押しとどめていたのは恐竜だ。化石記録を見れば明らかに思えたが、二〇世紀末になるまで、仮説を支持する確たる証拠はほとんどなかった。

研究者たちは数字に注目しはじめた。二〇一三年、データの検証をとことん突き詰めた研究が発表された。G・G・シンプソンが聞いたら喜びそうな手法を駆使して、グレアム・J・スレーターは、中生代と新生代を通じた哺乳類の体重変化の速度とパターンを分析した。(6) サイズの大小は成功の指標にはならないが、動物の形態的差異がどれだけあったかを反映する指標としては使い勝手がいい。サイズの変化は、表現型（生物個体がもつ観測可能な特徴）の変化を意味するからだ。スレーターは、哺乳類の系統のなかで時代とともに表現型がどう変化してきたかを記録し、異なる進化のシナリオから予測される複数のパターンのどれに相当するかを検証した。

過去二億年にわたり、哺乳類の進化がどのような軌跡を描いてきたかについては、いくつかのシナリオ、あるいはモデルが考えられる。第一の候補はブラウン運動で、要するにランダムだ。これが正しければ、プロットしたデータは全体に散らばり、傾向やパターンは認識できないと予測される。哺乳類のサイズの変化を妨げるものが何もなければ、こうなるはずだ。

第二の可能性は、哺乳類はずっと大きくなりつづけた、というものだ。方向性シナリオと呼ばれ、これがあてはまるとしたら、データは（少なくとも一部の系統において）三畳紀の小柄な状態から、時代の変遷とともに一貫してサイズの幅が広がる方向に変化してきたという、明確な傾向が読み取れるだろう。

第三のシナリオは、オルンシュタイン・ウーレンベック・モデルと呼ばれる。*5 哺乳類がこのパターンで進化してきたとしたら、プロットしたデータは多少の揺れを示しつつ、「最適値」からあまり離れな

＊4　第4章で見た通り、現生の哺乳類は約五五〇〇種、鳥類は最大で一万八〇〇〇種、魚類は約二万八〇〇〇種以上が知られる。一方、昆虫は五五〇万種を超えているので、じつは今までもこれからもずっと昆虫の時代だ。

＊5　この過程の数学的記述に取り組んだ、レオナルド・オルンシュタインとジョージ・ユージーン・ウーレンベックという二人の物理学者の名前にちなんでいる。

いと予測される。言い換えれば、哺乳類を一定のサイズの幅に収める制約があったということだ。

スレーターは、中生代哺乳類の進化パターンが、恐竜を獲物にするような例外はあったものの、おおむねオルンシュタイン・ウーレンベック・モデルに従うことを発見した。しかし、K-Pg大量絶滅のあと、シナリオは突如としてブラウン運動に切り替わった。この急激な変化は、K-Pg後の解放と、それに続く適応放散を想定すると、うまく説明できる。つまり、それまで哺乳類の進化は何らかの制約下にあったが、六六〇〇万年前に適応放散が始まったと考えられるのだ。この研究は量的データによって、確立されて久しいパラダイムを裏づけた。すなわち、恐竜の時代の哺乳類は制約を受けていたが、かれらが(鳥を除いて)全滅した古第三紀の始まりがギアチェンジを促し、多様化して空白のニッチを埋めていったという考えだ。

興味深い発見だ。しかし、この研究は哺乳類の体サイズの進化の全体的なパターンを明らかにしたものの、中生代の制約の正体を突き止めたわけではない。意地悪な恐竜たちが邪魔をした以外に、考えられる理由はないだろうか?

哺乳類が恐竜に抑圧されていたというアイディアを、わたしはずっと前から単純すぎるのではないかと思っていた。この常套句に初めてひびが入ったのは、哺乳類は暗い隅っこに追いやられるどころか、じつに見事に夜行性に適応し、脳と感覚系を全面的につくり変えていたことが明らかになった時だ。かれらの多様化は、体重の分析からは簡単には読み取れない。さらに近年、ドコドン類の多様性が発見され、ジュラ紀の生態系における初期哺乳類の位置づけは再考を迫られた。世界各地で新たな化石の発見(レペノマムスや滑空性のハラミヤ類など)が積み重なるにつれ、かれらの体サイズの上限が引き上げられ、中生代生態系のなかで哺乳類が果たした重要な役割が認識されはじめた。物語はまさに今、修正されつつある。哺乳類のさまざまなグループが、恐竜時代の間にも、何度となく適応放散や実験を繰り返していたのだ。(7) 恐竜が哺乳類の繁栄を妨げていたという考えは、以前ほど自明なものとは思えなくなってきた。

最近、わたしは共同研究者たちと、三畳紀以来の哺乳類の進化パターンを別の視点から考察した。K-Pg後の適応放散ではなく、中生代に哺乳類が直面した進化的制約に注目したのだ。哺乳類の多様性を考慮して、わたしたちは分析対象を三つの異なるグループに分けた。初期に多様化した哺乳形類（モルガヌコドン類やドコドン類など）、最初期の「真の」哺乳類（多丘歯類やゴビコノドン類など）、そして獣類、つまり現代の哺乳類だ。わたしたちは、それぞれのグループにおいて中生代を通じて表現型の変化がどれだけ起こったかを比較した。得られた結果は、控えめに言っても興味深いものだった。

哺乳形類と初期哺乳類の系統は、中生代の大半にわたって獣類よりも多様性が高かったことがわかった。これら初期のグループは、白亜紀に入っても新たなニッチへの適応を続けていた。一方、獣類はK-Pg大量絶滅のあとまでは舞台裏に控える代役のようなもので、大した仕事はできなかった。この結果から、わたしたちの祖先を抑え込んでいたのは恐竜よりも、むしろ広義の哺乳類の兄弟姉妹だった可能性が示唆される。[*6] 白亜紀末に起こった、競合する別の哺乳類系統の絶滅は、やっかいな爬虫類たちの退場と少なくとも同じくらい、現代の哺乳類の台頭を後押しする重要な要因だったのだ。

すでに見てきた通り、体サイズは進化の重要な要素のひとつだ。ペルム紀の単弓類は、最初の巨大植

＊6 これを書いている時点で、この研究はまだ論文になっていない。みなさんが読む頃には刊行されているといいのだけれど［訳注：論文は二〇二一年七月に学術誌『カレント・バイオロジー』に掲載された］。

物食動物や大型捕食者を生み出し、二億五〇〇〇万年以上も前に最初の「哺乳類時代」を打ち立てた。しかし、かれらは三畳紀まで生存したにもかかわらず、ペルム紀末の大量絶滅のあとでもっとも回復が早かったのは爬虫類系統で、かれらは中生代にとてつもない大きさになった。

大型化が得意だったかれらだが、注目してほしいのは、ほとんどの恐竜が小型化に関しては壊滅的だったことだ。わたしたちは大物に目を奪われて、最近までコインの裏側に気づいていなかった。二〇一七年のある研究は、中生代を通じた恐竜の体サイズの変化を検証し、ほとんどの系統が大型化を実現したあとは最適範囲に落ち着いて推移したと結論づけた(8)。これはまさに、値が一定範囲から大きく外れることなく変動する、オルンシュタイン・ウーレンベック・モデルだ。恐竜の場合、最適値は比較的大きかった。

けれども、恐竜は進化史のなかで、何度か突然の転機も経験した。これにより、とりわけ巨体を誇る系統や、いくつかの小型恐竜の系統が生まれた。もっとも重要で劇的な変化は、獣脚類、なかでも鳥の祖先で起こった。鳥の系統だけが、哺乳類がはるか昔に達成したレベルのミニチュア化を達成したのだ。哺乳類が経験したのと似た身体的変化が、鳥の進化を加速させた。体を覆う構造（羽毛）の獲得、体温の上昇と恒温化、活動性の上昇。こうした変化の多くは基幹的グループで起こったが、哺乳類でもそうだったように、鳥の系統ですべてが融合した。自然は別々の方向に出発した両者を、同じ場所に導いたのだ。

こうした形質の組み合わせは、鳥類と哺乳類がK-Pg大量絶滅事象における核の冬を生き延びるのに役立った可能性がある。どちらの系統も、ほかの四肢動物のグループよりも子どもの世話に長い時間を費やすため、過酷な状況で次世代に優位性を授けることができる。かれらが利用する生息環境も影響しただろう。半水生や穴居性の哺乳類は、最大のダメージを回避できたのかもしれない。海岸に棲む鳥や半水生の鳥が危機をうまく切り抜けたのも偶然ではなさそうだ。古第三紀の早い時代から見つかった、数少ない哺乳類の体骨格化石を調べた研究によれば、多くの種は穴居性とまでいかなくても、穴掘りが上手かったようだ。現生哺乳類にも穴掘りで命をつないでいる種がいる。例えばカンガルーラット *Dipodomys* は、米国ネバダ州の核実験場に生息し、複雑な構造の巣穴と貯め込んだ食料のおかげで爆心地の周辺でも生きていける。*7

昆虫を食べることも、生存戦略としてすぐれている。昆虫食はふつう、体が小さいこととセットなので、意外ではないがまたしても小型の鳥類と哺乳類がより有利になった。

あるグループが大量絶滅を乗り切って繁栄し、ほかのグループが終焉を迎えた理由はたくさん考えられる。そのうちのひとつが、地球の生命の歴史のなかではすっかりおなじみだが、運不運のめぐり合わせだ。

K-Pg 大量絶滅の直後、哺乳類に何が起こったのかは、今のところよくわかっていない。問題のひとつは、世界のどこを見渡しても化石記録が乏しいことだ。哺乳類の古生物学ではありがちなのだが、古第三紀初期の哺乳類のほとんどは、単独で見つかったいくつかの歯だけが知られている。

白亜紀に豊富に生息していたグループのほとんどは、大量絶滅を乗り越えても長続きはしなかった。マダガスカルのゴンドワナ獣類は一掃され、隔絶されたこの島への入植は、有胎盤類を主原料に最初か

＊7　当然ながら、かれらといえども爆発の直撃を食らえば生き延びられない。だが、一九六五年の報告によれば、ネバダ州の核実験場では四五種の哺乳類が見つかっており、大規模な破壊に対する生命の驚くべきしぶとさを示している。

らやり直しとなった。現在のマダガスカルのユニークな動物相はこれで説明できる。キツネザル、テンレック、フォッサをはじめとするマダガスカルマングース科の肉食獣など、この島は固有種の宝庫だ。[*8] マダガスカルに分布する種の約九〇％はここ以外のどこにもいないが、生息地の破壊により不確かな未来に直面している。

多丘歯類はK-Pg境界を越え、しばらくは順調だったが、やがて衰退しはじめた。[11] かれらの退場は、齧歯類の登場と結びつけて語られてきたが、表面的によく似たこの二つのグループの相互作用の全体像は明らかになっていない。資源をめぐる競争が要因のひとつだった可能性はあるが、以前のトリティロドン類と多丘歯類の交代でもそうだったように、動物相の構成の変化がより大きな役割を果たした可能性もある。肉歯目の肉食性哺乳類や猛禽類など、新しいタイプの捕食者が出現したことも、プラスにはならなかったはずだ。始新世（古第三紀の二番目の時代）後期までに、多丘歯類は姿を消した。

古第三紀を謳歌したのは、細かいことを気にしない動物たちだった。食性だけでなく、身体的特徴についてもそうで、新時代の先駆者となった哺乳類たちはみな、初めのうちはきわめてよく似ていた。多くはあまりにそっくりで区別がつかないため、かつては顆節目と呼ばれる「ゴミ箱分類群」に一緒くたに放り込まれていた。古第三紀初頭までに現れたすべての哺乳類を足し合わせて平均をつくり、ちょっと大型化させれば、顆節目の一種のできあがりだ。あれともこれとも言いがたい、哺乳類の青写真のごった煮が、古第三紀の最初の日々を満喫した。がっしりした中くらいの体格で、言うまでもなく打たれ強かったが、それ以外はこれといって何かに特殊化してはいなかった。有胎盤類であったことは確実だが、身体的特徴の詳細や、ほかのグループとの関係は、種どうしがあまりに似ているせいもあり、よくわかっていない。現生哺乳類の主要な目のいくつかは顆節目から生じたが、もっと完全に近い標本が見つかるまでは、誰が誰の祖先だったかを正確に判断することはできない。

確かなのは、現生のすべてのグループの初期メンバーが、古第三紀の開始から一〇〇〇～二〇〇〇万年の間に大いに繁栄したことだ。有袋類とその親戚は、白亜紀末の時点では北半球全体で隆盛を誇ったが、そのあとは下火になった。小惑星衝突のあと、かれらは北米で新たなグループへと放散し、そのあと南米に渡ってパタゴニアに到達した。南の果てのこの地域は、緑生い茂る肥沃な古第三紀の南極とまだつながっていた。南極は動物たちで賑わい、白亜紀の南方系グループであるゴンドワナ獣類もしばらくは生きつづけた。[12] 多丘歯類と同じように、ゴンドワナ獣類はK-Pgのあとも一時的に存続したが、パタゴニアで発見された始新世前期（約五九〇〇万年前）の化石を最後に姿を消した。

一方、有袋類は豊かな森林に覆われた南極大陸の全域に分布を広げ、分裂する直前にオーストラリアに到達した。今日のオーストラリアと南米に、起源地である北半球では見られない有袋類が分布しているのはこのためだ。約三五〇〇万年前、南極に氷床が広がりはじめ、それまでの生態系は周縁部に追いやられた。有袋類は氷に押されて衰退していき、やがて化石を残して死に絶えた。

単孔類は、はるか昔からの長くのんびりした歩みを続けた。「壊れていないものは直さなくていい」が、かれらのモットーだ。パタゴニアで発見され、モノトレマトゥム *Monotrematum* と命名された化石は、大量絶滅からあまり時を経ていない約六一〇〇万年前の時点で、かれらがこの地域に分布していたことを裏づける。二八〇〇万年前のオブドゥロドン *Obdurodon* の化石は、見るからにカモノハシな動物がこの時代のオーストラリアに生きていた証拠だ。ただし、かれらは現代のカモノハシにはない、祖先

＊8　アイアイ *Daubentonia madagascariensis* はマダガスカルの固有種のなかでもっとも珍妙なやつと言われがちだが、最高のネーミングの称号を授与するべきは、「ろくでなしのデカ足ネズミ」を意味する英名をもつ、アシナガマウス *Macrotarsomys bastardi* だ。

形質である臼歯をまだもっていた（オブドゥロドンは「しぶとい歯」を意味する）。
だが、何より有胎盤類が、ほぼすべての大陸でいくつもの系統へと急速に多様化した。最初のアフリカ獣類（ゾウ、ツチブタ、キンモグラを含む系統）がアフリカに現れる一方、北半球ではローラシア獣類が新天地に足を踏み入れ、コウモリ（翼手目）の祖先や鯨偶蹄目の祖先が出現した。食肉目がセンザンコウ（鱗甲目）と分岐した。抜け目ないトガリネズミは、多くの初期哺乳類と同じようなライフスタイルを続けた。

さらに、有胎盤類の第三の主要系統である、真主齧上目が形成された。現代の圧倒的サクセスストーリーである齧歯目を含むグループだ。かれらは古第三紀の終わり頃に現れ、進化の椅子取りゲームで多丘歯類に取って代わった。兎形目ことウサギの仲間は、早い段階で齧歯目と袂を分かったが、生態にいくつかの共通点を残した。同様に、ツパイとヒヨケザルも独自の細枝を形成し、地味な樹上性動物の小グループであるプレシアダピス類から分岐して先へと伸びていった。

約五八〇〇～五五〇〇万年前に生きていた、プレシアダピス *Plesiadapis* とその類似種は、わたしたちヒトの近い親戚と呼べる最初の動物たちだった。全長一メートルに満たず、見た目はリスに似て、長く隙間のあいた前歯で物をかじった。眼は前方を向いていて、樹上生活に役立つ奥行き知覚をもっていた。ただし、研究者の意見は割れていて、地上性だったという説もある。いずれにせよ、かれらの骨格には、わたしたちと同じ霊長類の枝の根元に位置することを示すたくさんの特徴が見て取れる。

プレシアダピス類の子孫はそれ以来、ずっと遊び回っている。ここからキツネザル、サル、類人猿が出現し、そしてもちろん、最新かつもっとも問題児な子孫種である、わたしたちヒトが誕生した。

K-Pg 後の回復は、スコットランドでは地質学的ドラマのせいで遅れたようだ。スコットランドでトップクラスの絶景のなかには、古第三紀に起源をもつものが少なくない。北米とヨーロッパが分離するなか、ハイランド地方、またの名をアゲールタク（A' Ghàidhealtachd）すなわち「ゲール人の土地」は、怒れる溶岩に押し上げられた。スカイ島、その他のインナー・ヘブリディーズの島々、アードナマーカン半島、セントキルダにある火山は、ペルム紀末のシベリア・トラップのように、腹の底に溜まっていたものを白亜紀の名残の上に吐き出した。

地質学者による最近の研究によれば、スカイ島の火山が癇癪を起こしたのには、宇宙からの手助けがあったようだ。この島の約六〇〇〇万年前の岩石には、小惑星に固有の鉱物が含まれる[13]。衝突は小規模だったものの、これが周辺の火山活動の引き金となった可能性がある。古第三紀の冒頭、地球の生命は世界的大災害から立ち直りつつあったが、スコットランドはおそらくまだ生き延びるのが難しい場所だった。

それでもどうにかしがみついた動植物にとって、当時のスコットランドは熱帯気候で、今日の西アフリカ沿岸のようだった。古第三紀の地球温暖化は徐々に進行し、やがて迎えたピークは、専門用語では暁新世―始新世温暖化極大（ＰＥＴＭ）[*9]と呼ばれている。世界の平均気温は最大で八℃も上昇し、現生哺乳類の進化のパターンに影響を与えた。新興のグループの多くが、植物相の変化と気候変動に呼応して、体サイズを縮小したのだ。

スコットランドには古第三紀の化石がほとんど存在しないため、当時の生態系を理解するのは難しい。マル島で甲虫の翅鞘が多少見つかっているものの、それがほぼすべてだ。古第三紀の化石を産出する可

＊9　古第三紀の最初のパートは暁新世であり、真ん中は始新世、最後が漸新世だ。

能性のある地層は、自然のプロセスによって風化し、さらに時代が下ってからは氷河に削り取られてきた。

ただし、イングランドの化石産地を見れば、K-Pg後の新世界のなかの小さな北の辺境に、何が暮らしていたかのヒントが得られる。アルクトキオニデス *Arctocyonides* と名づけられた動物の歯は、英国諸島で見つかった古第三紀の脊椎動物の化石のなかでもっとも古い[14]。約五七〇〇万年前のもので、これまでゴミ箱分類群の顆節目に放り込まれてきた。初期の有蹄類、あるいは現代まで生き残れなかった哺乳類のグループである、肉食性の肉歯類に属する可能性がある。

古第三紀の半ばにさしかかる頃には、イングランド南部の地層に出演キャストが勢ぞろいしていた。これまでに、霊長目、齧歯目、兎形目、偶蹄目、ほっそりした食肉目の初期の種の歯や骨が見つかっている。少数の後獣類もそこに混じって、最後の砦にしがみついていたが、かれらの終わりは近かった。ヨーロッパの有袋類は中新世中期（約一四〇〇万年前）まで生息し、最後の名残の化石がドイツで見つかっている。

最古のモグラであるエオタルパ *Eotalpa*（「暁のモグラ」の意）は、イングランドの古第三紀中期の地層から発見された[15]。ドコドン類が一億年以上前に発明した生活様式を再発見したかれらは、森林に覆われた生態系の一部として、鳥、トカゲ、両生類の多様な系統と共存した。

小惑星衝突後に起こった生命の回復と世界的な繁栄に比べれば、これらはみな予告編のようなものだ。最近になって起こった氷河による侵食が、スコットランドの古生物学的過去の一部を削り取ったのは確かだが、一方でインナー・ヘブリディーズ諸島の中生代の地層が露出したのも氷河のおかげだ。氷河は洞窟を掘り、山々を研ぎ、あるいはビリヤードのキューの先端のようになめらかにやすりをかけた。さらに古第三紀の火山の合間を突き進み、玄武岩の毛布を少しだけまくって、わたしたちにジュラ紀の生態系の一部を垣間見せてくれた。自然は片方の手で奪いながら、もう片方の手で与える。

スコットランドの古代哺乳類の研究はまだ始まったばかりだ。[*10] 岩石の中にあまりに小さな文字で刻まれた、このちょっとした瞬間の重要な意味を読み取るには、シンクロトロンX線が必要だ。これらの骨は世界の化石データセットの一部であり、新しいデータが加わり、古いデータの再解析がおこなわれることで、変わりゆく世界へのわたしたちの理解は絶えずアップデートされている。新たな視覚的解析技術が観察精度を上げ、サプライズをもたらす。コンピューターを使ってコードを書き、数理解析の密網にかけて、膨大なデータ処理を実行することで、観察で得られた洞察が定量的に裏づけられる。岩石の化学組成は化石の形成年代を推定し、同位体分析と遺伝学の手法も彩りを加える。

古生物学はかつて白人男性たちが率いる欧米の学問で、博物館を採集品で満たすため、フロンティアからの略奪が横行していたが、今では世界の他地域の研究者たちが門戸をこじ開けている。女性たちの貢献は、歴史的なものも現在進行形のものも含め、ますます認知されるようになってきた。産出国への化石の返還も実現している。

だが、この分野で活躍する研究者たちが研究対象の生物と同じくらい多様になるように、改善すべきことはまだたくさんある。一握りの奇抜な天才たちが科学の未来を拓く時代は去り、わたしたちは協働の時代に入った。多様性なくして生態系の繁栄はない。多様性は、わたしたちの仕事を実り多きものに

*10 わたしと共同研究者が執筆した、ウォルドマンとサヴェージが採集したジュラ紀の哺乳類骨格化石に関する初の論文は二〇二一年初頭に刊行され、二本目以降も控えている。わたしたちの島の大昔の住人たちが、とうとう姿を現した。

してくれる。

たいていの哺乳類の起源の物語なら始まったばかりのところだが、わたしたちの旅はここで終わりだ。ヒトは利己的な生き物で、自分たちの物語をいくらでも聞いていたいと思うものだが、わたしはそろそろ口をつぐもう。

この本はまるごと独りよがりな思い込みで、爬虫類や両生類をさしおいて哺乳類を物語の主役に抜擢していると言われるかもしれない。けれども、わたしの意図は別のところにある。本書でみなさんに、わたしたちの進化の歴史を眺める別の視座、巨大で派手な爬虫類による抑圧とは違う見方を提供できたなら幸いだ。語るべきストーリーはまだいくらでもあるが、一冊の本に収められる進化の不思議はそう多くない。

石炭紀の誕生以来、単弓類は数々の絶滅を乗り越え、あの手この手で生き抜いてきた。あるときは隆盛を誇り、あらゆる定義に照らして成功を（そして奇妙な外見を）手にした。またあるときは、周りの世界が巨大化を競うなか、ひっそりとイノベーションを実装した。過去三億年の間にもっとも冴えた手を打ってきたのは、系統樹のなかの真新しいわたしたちの枝ではなく、その他大勢の獣弓類のプレーヤーだったことも、十分に理解してもらえたと思う。

直近の「哺乳類時代」の叙事詩は、すでに何度となく語られている。六六〇〇万年前、古第三紀と同時に始まって、またたく間に数多の方向へと枝分かれした。どの道をたどるとしても、到達地点は現在だ。

ここから故郷への道に、もう案内は不要だろう。

Snacks 'n Soda

エピローグ　小さきものたちの勝利

……地球上の獣たちの愚かさがいかほどのものであれ、人間の狂気はそれらをはるかに凌ぐ。

ハーマン・メルヴィル『白鯨』

二〇一九年三月一五日、全世界で若者たちが通りに繰り出した。かれらは高校や大学を抜け出して行進した。両親の手を引いて家から連れ出した。かれらは頬に花を描いた。革命の中心は、またしても被子植物だった。小さな指で握りしめる横断幕には、紅蓮の炎、溶ける地球、感嘆符が踊った。若者たちは街の中心に集まり、小さな声は膨れあがった。次世代の代弁者たちが、上の世代に気候危機への対処を訴えた。

人為的な気候変動は、地球と人間の政治を改変しつつある。わたしはその日、オックスフォードで目を輝かせて行進する若者たちに加わり、政治家や大企業に対し、身近な場所で起こっている危機に目をつむらないよう訴えた。抗議活動は希望に満ちていたが、憂鬱でもあった。抗議する若者たちの未来は明るいが、問題解決にもっとも意欲的なかれらは、手遅れになる前に変化を起こすのに必要な政治力をもちあわせていない。両親や祖父母の世代が耳を傾けるよう願うしかないのだ。

気候変動の避けられない影響、すなわち海面上昇、異常気象、山火事の頻発、ベースライン遷移［訳

注：幼少期に経験した自然環境の状態（気候、野生動物の個体数、動植物相の構成など）を、それがより長いタイムスパンで見ればすでに劣化した状態であっても、本来の正常な状態と考えてしまう心理的傾向のこと」にどう対処するかは、これからの一〇〇年やその先の人類にとって、何よりも切迫した課題だ。問題は自然環境だけにとどまらず、社会、政治、経済にも及ぶ。人類以前のどの生物とも違って、わたしたちは生存の道を選ぶことができ、予測と計画によって先手を打って変化を起こすことができる。

ヒト以外の動物たちにとって、大量絶滅を切り抜けられるかどうかは進化のくじ引きだ。生き延びるのに役立つ形質をもっているかどうかは、事前準備で決まるわけではなく、椅子取りゲームの結果にすぎない。ゲームの参加者に比べて、椅子の数はごくわずかだ。

地球規模の大量死に際して、ひとつわかっているのは、小さい動物が有利であることだ。死が空から降ってくるにせよ、地球の中心から湧き出してくるにせよ、あるいは働き者のサルの一種がオーブンの温度設定を無視するように大気をせっせと加熱した結果であるにせよ、しぶとく生きつづけるのは小さきものたちだ。もちろん、小ささだけが基準ではない。食料や生息環境にこだわりがなく、繁殖速度が早く、地理的分布が広ければ、生存確率は上がる。選り好みをしていては生き残れない。

ペルム紀のあと、一握りの生存者たちが最悪の状況をどう乗り切ったかは、化石記録が教えてくれる。単弓類はこれまでも繰り返し、後継者の候補を送り出してきた。ブタに似てたくましいリストロサウルスは、二億五二〇〇万年前に世界をほぼ制覇した。小型で穴居性の有胎盤哺乳類は、白亜紀末に小惑星が恐竜世界をまとめて葬り去ったあと、いち早くリードを奪った。過去の大量絶滅事象のどれをとっても、その直後に栄えたディザスター分類群をあげることができる。だが、成功を続けるのは容易ではない。

あまりに多くの変化がわたしたちの周りで巻き起こるなか、進化研究に照らして考えると、現在の大量絶滅危機を生き延びるのは誰になるのだろう？　ヒト以外の哺乳類は、わたしたちがつくりだす世界でやっていけるのだろうか？

人類が生み出している状況の多くは、過去の大量絶滅のなかで起こったことと似ている。大気中に放出された二酸化炭素とメタンがもたらす温室効果は、二億五二〇〇万年前にシベリアの洪水玄武岩によって発生したガスの作用と同じだ。建築、農業、産業を目的とした生息地破壊は、六六〇〇万年前の小惑星衝突とその余波による、地球規模の植生の破壊に通じる。過去の事態のほうがはるかにスケールが大きかったのは確かだが、一方ではるかに長い時間をかけて起こったため、一部の生物が適応する余地があった。そして事態が落ち着いてくると、回復の時が訪れた。

地球温暖化への適応のひとつとして、哺乳類はより夜行性傾向を強めるかもしれない。[1]砂漠など高温で乾燥した環境では、動物たちは暗くなるまで活動を控える。これは異常高温、つまりオーバーヒートの予防策だ。内温性動物である哺乳類にとって、異常高温は低体温症よりもはるかに危険なのだ。毎年、世界で五〇万人以上が過度の体温上昇により、臓器不全や脳損傷を発症して亡くなっている。今後数十年のうちに、最高気温が三五℃を超える日は三倍に増加すると予測される。異常高温はヒトだけでなく、すべての動物にとって差し迫った脅威だ。

研究によれば、多くの哺乳類（加えて一部の両生類、魚類、昆虫）は柔軟な活動パターンをもつ。季節変化や日内気温変動、干ばつや捕食リスクに応じて、採食の時間を変えるのだ。こうした性質は時間的柔軟性と呼ばれ、比較的広くみられる。本書の前半で取り上げたように、ほとんどの現生哺乳類は夜明けや夕暮れ、あるいは夜間に活動し、夜行性の祖先から受け継いだ乏しい色覚を維持している。そのため、かれらは日中の気温上昇に応じて活動時間を柔軟に変化させ、三畳紀後期の最初期の哺乳類が利用したニッチに回帰することができるだろう。

気温の上昇に伴い、干ばつもより頻繁に発生する。動物たちは水分の維持という課題に直面するだろう。これに関しても、体のクールダウンに必要な水やエネルギーを節約できるため、夜行性が有利だ。

活動パターンを切り替えられない動物たちには、高緯度、あるいは高標高への移住が次善策となる。こうした変化はすでに現実のものとなっていて、高緯度地域の動物たちは極地へと退避し、それ以外の動物たちは山に登りはじめている。[2] これもまた、ペルム紀末の大量絶滅のあとに見られたパターンの繰り返しだ。この時代、赤道付近は過酷な気温上昇により、ほとんどの生物にとって生存不可能だった。

だが、移住は解決策ではなく、単なる反応だ。動物たちに事前計画はなく、実際の移住はランダムに起こる。二〇一三年のある論文の推定によれば、移住は実際には生存確率に負の影響を与え、死亡率を九〇%近く上昇させており、動物たちが移住によってプラスの効果を得られる場所は世界の約五%にすぎない。[3] 過去の例を見ると、ヨーロッパで最終氷期が終わりを迎えた約一万一〇〇〇年前、地域の南半分にいたホッキョクギツネ *Alopex lagopus* の個体群は、北へと撤退する氷床についていけず、一定の緯度を境に絶滅しただけだった。[4]

ほとんどの動物は、わたしたち自身も含め、温室と化した未来の地球で苦境に立たされる。だが、分布域がもっとも広い種は、気候変動のくじをいちばん多く手にしていて、生存の見込みも大きい。

移住によっていくらかの種は生き延びるだろうし、過去には生存戦略として有効だったはずだ。しかし、現代にはひとつ重要な違いがある。ヒトの存在だ。わたしたちは動物の分散を妨げるたくさんの障壁を築いてきた。道路、都市環境、フェンス、運河といったインフラや、改変された環境（農地など）だ。これらは避難場所を求めてさまよう動物たちが本来できるはずの移動を阻害する。研究によれば、現在すべての動物種のおよそ半分が分布域を移動させていて、陸上での移動速度は平均で毎年一五キロメートルとされる。これだけの距離を歩いて人工構造物に出くわさない場所は、地球上にそう多くない。

すでに見てきたように、サイズは大量絶滅を乗り越える重要な要因のひとつだ。小型動物の生存率が高く、生き延びた大型動物が小型化する現象は、リリパット効果と呼ばれている。サファリや動物園や野生動物ドキュメンタリーで愛される、カリスマ的な大型動物にとっては凶報だ。酷暑と干ばつは、体積に比較して表面積が小さい大型動物により悪影響を与え、放熱能力を阻害する。生息地の喪失により、食料源を失い移動を余儀なくされ、状況はさらに悪化する。二〇二〇年に発表されたある研究は、一九七〇年代以降の哺乳類の分布パターンを分析し、動物の体重、気温上昇、生息地の喪失、ヒトの人口密度が、種の分布域の縮小と相関することを示した。[5] 逆に、一握りの小型で繁殖速度の速い哺乳類は、むしろ分布域を広げていた。ブタよりも大きな野生哺乳類には、お別れを言うしかなさそうだ。わたしたちがつくる動物園が、いずれかれらの最後の砦になるだろう。

選り好みしない戦略が、人類という厄災を乗り越えるのに効果的であることはすでに証明済みだ。人類はドブネズミやハツカネズミを害獣として恐れ、毒殺するが、かれらは嬉々としてヒトのそばで生きる。わたしたちが無尽蔵に食べ物を提供するからだ。ポテトチップスの食べ残し、キッチンのカウンターに置かれた果物、庭に用意された鳥用の餌台、農作物、果てはプラスチック製のケーブルの外装まで、かれらにはどれもごちそうだ。キツネ、オポッサム、アライグマなどの種もヒトを利用することを覚え、騒音や建造物だらけの環境に適応して、わたしたちが毎日廃棄するよりどりみどりな食料を得ている。

こうした都市生物は、同じ種の農村部の集団よりも高密度に生息し、一度の産子数が多い。

海面上昇による哺乳類の絶滅は、すでに現実のものとなっている。オーストラリア固有の齧歯類であるブランブルケイメロミス *Melomys rubicola* は二〇一六年、人為的気候変動によって絶滅した最初の哺乳類という悲しい肩書を手にした。海面上昇と異常気象により、サンゴの環礁にあった生息地ははかなくも崩れ去った。体が小さいことは強みにはなっても、けっして生存を保証するものではないことを、かれらの悲劇は物語っている。

海面上昇は海生哺乳類にはプラスにはたらくと思うかもしれないが、海洋酸性化と貧酸素化が食物連鎖に与える損害は、利益をはるかに上回る。過去の大量絶滅を見ても、大型海生捕食者が生き延びた例は少ない。二〇二〇年の研究によれば、海生哺乳類はすでに感染症の増加に直面していて、異常気象の深刻化に伴い、さらなる蔓延が危惧される。(6)

生息地の破壊は、絶滅の原因のなかでももっとも根深いものだ。人為的絶滅についてはもちろん、化石記録においても、植物相の変化は常にほかの生物に破滅的な影響を及ぼしてきた。現在七八億人の、そして今後も増えつづける人口を賄うための、農業目的の土地改変は、生物多様性の喪失の主要因だ。農業生産の約七〇％は食肉関連であり、膨大な量の水と穀物がつぎ込まれている。ベジタリアンあるいはヴィーガンになることが、世界を救うために個人にできるもっとも有効な手段のひとつである理由のひとつはここにある。

現在生きているすべての哺乳類のうち、約六〇％はヒトが食料として飼育する家畜だ。世界には一四億頭のウシ、一八億頭のヒツジとヤギ、九億八〇〇〇万頭のブタが生きている。(7) ヒトは地球上のすべての哺乳類の三四％を占める。ペットのネコは六億頭、イヌは四億七〇〇〇万頭だ。一方、野生哺乳類は、今日生きている哺乳類のわずか四％にすぎない。[*1]
この現状は、わたしたちが食肉や伴侶として選択し交配させてきた有胎盤類の圧倒的成功とみなすこともできるが、地球の生物多様性の観点から言えば壊滅状態だ。ウシとウマの祖先はすでに絶滅し、生き残っているのはかつての栄光を称えるトリビュートバンドにすぎない。[*2]
家畜とヒトは、三億年にわたる壮大な単弓類の進化の叙事詩に添えられた、微々たる脚注でしかない。哺乳類の四種に一種が絶滅の危機にある現状は、[*3]わたしたちが自分自身の系統を消し去ろうとしている証拠だ。
わたしたちは人新世、すなわち「人類の時代」を生きている。この時代の類を見ない特徴が、わたしたち自身すら生きていけない世界の形成だというのだから、皮肉なものだ。

本書を書き上げようという今、わたしはスコットランドの第一次全面ロックダウンがまもなく解除されるのを指折り数えている。スカイ島でのフィールドワークは二カ月前に中断された。新型コロナウイルスのパンデミックが、水平線の向こうの凶兆から、地球規模の陰鬱な現状へと進行したためだ。人類へのコストは途方もなく、どこまで膨れ上がるかは未知数だ。一方、哺乳類のみならず、ほかのすべての生物にとって、パンデミックの短期的影響はほぼ全面的にポジティブなものだった。
ウイルスの蔓延防止のため、英国のわたしたちは「ステイホームで命を救う」ことを要請された。一

＊1　鳥類の状況は多少ましで、三〇％が野鳥、七〇％が家禽であり、後者はほぼすべてニワトリだ。
＊2　家畜動物の驚くべき旅路と自然誌についてもっと知りたい方は、リチャード・フランシスの『家畜化という進化』を参照のこと。
＊3　国際自然保護連合（ＩＵＣＮ）の絶滅危惧種レッドリストより。

日に一時間の運動のための外出だけが許可されて、人々は（しばしば数年ぶりに）近所を散歩した。健康のために散歩する途中、わたしたちは以前の倍ほども旺盛に生い茂る緑に驚いた。除草を免れた路側帯には、またたく間に野草の花が咲き乱れた。

ダーウィンによる、『種の起源』の有名な一節は、まるでパンデミック下の散歩について語っているようだ。「さまざまな種類の植物に覆われ、灌木では小鳥が囀り、さまざまな虫が飛び回っているような土手を観察すると、不思議な感慨を覚える」[8]。たった数週間、ヒトによる妨害なしに成長した緑は、わたしたちにベースライン遷移の前の風景を垣間見せてくれる。

車も歩行者も消えた通りで、野生動物は機に乗じて探索に繰り出した。ウェールズのランディドノーでは、野生化したヤギの群れが地元住民の庭を荒らし回り、閑静な住宅街をギャングのようにうろついた。日本の奈良では、いつもは観光客に餌をねだっているシカが郊外で草を食んだ。テルアビブでは、イヌの代わりにジャッカルとオオカミがハヤーコン公園を散歩した。交通事故は哺乳類を含む野生動物に深刻な被害をもたらしていて、米国では普段、毎日推定一〇〇万頭の野生動物がハイウェイで轢死している[9]。ロックダウンに救われた野生動物の命は、人命よりはるかに多かったに違いない。

パンデミックの最初の一カ月間で、中国の二酸化炭素排出量は二五％減少した[10]。インドのパンジャブ州では、大気汚染が軽減され、住民たちは二〇〇キロメートル先のヒマラヤ山脈を三〇年ぶりに目の当たりにした。ソーシャルメディアでシェアされた写真には、「#GlobalHealing」のハッシュタグが添えられた［訳注：「地球の回復」といった意味で、地球高温化（Global Heating）のもじり］。祖父母の世代には当たり前だった自然のありさまを見て、人々は喜びに沸いた。わたしたちが望む世界は、わたしたちがけっして見たくなかった世界のすぐ下に隠れていたのだ。

水を差すようだが、国際再生可能エネルギー機関（ＩＲＥＮＡ）の推計によれば、二〇二〇年末までの年間CO_2排出量は、わずか六〜八％の減少にとどまる。減少分は漸増傾向にほぼ打ち消されるとする別の予測もあり、[11] いずれにせよ遅かれ早かれ通常営業に戻るだろう。二〇二〇年の「グリーン」な幕開けは、問題の巨大さとは比較にならないほどちっぽけだ。本当に変化を起こしたいなら、今後三〇年はロックダウンを続けなくてはならない。

わたしたちこそが現代の小惑星だ。今の大量絶滅において、人類は溶岩流だ。歴史が繰り返されるなか、地質学的過去とひとつ違う点をあげるとしたら、受け身でなく先回りして対応できる動物が一種だけいることだ。人類は世界を破壊しつつあるが、絶滅を食い止め生態系を再生させる力も備えている。

このミッションに失敗すれば、世界はネズミとゴキブリのものになるだろう。わたしたちはかれらを軽蔑してやまないが、本当はかれらの柔軟さとしたたかさを羨むべきだ。多くの生息環境が失われる一方で、新たな生息環境が生まれ、次なる多様化の機会がもたらされるだろう。人類が荘厳なる氷床をすべてはぎ取ったあとの南極には、どんな生物が棲みつくのだろう？

ヒトは現役のディザスター分類群だ。水と食料の不足により世界の農業生産が停止すれば、わたしたち以前の哺乳類と同じように、人類も昆虫から栄養を得るようになるかもしれない。家畜とペットが将来もずっとわたしたちと一緒にいてくれるとは思わないほうがいい。だが、一部はおそらく人類よりも長く存続するだろう。

今日の大量絶滅を生き残る哺乳類は、前回の生存者とよく似ているだろう。小型で、巣穴に暮らす、夜行性のジェネラリストだ。この生活様式は、過去二億一〇〇〇万年にわたって実践されてきた。危機対応は手慣れたものだ。

わたしたちは不確かな時代を生きている。化石記録から何かひとつ、大きな安心材料が得られるとしたら、生命はいつだってどうにか生き延びるということだ。これまでずっとそうしてきたように、単弓類が進化のレースを走りつづけることは、自信をもって断言できる。ただし、バトンを握るのはわたしたちヒトではなさそうだ。

謝辞

何より最初に記しておくべきは、本書で取り上げた化石の多くが、先住民の土地で発見され、かれらに相談することも許可を得ることもなく、研究者やコレクターが持ち去った標本であることだ。二〇世紀初頭まで、ヨーロッパ以外にルーツをもつ人々に対する植民地主義的な態度のせいで、こうしたやり方が横行していた。わたし自身も含め、研究者は今もこうした標本の恩恵を受けている。科学はヨーロッパ白人の思想と文化を色濃く受け継いでおり、非白人を蚊帳の外に置き、かれらの貢献をないがしろにしてきた歴史を背負っている。わたしはこの場を借りて、化石が発見された土地の伝統的な管理者である人々に敬意を表し、かれらこそが土地の自然遺産の正当な守護者であることを認めたい。

本書を世に送り出すにあたって力を貸してくれた、本当にたくさんの人たちに感謝している。担当編集者のジム・マーティン、アナ・マクディアミッド、アンジェリーク・ニューマンは、そもそもプロジェクトにわたしを引き入れてくれたうえに、ロックダウンの最中にわたしの調子を尋ね、フィードバックとアドバイスでこの本をよりよいものにしてくれた。キャサリン・ベストのフィードバックと綿密な編集にも感謝したい。エイプリル・ネアンダーは、アートを通じて過去に命を吹き込む、すばらしい才能を発揮してくれた。彼女と一緒に仕事ができたことを本当に光栄に思う。

貴重な時間を割いて、原稿を読み、フィードバックをくれたすべての人たちに心から感謝している。ロス・バーネット、ジュリアン・ブノワ、ニール・ブロックルハースト、ジョナ・ショイニアー、ヴィンセント・フェルナンデス、デイヴィッド・フォード、ニック・フレイザー、クリスティーン・ジャニス、クリスチャン・カマラー、スザンナ・ライドン、骆泽喜《ルオジューシ》、クリス・マニアス、ジュリア・パンチローリ、ドゥガルド・ロス、ララ・シシオ、マイケル・ウォルドマン。各分野の第一人者たちから詳細な情報を聞けたことも大いに役立った。ララ・シシオは砕屑性ジルコンとカルー地域について、キミ・シャペルはカルーの竜脚類について、ピア・ヴィリエッティはアイオーン・ルドナーの経験について、グウェン・アンテルは科学の脱植民地化について教えてくれた。ベルンハルト・ジップフェルは、ロバート・ブルームの遺産の影の部分について率直に語ってくれた。そしてクリスタ・クリアンは、科学と人種の不穏な歴史に関する執筆にどう臨むべきか、アドバイスと情報をくれた。

ジュリアン・ブノワ、マット・ハンペイジ、骆泽喜、オックスフォード大学自然史博物館、シカゴのフィールド自然史博物館、ドラムヘラー（カナダ）のロイヤル・ティレル古生物学博物館は、カラー口絵の写真を快く提供してくれた。ゾフィア・キエラン＝ヤヴォロウスカの写真は、ヨランタ・コビリンスカとマグダレナ・ボルスク＝ビアウィニツカが、ポーランド古生物学研究所のすばらしいアーカイブから提供してくれたもので、アーカイブは現在デジタル化が進められている。それぞれの作品の掲載を許可してくれた、才能あふれる作家・詩人のみなさんにもお礼を申し上げる。マーリ・アナ・ニクアルライグ（メアリー・アン・ケネディ）、ジャスティン・セイルズ、フィオナ・リッチー・ウォーカー。新作が楽しみで仕方ない！

もっと個人的な話になるが、すばらしいメンターであり、最高の仲間であり、わたしの人物描写に腹を立てずにいてくれた、ロジャー・ベンソン、スティグ・ウォルシュ、リチャード・バトラー、ジョナ・ショイニアーに心から感謝している。とくにロジャー・ベンソンは、わたしの仕事のすべてを揺るぎなく支え（かつ建設的に批判し）、本書の執筆のためにわたしが短期サバティカルを取れるよう便宜をはかってくれた。新型コロナウイルスによるロックダウンのせいで、結果的に終末的混沌のなか、五カ月の執筆休暇を過ごすことができた。マイケル・ウォルドマンは、わたしと長い時間をともに過ごし、彼の人生と研究について、またスカイ島の標本の歴史について、多くを教えてくれた。彼の発見がなければ今のわたしは存在しなかった。どんな時も支えてくれた、指導教員の駱泽喜、ニコラス・フレイザー、スティグ・ウォルシュにも、たくさんのありがとうを贈りたい。かれらがいなければ、博士論文に取り組みつつ、同時にこの本を書きはじめるような心の余裕をもつことなんて、まったく不可能だった。

本人たちは知らないけれど、わたしの友人とオンラインの（とくにTwitterの）フォロワーが、この本のトピックに興味をもち、刊行を楽しみにしてくれたおかげで、わたしの執筆欲求はいつも刺激を受けていた。ありがとう！　本書で取り上げた科学的発見や研究は、本当にたくさんの人々の重要な貢献の上に成り立っている。スペースに限りがあり、また冗長になってしまうので、ここで全員の名前をあげることはできないが、地質学者でヘブリディーズ諸島の第一人者であるジョン・ハドソンや、多すぎて名前を書ききれない、われらが哺乳類屋の仲間たちがそうだ。みなさんはとてつもなく大切な人たちだ。間違いや見落としを排除しきれていない部分もあると思うが、許してもらえるとありがたい。

最後に、しょっちゅうラップトップに釘付けになっては注意散漫になるわたしをそのまま受け入れてくれた母と夫に、愛を込めて特大のハグを贈りたい。執筆中、わたしはいつも父のことを考えていた。今も毎日寂しく思っているし、こうして出版された本書を見てもらえなかったことが残念でならない。きっと誇らしく思ってくれていたはずだ。それから、いつもわたしを支え、奇妙な方向に向きがちなわたしの関心にも寛容でいてくれた、兄弟姉妹とほかの家族のみんなにも愛を。わたしは物心ついて以来、ずっと博物学トークでみんなを退屈させてきたけれど、あいにくこれから先もずっとそうするつもりだ。

そして、読者のあなたへ。本書を手にとってくれてありがとう。楽しんでもらえたら幸いだ。

原注

第1章

（1） Forbes, A. R. 1923. *Place names of Skye and Adjacent Islands: With Lore: Mythical, Traditional, and Historical.* Alexander Gardner Ltd, Paisley: p. 333.

第2章

（1） Buckland, W. 1824. Notice on the Megalosaurus or the Great Fossil Lizard of Stonesfi eld. *Geological Society London* 2: 390–396.

（2） Ibid., p. 391.

（3） Hakewell, H. Esq. 1822. Notice on the Stonesfi eld Slate pits by MGS. In Howlett, E. A., Kennedy, W. J., Powell, H. P. & Torrens, H. S. 2017. New light on the history of Megalosaurus, the great lizard of Stonesfi eld. *Archives of Natural History* 44: 82–102.

（4） Buckland, F. T. 1858. Memoir of the Very Rev. William Buckland, D.D., F.R.S., Dean of Westminster. In Buckland, W. *Geology and mineralogy considered with reference to natural theology.* Routledge & Company, London.

（5） Charles Lyell to Lyell Senior, 24 August 1828. In Rudwick, M. 2008. *Worlds Before Adam: The Reconstruction of Geohistory in the Age of Reform.* University of Chicago Press, Chicago: pp. 270–1.

（6） Charles Lyell to Lyell Senior, 14 November 1827. In ibid., p. 248.

（7） Owen, R. 1834. On the generation of the marsupial animals, with a description of the impregnated uterus of the Kangaroo. Philosophical Transactions of the Royal Society of London 124: 333–364.

（8） Owen, R. 1871. Monograph of the Fossil Mammalia of the Mesozoic Formations. *Monographs of the Palaeontographical Society* 24: 1–115, 111.

（9） Ibid., 114.

（10） Ibid., 112.

（11）Osborn, H. F. 1887. On the structure and classifi cation of the Mesozoic Mammalia. *Proceedings of the Academy of Sciences of Philadelphia*: 282–292, 287.

（12）Ibid., 291.

第3章

（1）Janis, C. M. & Keller, J. C. 2001. Modes of ventilation in early tetrapods: Costal aspiration as a key feature of amniotes. *Acta Palaeontologica Polonica* 46: 137–170.

（2）Mann, A., Gee, B. M., Pardo, J. D., Marjanović, D., Adams, G. R., Calthorpe, A. S., Maddin, H. C. & Anderson, J. S. 2020. Reassessment of historic 'microsaurs' from Joggins, Nova Scotia, reveals hidden diversity in the earliest amniote ecosystem. *Papers in Palaeontology* 6: 605-625.

第4章

（1）ある研究によると、米国で出版された歴史書の七五%以上は男性によって書かれ、また伝記の七一%は男性について書かれていた。Kahn, A. & Onion, R. 6 January 2016. Is History Written About Men, by Men? *The State*, www.thestate.com

（2）英国歴史ライター協会の会長であるイモージェン・ロバートソンは、あるインタビューで次のように語っている。「女性が何を書くべきとされているかを見れば、ジェンダーバイアスは恐ろしいほど明らかだ。男性たちは壮大で包括的な有史時代のすべてや、特定のテーマを主軸に据えた修正主義的な世界観をつづり、また第二次世界大戦に関してはほぼ独占状態だ」Rottner, T., 5 March 2016. Is History Written by Men? *The Bubble*, www.thebubble.org.uk

（3）Wikipedia のロデリック・インピー・マーチソンの項に掲載された翻訳に基づく。

（4）Duncan, H. 1831. An account of the tracks and footmarks of animals found impressed on sandstone in the quarry of Corncockle Muir, in Dumfriesshire. *Proceedings of the Royal Society of Edinburgh* 11: 194–209.

（5）Grierson, J. 1828. On Footsteps before the Flood, in a specimen of red sandstone. *Edinburgh Journal of Science* 8: 130–134.

（6）Duncan, H. 1831. An account of the tracks and footmarks of animals found impressed on sandstone in the quarry of Corncockle Muir, in Dumfriesshire. *Proceedings of the Royal Society of Edinburgh* 11: 194–209.

(7) Ibid.

(8) Cope, E. D. 1878. Descriptions of Extinct Batrachia and Reptilia from the Permian Formation of Texas. *Proceedings of the American Philosophical Society* 17: 505–530.

(9) Mayor, A. 2005. *Fossil Legends of the First Americans.* Princeton University Press, Princeton: pp. 195–8.

(10) Cope, E. D. 1886. The long-spined Theromorpha of the Permian epoch. *The American Naturalist* 20: 544–545.

(11) Ibid.

(12) Haack, S. C. 1986. A thermal model of the sailback pelycosaur. *Paleobiology* 12: 450–458.

(13) Bennett, S. C. 1996. Aerodynamics and thermoregulatory function of the dorsal sail of *Edaphosaurus. Paleobiology* 22: 496–506.

(14) Huttenlocker, A. K., Mazierski, D. & Reisz, R. R. 2011. Comparative osteohistology of hyperelongate neural spines in the Edaphosauridae (Amniota: Synapsida). *Palaeontology* 54: 573–590.

(15) Bailey, J. B. 1997. Neural spine elongation in dinosaurs: sailbacks or buffalobacks? *Journal of Paleontology* 71: 1124–1146.

(16) Rega, E. A., Noriega, K., Sumida, S. S., Huttenlocker, A., Lee, A. & Kennedy, B. 2012. Healed fractures in the neural spines of an associated skeleton of *Dimetrodon*: implications for dorsal sail morphology and function. *Fieldiana Life and Earth Sciences* 5: 104–111.

(17) Darwin, C. 1859. *On the Origin of Species* (1st edition). John Murray, London: p. 88.〔『種の起源』渡辺政隆訳、光文社、2009年〕

(18) Cooper, N., Bond, A. L., Davis, J. L., Portela Miguez, R., Tomsett, L. & Helgen, K. M. 2019. Sex biases in bird and mammal natural history collections. *Proceedings of the Royal Society B* 286: 20192025.

(19) Cope, E. D. 1880. Second contribution to the history of the Vertebrata of the Permian formation of Texas. *Proceedings of the American Philosophical Society* 19: 38–58.

(20) Clauss, M., Frey, R., Kiefer, B., Lechner-Doll, M., Loehlein, W., Polster, C., Rössner, G. E. & Streich, W. J. 2003. The maximum attainable body size of herbivorous mammals: morphophysiological constraints on foregut, and adaptations of hindgut fermenters. *Oecologia* 136: 14–27.

第5章

（1） Barghusen, H. R. 1975. A Review of Fighting Adaptations in Dinocephalians (Reptilia, Therapsida). *Paleobiology* 1: 295–311.

（2） Randau, M., Carbone, C. & Turvey, S.T. 2013. Canine evolution in sabretoothed carnivores: natural selection or sexual selection? *PLOS One* 8: e72868.

（3） Cisneros, J. C., Abdala, F., Rubidge, B. S., Dentzien-Dias, P. C. & de Oliveira Bueno, A. 2011. Dental occlusion in a 260-million-year-old therapsid with saber canines from the Permian of Brazil. *Science* 331: 1603–1605.

（4） Cisneros, J. C., Abdala, F., Jashashvili, T., de Oliveira Bueno, A. & DentzienDias, P. 2015. Tiarajudens eccentricus and Anomocephalus africanus, two bizarre anomodonts (Synapsida, Therapsida) with dental occlusion from the Permian of Gondwana. *Royal Society Open Science* 2: 150090.

（5） Froebisch, J. & Reisz, R. R. 2011. The postcranial anatomy of *Suminia getmanovi* (Synapsida: Anomodontia), the earliest known arboreal tetrapod. *Zoological Journal of the Linnean Society* 162: 661–698.

（6） Ford, D. P. & Benson, R. B. 2020. The phylogeny of early amniotes and the affi nities of Parareptilia and Varanopidae. *Nature Ecology & Evolution* 4: 57–65.

（7） Chinsamy-Turan, A. 2012. *Forerunners of Mammals.* Indiana University Press, Bloomington: p. 281.

（8） Ireland, A., Maden-Wilkinson, T., McPhee, J., Cooke, K., Narici, M., Degens, H. & Rittweger, J. 2013. Upper limb muscle-bone asymmetries and bone adaptation in elite youth tennis players. *Medicine and Science in Sports and Exercise* 45.

（9） Macintosh, A. A., Pinhasi, R. & Stock, J. T. 2017. Prehistoric women's manual labor exceeded that of athletes through the first 5500 years of farming in Central Europe. *Science Advances* 3: eaao3893.

（10） Montes, L., Le Roy, N., Perret, M., De Buff renil, V., Castanet, J. & Cubo, J., 2007. Relationships between bone growth rate, body mass and resting metabolic rate in growing amniotes: a phylogenetic approach. *Biological Journal of the Linnean Society* 92: 63–76.

（11） Rey, K., Amiot, R., Fourel, F., Abdala, F., Fluteau, F., Jalil, N. E., Liu, J., Rubidge, B. S., Smith, R. M., Steyer, J. S. & Viglietti, P. A. 2017. Oxygen isotopes suggest elevated thermometabolism within multiple Permo-Triassic therapsid clades. *Elife* 6: e28589.

（12） Betts, H. C., Puttick, M. N., Clark, J. W., Williams, T. A., Donoghue, P. C. & Pisani, D. 2018. Integrated genomic and fossil evidence illuminates life's early evolution and eukaryote origin. *Nature Ecology & Evolution* 2: 1556–1562.

第6章

（1）Quote from *The Economist, Farish Jenkins.* 17 November 2012: 98.

（2）以下の文献の図を参照：Clark, T. 21 August 2019. The Rock topped Forbes' list of the highest-paid actors in the world, which also includes five from the Marvel Cinematic Universe. *Business Insider.*

（3）Stanley, S. M. 2016. Estimates of the magnitudes of major marine mass extinctions in earth history. *Proceedings of the National Academy of Sciences* 113: 6325–E6334.

（4）Masaitis, V. L. 1983. Permian and Triassic volcanism of Siberia. *Zapiski VMO* 4: 412–425 (in Russian).

（5）McElwain, J. C. 2018. Paleobotany and global change: Important lessons for species to biomes from vegetation responses to past global change. *Annual Review of Plant Biology* 69: 761–787.

（6）Stanley, S. M. 2016. Estimates of the magnitudes of major marine mass extinctions in earth history. *Proceedings of the National Academy of Sciences* 113: 6325–6334.

（7）Sciscio, L., de Kock, M., Bordy, E. & Knoll, F. 2017. Magnetostratigraphy across the Triassic–Jurassic boundary in the main Karoo Basin. *Gondwana Research* 51: 177–192.

第7章

（1）Jones, K. E., Angielczyk, K. D. & Pierce, S. E. 2019. Stepwise shifts underlie evolutionary trends in morphological complexity of the mammalian vertebral column. *Nature Communications* 10: 5071.

（2）Jones, K. E., Angielczyk, K. D., Polly, P. D., Head, J. J., Fernandez, V., Lungmus, J. K., Tulga, S. & Pierce, S. E. 2018. Fossils reveal the complex evolutionary history of the mammalian regionalized spine. *Science* 361: 1249–1252.

（3）Findlay, G. 1972. Dr. Robert Broom, F.R.S.: *Palaeontologist and Physician, 1866–1951: A Biography, Appreciation and Bibliography.* A. A. Balkema, Amsterdam: p. 25.

（4）以下の文献の第2章を参照：Kuljian, C. 2016. *Darwin's Hunch: Science Race and the Search for Human Origins.* Jacana Media, Johannesburg.

(5) ヘンリー・フェアフィールド・オズボーンからの手紙について、以下の文献の p. 41 を参照：Findlay, G. 1972. *Dr. Robert Broom, F.R.S.: Palaeontologist and Physician, 1866–1951: A Biography, Appreciation and Bibliography*. A. A. Balkema, Amsterdam.

(6) 以下の文献の Figure 15 を参照：Crompton, A. W. 1968. In Search of the 'Insignificant'. *Discovery: Magazine of the Peabody Museum of Natural History, Yale University*. 3: 23–32.

(7) 一九五二年二月二八日の『*The Star*』の報道について、以下の文献で言及されている：Kuljian, C. 2016. *Darwin's Hunch: Science Race and the Search for Human Origins*. Jacana Media, Johannesburg.

(8) アイオーン・ルドナーと会ったあと、南アフリカの古生物学者ピア・ヴィリエッティ博士が彼女による発見のエピソードをわたしに語ってくれた。

(9) Wallace, D. R. 2004. *Beasts of Eden: Walking Whales, Dawn Horses, and Other Enigmas of Mammal Evolution*. University of California Press, Berkeley: p. 129.〔『哺乳類天国――恐竜絶滅以後、進化の主役たち』桃井緑美子・小畠郁生訳、早川書房、2006年〕

(10) Angielczyk, K. D. & Schmitz, L. 2014. Nocturnality in synapsids predates the origin of mammals by over 100 million years. *Proceedings of the Royal Society B: Biological Sciences* 281: 20141642.

(11) Lautenschlager, S., Gill, P. G., Luo, Z. -X., Fagan, M. J. & Rayfield E., J. 2018. The role of miniaturization in the evolution of the mammalian jaw and middle ear. Nature 561, 533-537.

(12) Warren, W. C., Hillier, L. W., Graves, J. A. M., Birney, E., Pointing, C. P., Grützner, F., Belov, K., Miller, W., Clarke, L., Chinwalla, A. T. & Yang, S. P. 2008. Genome analysis of the platypus reveals unique signatures of evolution. *Nature* 453: 175-183.

(13) Hurum, J. H., Luo, Z.-X. & Kielan-Jaworowska, Z. 2006. Were mammals originally venomous? *Acta Palaeontologica Polonica* 51: 1–11.

(14) Newham, E., Gill, P. G., Brewer, P., Benton, M. J., Fernandez, V., Gostling, N. J., Haberthür, D., Jernvall, J., Kankaanpää , T., Kallonen, A., Navarro, C., Pacureanu, A., Richards, K., Robson Brown, K., Schneider, P., Suhonen, H., Tafforeau, P., Williams, K. A., Zeller-Plumhoff, B. & Corfe, I. J. 2020.

(Reptile-like physiology in Early Jurassic stem-mammals. *Nature Communications,* 11: 1–13.

(15) Blackburn, T. I. M. & Gaston, K. 1998. The distribution of mammal body masses. *Diversity and Distributions* 4: 121–133.

第8章

（1）Fernandez, V., Abdala, F., Carlson, K. J., Rubidge, B. S., Yates, A. & Tafforeau, P. 2013. Synchrotron reveals Early Triassic odd couple: injured amphibian and aestivating therapsid share burrow. *PLOS One* 8: e64978.

（2）Miller, H. 1858. *The Cruise of the Betsey, Or, A Summer Ramble Among the Fossiliferous Deposits of the Hebrides: With Rambles of a Geologist, Or, Ten Thousand Miles Over the Fossiliferous Deposits of Scotland.* Constable & Co, Edinburgh.

（3）スコットランド国立博物館のニック・フレイザーが二〇一七年一二月一四日に説明してくれた。

（4）エディンバラ大学のレイチェル・ウッドが二〇一六年に教えてくれた。

（5）マイケル・ウォルドマンが二〇一七年夏に回想を語ってくれた。

（6）Wind, J. 1984. Computerized X-ray tomography of fossil hominid skulls. *American Journal of Physical Anthropology* 63: 265–282.

（7）Conroy, G. C. & Vannier, M. W. 1984. Noninvasive three-dimensional computer imaging of matrix-fi lled fossil skulls by high-resolution computed tomography. *Science* 226: 1236–1239.

（8）オックスフォード自然史博物館のウェブサイトの歴史に関するページより（二〇二〇年四月閲覧）。

（9）Sollas, W. J. 1903. A method for the investigation of fossils by serial sections. *Philosophical Transactions of the Royal Society of London B: Biological Sciences* 196: 257–263, 262.

（10）Benoit, J., Manger, P. R. & Rubidge, B. S. 2016. Palaeoneurological clues to the evolution of defi ning mammalian soft tissue traits. *Scientific reports* 6: 25604.

（11）Oftedal, O. T. 2012. The evolution of milk secretion and its ancient origins. *Animal: an international journal of animal bioscience* 6: 355–368.

（12）Zhou, C.-F., Bhullar, B.-A., Neander, A., Martin, T., Luo, Z.-X. 2019. New Jurassic mammaliaform sheds light on early evolution of mammal-like hyoid bones. *Science* 365: 276–279.

第9章

（1）Luo, Z.-X., Meng, Q.-J., Ji, Q., Liu, D., Zhang, Y.-G. & Neander, A.I. 2015. Evolutionary development in basal mammaliaforms

as revealed by a docodontan. *Science* 347: 760–764.
（2） Ji, Q., Luo, Z.-X., Yuan, C.-X. & Tabrum, A.R. 2006. A swimming mammaliaform from the Middle Jurassic and ecomorphological diversifi cation of early mammals. *Science* 311: 1123–1127.
（3） Meng, J., Hu, Y., Wang, Y., Wang, X. & Li, C., 2006. A Mesozoic gliding mammal from northeastern China. *Nature* 444: 889–893.
（4） Luo, Z.-X. 2011. Developmental Patterns In Mesozoic Evolution of Mammal Ears. *Annual Reviews of Ecology, Evolution, and Systematics* 42: 355–380.
（5） Luo, Z.-X., Schultz, J. A. & Ekdale, E. G. 2016. Evolution of the middle and inner ears of mammaliaforms: the approach to mammals. In Clack J. A., Fay, R. R. & Popper, A. A. (eds). *Evolution of the Vertebrate Ear: Evidence from the Fossil Record.* Springer Handbook of Auditory Research 59: pp. 139–74.
（6） Heffner, H. E. & Heff ner, R. S. 2018. The evolution of mammalian hearing. *AIP Conference Proceedings* 1965: 130001.

第10章

（1） Kielan-Jaworowska, Z. 2013. *In Pursuit of Early Mammals.* Indiana University Press, Bloomington: p. 74.
（2） Ibid.
（3） Henkel, S. 1966. Methoden zur Prospektion und Gewinnung kleiner Wirbeltierfossilien. *Neues Jahrbuch für Geologie und Paläontologie:* 178–184.
（4） Cromie, W. J. 24 May 2001. Oldest Mammal is found: Origin of mammals is pushed back to 195 million years. *The Harvard Gazette.*
（5） Kühne, W. G. 1956. *The Liassic Therapsid Oligokyphus.* British Museum, London.
（6） Panciroli, E., Walsh, S., Fraser, N. C., Brusatte, S. L. & Corfe, I. 2017. A reassessment of the postcanine dentition and systematics of the tritylodontid *Stereognathus* (Cynodontia, Tritylodontidae, Mammaliamorpha), from the Middle Jurassic of the United Kingdom. *Journal of Vertebrate Paleontology* 37, 373–86.
（7） Hoffman, E. A. & Rowe, T. B. 2018. Jurassic stem-mammal perinates and the origin of mammalian reproduction and growth.

Nature 561: 104–108.

（8） 20 March 2019. Super bloom tourists cause small town ‘safety crisis’. BBC News.

（9） Fu, Q., Diez, J. B., Pole, M., Á vila, M. G., Liu, Z. J., Chu, H., Hou, Y., Yin, P., Zhang, G. Q., Du, K. & Wang, X. 2018. An unexpected noncarpellate epigynous fl ower from the Jurassic of China. *Elife*: e38827.

（10） Smith, S. A., Beaulieu, J. M. & Donoghue, M. J. 2010. An uncorrelated relaxed-clock analysis suggests an earlier origin for fl owering plants. *Proceedings of the National Academy of Sciences* 107: 5897–5902.

（11） Barba-Montoya, J., dos Reis, M., Schneider, H., Donoghue, P. C. & Yang, Z. 2018. Constraining uncertainty in the timescale of angiosperm evolution and the veracity of a Cretaceous Terrestrial Revolution. *New Phytologist* 218: 819–834.

（12） Hochuli, P. A. & Feist-Burkhardt, S. 2013. Angiosperm-like pollen and Afropollis from the Middle Triassic (Anisian) of the Germanic Basin (northern Switzerland). *Frontiers in Plant Science* 4: 344.

（13） In Darwin, C. 1859. *On the Origin of Species* (1st edition). John Murray, London.

（14） Friis, E. M., Pedersen, K. R. & Crane, P. R. 2001. Fossil evidence of water lilies (Nymphaeales) in the Early Cretaceous. Nature 410: 357–360.

（15） Gomez, B., Daviero-Gomez, V., Coiff ard, C., Martín-Closas, C. & Dilcher, D. L. 2015. Montsechia, an ancient aquatic angiosperm. *Proceedings of the National Academy of Sciences* 112: 10985–10988.

（16） Sun, G., Dilcher, D. L., Wang, H. & Chen, Z. 2011. A eudicot from the Early Cretaceous of China. *Nature* 471: 625–628.

（17） Field, D. J., Benito, J., Chen, A., Jagt, J. W. & Ksepka, D. T. 2020. Late Cretaceous neornithine from Europe illuminates the origins of crown birds. *Nature* 579: 397–401.

（18） Kielan-Jaworowska, Z. 2005. *Zofia Kielan-Jaworowska: An Autobiography.* Unpublished: p. 3.

（19） Wituska, K. & Tomaszewski, I. 2006. *Inside a Gestapo Prison: The Letters of Krystyna Wituska, 1942–1944.* Wayne State University Press, Detroit.

（20） Buffetaut, E., & Le Loeuff , J. 1994. The discovery of dinosaur eggshells in nineteenth-century France. In Carpenter, K., Hirsch, K., & Horner, J. (eds). *Dinosaur Eggs and Babies.* Cambridge University Press, New York: pp. 31–4.

（21） Gregory, W. K. 1927. Mongolian Mammals of the ‘Age of Reptiles’. *The Scientific Monthly* 24: 225–235.

(22) Kielan-Jaworowska, Z. 2005 *Zofia Kielan-Jaworowska: An Autobiography.* Unpublished: p. 18.

(23) Kielan-Jaworowska, Z., Presley, R. & Poplin, C. 1986. The cranial vascular system in taeniolabidoid multituberculate mammals. *Philosophical Transactions of the Royal Society of London B: Biological Sciences* 313: 525–602.

(24) Cifelli, R. L. & Fostowicz　Frelik, Ł . 2016. Legacy of the Gobi Desert: Papers in Memory of Zofia Kielan-Jaworowska. *Acta Palaeontologica Polonica* 67: 13.

(25) Boyce, C. K., Brodribb, T. J., Feild, T. S. & Zwieniecki, M. A. 2009. Angiosperm leaf vein evolution was physiologically and environmentally transformative. *Proceedings of the Royal Society B: Biological Sciences* 276: 1771–1776.

第11章

(1) Longrich, N. R., Tokaryk, T. & Field, D. J. 2011. Mass extinction of birds at the Cretaceous–Paleogene (K–Pg) boundary. *Proceedings of the National Academy of Sciences* 108: 15253–15257.

(2) Longrich, N. R., Bhullar, B. A. S. & Gauthier, J. A. 2012. Mass extinction of lizards and snakes at the Cretaceous–Paleogene boundary. *Proceedings of the National Academy of Sciences* 109: 21396–21401.

(3) Vajda, V. & McLoughlin, S. 2004. Fungal proliferation at the Cretaceous–Tertiary boundary. *Science* 303: 1489.

(4) Rehan, S. M., Leys, R. & Schwarz, M. P. 2013. First evidence for a massive extinction event aff ecting bees close to the KT boundary. *PLOS One* 8: e76683.

(5) Donovan, M. P., Iglesias, A., Wilf, P., Labandeira, C. C. & Cúneo, N. R. 2016. Rapid recovery of Patagonian plant–insect associations after the end-Cretaceous extinction. *Nature Ecology & Evolution* 1: 1–5.

(6) Slater, G. J. 2013. Phylogenetic evidence for a shift in the mode of mammalian body size evolution at the Cretaceous–Palaeogene boundary. *Methods in Ecology and Evolution* 4: 734–744.

(7) Grossnickle, D. M., Smith, S. M. & Wilson, G. P. 2019. Untangling the multiple ecological radiations of early mammals. *Trends in Ecology and Evolution* 34: 936–949.

(8) Benson, R. B. J., Hunt, G., Carrano, M. T. & Campione, N. 2018. Cope's rule and the adaptive landscape of dinosaur body size evolution. *Palaeontology* 61: 13–48.

（9） Anderson, A. O. & Allred, D. M. 1964. Kangaroo rat burrows at the Nevada Test Site. *The Great Basin Naturalist* 24: 93–101.

（10） Jorgensen, C. D. & Hayward, C. L. 1965. Mammals of the Nevada Test Site. *Brigham Young University Science Bulletin, Biological Series* 6: Article 1.

（11） Wilson, G. P., Evans, A. R., Corfe, I. J., Smits, P. D., Fortelius, M. & Jernvall, J. 2012. Adaptive radiation of multituberculate mammals before the extinction of dinosaurs. *Nature* 483: 457–460.

（12） Goin, F. J., Reguero, M. A., Pascual, R., von Koenigswald, W., Woodburne, M. O., Case, J. A., Marenssi, S. A., Vieytes, C. & Vizcaíno, S. F. 2006. First gondwanatherian mammal from Antarctica. *Geological Society, London, Special Publications* 258: 135–144.

（13） 20 November 2018. Meteorite hunters dig up 60 million-year-old site in Skye. *BBC News*.

（14） Hooker, J. J. & Millbank, C. 2001. A Cernaysian mammal from the Upnor Formation (Late Palaeocene, Herne Bay, UK) and its implications for correlation. *Proceedings of the Geologists' Association* 112: 331–338.

（15） Hooker, J. J. 2016. Skeletal adaptations and phylogeny of the oldest mole *Eotalpa* (Talpidae, Lipotyphla, Mammalia) from the UK Eocene: the beginning of fossoriality in moles. *Palaeontology* 59: 195–216

エピローグ

（1） Levy, O., Dayan, T., Porter, W. P. & Kronfeld-Schor, N. 2019. Time and ecological resilience: can diurnal animals compensate for climate change by shifting to nocturnal activity? *Ecological Monographs* 89: e01334.

（2） Pecl, G. T., Araújo, M. B., Bell, J. D., Blanchard, J., Bonebrake, T. C., Chen, I. C., Clark, T. D., Colwell, R. K., Danielsen, F., Evengård, B. & Falconi, L. 2017. Biodiversity redistribution under climate change: Impacts on ecosystems and human well-being. *Science* 355: eaai9214.

（3） Buckley, L. B., Tewksbury, J. J. & Deutsch, C. A. 2013. Can terrestrial ectotherms escape the heat of climate change by moving? *Proceedings of the Royal Society B: Biological Sciences* 280: 20131149.

（4） Dalén, L., Nyström, V., Valdiosera, C., Germonpré , M., Sablin, M., Turner, E., Angerbjörn, A., Arsuaga, J. L. & G ö therström, A. 2007. Ancient DNA reveals lack of postglacial habitat tracking in the arctic fox. *Proceedings of the National Academy of Sciences* 104: 6726 – 6729.

（5）Pacifici, M., Rondinini, C., Rhodes, J. R., Burbidge, A. A., Cristiano, A., Watson, J. E., Woinarski, J. C. & Di Marco, M. 2020. Global correlates of range contractions and expansions in terrestrial mammals. *Nature Communications* 11: 1 – 9.
（6）Sanderson, C. E. & Alexander, K.A. Unchartered waters: Climate change likely to intensify infectious disease outbreaks causing mass mortality events in marine mammals. *Global Change Biology* 26: 4284 – 4301.
（7）Robinson, T. P., Wint, G. W., Conchedda, G., Van Boeckel, T. P., Ercoli, V., Palamara, E., Cinardi, G., D'Aietti, L., Hay, S. I. & Gilbert, M. 2014. Mapping the global distribution of livestock. *PLOS One*, 9: e96084.
（8）Darwin, C. 1859. *On the Origin of Species* (1st edition). John Murray, London.
（9）Seiler, A. and Helldin, J.O. 2006. Mortality in wildlife due to transportation. In *The Ecology of Transportation: Managing Mobility for the Environment.* Davenport, J. and Davenport, Julia L. (eds). Springer, Dordrecht: pp. 165 – 89.
（10）Watts, J. & Kommenda, N. 23 March 2020. Coronavirus pandemic leading to huge drop in air pollution. *Guardian.*
（11）以下のウェブサイトより：Peduzzi, P. 11 May 2020. Record global carbon dioxide concentrations despite COVID-19 crisis. *United Nations Environment Programme*（二〇二〇年五月閲覧）

参考文献

第1章

Panciroli, E., Benson, R. B. J., Walsh, S., Butler, R. J., Castro, T. A., Jones, M. E. & Evans, S. E. 2020. Diverse vertebrate assemblage of the Kilmaluag Formation (Bathonian, Middle Jurassic) of Skye, Scotland. *Earth and Environmental Transactions of the Royal Society of Edinburgh* 111: 135-156.

Stephenson, D. & Merritt, J. 2006. *Skye: a landscape fashioned by geology.* Scottish Natural Heritage, Edinburgh.

White, S. & Ross, D. 2019. *Jurassic Skye: Dinosaurs and Other Jurassic Animals of the Isle of Skye.* NatureBureau, Newbury.

第2章

Buckland, W. 1824. Notice on the Megalosaurus or the Great Fossil Lizard of Stonesfield. *Geological Society London* 2: 390–396.

Mayor, A. 2005. *Fossil Legends of the First Americans.* Princeton University Press, Princeton.

Moyal, A. 2001. *Platypus: The Extraordinary Story of How a Curious Creature Baffled the World.* Smithsonian Books, Washington DC.

Osborn, H. F. 1887. On the structure and classifi cation of the Mesozoic Mammalia. *Proceedings of the Academy of Sciences of Philadelphia*: 282–292.

Owen, R. 1871. Monograph of the Fossil Mammalia of the Mesozoic Formations. *Monographs of the Palaeontographical Society* 24: 1–115.

Rudwick, M. 2008. *Worlds Before Adam: The Reconstruction of Geohistory in the Age of Reform.* University of Chicago Press, Chicago.

(Schiebinger, L. 1993. Why mammals are called mammals: gender politics in eighteenth-century natural history. *The American Historical Review* 98: 382–411.

第3章

Angielczyk, K. D. 2009. *Dimetrodon* is Not a Dinosaur: Using Tree Thinking to Understand the Ancient Relatives of Mammals and Their

Evolution. *Evolution: Education and Outreach* 2: 257–271.

Beerling, D. 2007. *The Emerald Planet*. Oxford University Press, Oxford.〔『植物が出現し、気候を変えた』西田佐知子訳、みすず書房、二〇一五年〕

Clack, J. A. 2002. *Gaining Ground: The Origin and Evolution of Tetrapods*. Indiana University Press, Bloomington.

Shubin, N. 2009. *Your Inner Fish: The amazing discovery of our 375-million-year-old ancestor.* Penguin, London.〔『ヒトのなかの魚、魚のなかのヒト――最新科学が明らかにする人体進化35億年の旅』垂水雄二訳、早川書房、二〇一三年〕

Sues, H.-D. 2019. *The Rise of Reptiles: 320 Million Years of Evolution*. Johns Hopkins University Press, Baltimore.

第4章

Cooper, N., Bond, A. L., Davis, J. L., Portela Miguez, R., Tomsett, L. and Helgen, K. M. 2019. Sex biases in bird and mammal natural history collections. *Proceedings of the Royal Society B* 286: 20192025.

第5章

Chinsamy-Turan, A. 2012. *Forerunners of Mammals.* Indiana University Press, Bloomington.

Kemp, T. 2005. *Origin and Evolution of Mammals.* Oxford University Press, Oxford.

第6章

Ezcurra, M. D., Jones, A. S., Gentil, A. R. & Butler, R. J. 2020. Early Archosauromorphs: The Crocodile and Dinosaur Precursors. In *Encyclopedia of Geology (2nd edition)*. Elsevier, Amsterdam.

Hallam, T. 2005. *Catastrophes and Lesser Calamities: The Causes of Mass Extinctions.* Oxford University Press, Oxford.

Kolbert, E. 2015. *The Sixth Extinction: An Unnatural History.* Bloomsbury, London.〔『6度目の大絶滅』鍛原多惠子訳、NHK、二〇一五年〕

Stanley, S. M. 2016. Estimates of the magnitudes of major marine mass extinctions in earth history. *Proceedings of the National Academy of Sciences* 113: 6325–6334.

第7章

Findlay, G. 1972. *Dr. Robert Broom, F.R.S.; palaeontologist and physician, 1866–1951: a biography, appreciation and bibliography.* A. A. Balkema, Amsterdam.

Kuljian, C. 2016. *Darwin's Hunch: Science Race and the Search for Human Origins.* Jacana Media, Johannesburg.

Merritt, J. F. 2010. *The Biology of Small Mammals.* Johns Hopkins University Press, Baltimore.

Wallace, D. R. 2004. *Beasts of Eden: Walking Whales, Dawn Horses, and Other Enigmas of Mammal Evolution.* University of California Press, Berkeley.〔『哺乳類天国——恐竜絶滅以後、進化の主役たち』桃井緑美子・小畠郁生訳、早川書房、二〇〇六年〕

第8章

Benoit, J., Manger, P. R. & Rubidge, B. S. 2016. Palaeoneurological clues to the evolution of defi ning mammalian soft tissue traits. *Scientific Reports* 6: 25604.

Cunningham, J. A., Rahman, I. A., Lautenschlager, S., Rayfield, E. J. & Donoghue, P. C. 2014. A virtual world of paleontology. *Trends in Ecology & Evolution* 29: 347–357.

Miller, H. 1858. *The Cruise of the Betsey, Or, A Summer Ramble Among the Fossiliferous Deposits of the Hebrides: With Rambles of a Geologist, Or, Ten Thousand Miles Over the Fossiliferous Deposits of Scotland.* Constable & Co, Edinburgh.

Oftedal, O. T. 2012. The evolution of milk secretion and its ancient origins. *Animal: an international journal of animal bioscience* 6: 355–368.

第9章

Drew, L. 2017. *I, Mammal: The Story of What Makes Us Mammals.* Bloomsbury Sigma, London.〔『わたしは哺乳類です——母乳から知能まで、進化の鍵はなにか』梅田智世訳、インターシフト、二〇一九年〕

Panciroli, E. 4 July 2018. Beijing fossil exhibition prompts rethink of mammal evolution. *Guardian.*

第10章

Cifelli, R. L. & Fostowicz-Frelik, Ł . 2016. Legacy of the Gobi Desert: Papers in Memory of Zofia Kielan-Jaworowska. *Acta Palaeontologica Polonica* 67.

Coiro, M., Doyle, J. A. & Hilton, J. 2019. How deep is the confl ict between molecular and fossil evidence on the age of angiosperms? *New Phytologist* 223: 83–99.

Kielan-Jaworowska, Z. 1975. Late Cretaceous Mammals and Dinosaurs from the Gobi Desert: Fossils excavated by the Polish-Mongolian Paleontological Expeditions of 1963–71 cast new light on primitive mammals and dinosaurs and on faunal interchange between Asia and North America. *American Scientist* 63: 150–159.

Kielan-Jaworowska, Z. 2013. *In Pursuit of Early Mammals*. Indiana University Press, Bloomington.

Kühne, W. G. 1956. The Liassic Therapsid *Oligokyphus*. British Museum, London.

Mayor, A. 2000. *The First Fossil Hunters: Palaeontology in Greek and Roman Times*. Princeton University Press, Princeton New Jersey.

第11章

Agustí , J. 2005. *Mammoths, Sabertooths, and Hominids: 65 Million Years of Mammalian Evolution in Europe*. Columbia University Press, New York.

Barnett, R. 2019. *The Missing Lynx: The Past and Future of Britain's Lost Mammals*. Bloomsbury Sigma, London.

Grossnickle, D. M., Smith, S. M. & Wilson, G. P. 2019. Untangling the multiple ecological radiations of early mammals. *Trends in Ecology and Evolution* 34: 936–949.

Prothero, D. 2019. *The Princeton Field Guide to Prehistoric Mammals* (Princeton Field Guides). Princeton University Press, Princeton.

Slater, G. J. 2013. Phylogenetic evidence for a shift in the mode of mammalian body size evolution at the Cretaceous–Palaeogene boundary. *Methods in Ecology and Evolution* 4: 734–744.

Zachos, F. & Asher, R. 2018. *Mammalian Evolution, Diversity and Systematics*. Walter de Gruyter GmbH & Co KG, Berlin.

エピローグ

Dixon, D. 2018. *After Man, A Zoology of the Future* (updated edition). Breakdown Press, London.〔『アフターマン——人類滅亡後の地球を支配する動物世界』今泉吉典訳、ダイヤモンド社、二〇〇四年〕

Francis, R. C. 2015. *Domesticated: Evolution in a Man-Made World.* W. W. Norton & Company, New York.〔『家畜化という進化——人間はいかに動物を変えたか』西尾香苗訳、白揚社、二〇一九年〕

Pecl, G. T., Araújo, M. B., Bell, J. D., Blanchard, J., Bonebrake, T. C., Chen, I. C., Clark, T. D., Colwell, R. K., Danielsen, F., Evengård, B. & Falconi, L. 2017. Biodiversity redistribution under climate change: Impacts on ecosystems and human well-being. *Science* 355: eaai9214.

Weissman, A. 2008. *The World Without Us.* Virgin Books, London.〔『人類が消えた世界』鬼澤忍訳、早川書房、二〇〇八年〕

訳者あとがき

本書は"Beasts Before Us: The Untold Story of Mammal Origins and Evolution"（Bloomsbury Sigma, 2021）の全訳です。

著者のエルサ・パンチローリは、スコットランド生まれの若手古生物学者。地元スコットランドのハイランズ・アンド・アイランズ大学を卒業後、ブリストル大学の修士課程を経て、二〇一九年にエディンバラ大学で古生物学の博士号を取得。現在はオックスフォード大学自然史博物館のリサーチフェローおよびスコットランド国立博物館の客員研究員として、中生代哺乳類の形態、生態、進化を中心に、幅広いテーマで研究をおこなっています。また科学コミュニケーターとしても精力的に活動中で、古生物と進化に関する記事を『ガーディアン』紙などに寄稿するほか、テレビやラジオの科学番組にもたびたび出演。二〇二一年に初の著書となる本書を発表したあと、早くも二〇二二年には二作品目の『The Earth: A Biography of Life』を上梓しています。

本書で語られるのは、ヒト、イヌ、ゾウ、クジラ、コウモリなどの現生哺乳類の系統が出現するよりも前に地球生命史を彩ってきた、わたしたちの遠い親戚たちの知られざる物語です。誰しも自分のルーツをたどるのは大好きなはずなのに、初期哺乳類に関してはいまだに誤解が蔓延していると、著者は言います。どれも似たりよったりの爬虫類のなかから「哺乳類型」のものが現れ、徒花のように一時は栄えたけれど、史上最大の大量絶滅でほとんどが消し去られ、その後は恐竜の影に怯えながら、代わり映えのしない姿でどうにか細々と生きつづけ、白亜期末の小惑星衝突でようやくチャンスを掴んだ……おなじみのこんなストーリーを事実とは程遠いものとしてきっぱりと退けながら、最新の研究に基づいて、パンチローリは多様で入り組んだ魅力的な「前日譚」を紡いでいきます。

のちの哺乳類につながる系統である単弓類と、爬虫類を含む竜弓類は、石炭紀に有羊膜類の共通祖先から枝分かれして以来、三億年以上にわたって別々の道を歩んできました。哺乳類は爬虫類から進化したわけではないのだから、「哺乳類型爬虫類」は存在し得ないのです。単弓類は爬虫類に先んじて大規模な適応放散を果たし、ペルム紀に「最初の哺乳類時代」を謳歌します。ここで注目すべきは、絶滅動物たちの奇抜な見た目以上に、多数の重量級の植物食動物と少数の敏捷な肉食動物という食物連鎖の基本構造を、陸生脊椎動物として初めて完成させたことだと、著者は言います。また剣のように巨大化した犬歯や顔面から突出する角など、その後の生命進化の歴史のなかでいくつもの系統が独立に獲得する形質も、この時代に初めて出現します。ペルム紀の単弓類は、ただのマイナーな変わり者と片付けられない、進化の先駆者でありトレンドセッターだったのです。

シベリア・トラップの想像を絶する規模の噴火に起因するペルム紀末の大量絶滅は、すべての動植物の系統に深い傷跡を残しました。一〇〇〇万年もの時間をかけてようやく複雑な生態系が回復するまで、一時的に地上を席巻したリストロサウルスは、くちばしと牙をもつ子豚のような奇妙な容姿ながら、わたしたちヒトと同じ単弓類、そして同じ「ディザスター分類群」だったと聞けば、興味と親近感が湧いてきます。二〇二二年八月には、南アフリカのカルー地域で発見された非常に状態のよいリストロサウルスの化石に関する論文が発表され、皮膚の痕跡まで残ったいわゆる「ミイラ化石」だったことから話題をさらいました。三畳紀の時代が下るにつれ、最初はワニ類、続いて恐竜が大型四肢動物のニッチを占め、一方で哺乳類は劇的に小さくなりました。著者はこれを、大きくなれなかったのではなく小型化に成功したという、逆転の発想で解釈しています。単なる身内びいきかと思いきや、さにあらず。この主張の裏には、現代の哺乳類を定義づける多くの特徴（高い代謝、正確な噛み合わせ、鋭敏な嗅覚や聴覚、大きな脳など）がこの時代の小型化に端を発するという、説得力のある証拠が揃っています。

恐竜全盛のジュラ紀、白亜紀の哺乳類については、「物陰をこそこそ逃げ回っていた」という手垢のついた定説を覆す発見が、今世紀に入って相次いでいます。地中性のドコフォソル、半水生のカストロカウダ、滑空性のハラミヤ類などが、現生哺乳類に引けを取らない特殊化と多様化を果たしていた事実を、パンチローリは「恐竜に忙しいからといって、自然淘汰は哺乳類をほったらかしにはしなかった」と評しています。彼女らしい茶目っ気ある表現で、マクロ進化はそんな風には起こらないと、時代遅れな直線的生命史観を端的に否定するこの一文は、個人的にとてもお気に入りです。もうひとつ重要なのは、姿は似ていてもドコフォソルはモグラの祖先ではないし、多丘歯類から齧歯類が生じたわけでもないこと、すなわち同じような淘汰圧がそっくりな姿かたちをつくりだす収斂進化の普遍性です。現在から過去を振り返るしかないわたしたちは、現生種を完成形や最新バージョンとみなし、先史時代の絶滅種を性能の劣るプロトタイプと考えがちですが、日の下に新しきものなし。現生種にはより多くの変異を積み重ねる時間があったとはいえ、絶滅した系統も当時の環境のなかで、さまざまな進化の制約が許すかぎりにおいて、ほぼ完璧に適応していたという前提に立ったほうが、はるか昔に失われた生態系のなかのさまざまな相互作用について、より有意義な洞察を得られることでしょう。

本書では、わたしたちの分厚い家族アルバムの顔ぶれだけでなく、かれらの姿かたちや暮らしぶりを解き明かすことに没頭する現代の古生物学者たちの「生態」もまた、第一線で活躍する研究者ならではの臨場感あふれる筆致で描かれます。イメージ通りの荒涼とした僻地でのフィールドワークはもちろんのこと、博物館に眠る忘れられた標本の再検討、シンクロトロンCTスキャンに代表される最先端のテクノロジーの応用、多様なスキルや専門性をもつ国際色豊かなチームメイトとの協働を通じて、じりじりと少しずつピースを拾い集めて大きな謎に挑んでいくさまは、この分野に憧れる若い読者をおおいに刺激するでしょう。一方でパンチローリは、現代の研究者が巨人の肩の上に立っていることも強く自覚し、自身の学問上の（おそらくは人間的にも）ヒーローであるゾフィア・キエラン＝ヤウォロウスカをはじめ、とくに歴史的に軽んじられ無視されてきた女性や非白人による分野への貢献に努めて光をあてます。標本の収奪や「科学的」人種差別への加担といった古生物学の暗い過去とも向き合い、科学の脱植民地化の道を模索する彼女の姿勢には、アカデミアの外の世界とのつながりを含め、この分野のよりよい未来を切り拓いていくのだという気概が感じられます。

さて、「本書が刊行される頃には、どんな新発見が生まれているだろう？（第五章傍注）」と言われたら、訳者としては何か紹介しないわけにはいきません。リストロサウルスのミイラにはすでに触れましたが、原書刊行後かつ本書のテーマと関わるもっとも重要な成果のひとつは、二〇二二年七月に『ネイチャー』に掲載された、哺乳類の内温性の獲得時期を新たな手法で推定した論文ではないかと思います。リスボン大学のリカルド・アラウージョが筆頭著者で、本書に登場するジュリアン・ブノワ、骆泽喜、エヴァ・ホフマン、ケネス・アンジェルチュクらも参加したこの研究は、鼻（呼吸鼻甲介）ではなく耳に注目しました。内温化し体温が常に高い状態になると、内耳の半規管を満たす内リンパの粘性が低下するため、半規管の構造もそれに応じた変化を強いられるはずだという仮定に基づき、五六種の単弓類の内耳構造を分析したのです。その結果、内温性を示唆する半規管の構造変化は、三畳紀後期の哺乳形類の時代に急速に生じたことがわかりました。この知見は、ペルム紀末から三畳紀前期にかけて、複数の異なる系統が程度もさまざまに内温性を発達させる、いわば試行錯誤のような段階があったとする本書で紹介された仮説と、真っ向から対立するように思えます。どちらが正しいのか、あるいはひとつの筋書きに統合できるのかを論じることまではできませんが、哺乳類のルーツをめぐっては、このような斬新な視点からの驚くべき発見が今後もますます飛び込んでくることは間違いなさそうで、目が離せません。そんなときはきっと、パンチローリがTwitter（アカウント名は@gsciencelady）や各種媒体でいち早く紹介してくれるはずなので、お見逃しなく！

本書の翻訳にあたっては、企画の段階から細部の表現に至るまで、青土社編集部の菱沼達也さんに大変お世話になりました。また古生物学・解剖学用語の適切な訳語に関して、国立科学博物館の木村由莉博士に相談したところ、すぐに快くご回答いただきました。この場を借りて深くお礼申し上げます。

二〇二二年一一月

的場　知之

索引

さ行

た行

ま行

や行

ら・わ行

アルファベット

BEASTS BEFORE US by Elsa Panciroli
Copyright © 2021 Elsa Panciroli
This translation of BEASTS BEFORE US is published by SEIDO-SHA
by arrangement with Bloomsbury Publishing Plc
through Tuttle-Mori Agency, Inc., Tokyo

哺乳類前史

起源と進化をめぐる語られざる物語

2022 年 12 月 20 日　第 1 刷印刷
2023 年 1 月 10 日　第 1 刷発行

著者——エルサ・パンチローリ
訳者——的場知之

発行人——清水一人
発行所——青土社
〒 101-0051　東京都千代田区神田神保町 1-29　市瀬ビル
［電話］03-3291-9831（編集）　03-3294-7829（営業）
［振替］00190-7-192955

印刷・製本——双文社印刷

装幀——國枝達也

Printed in Japan
ISBN978-4-7917-7519-4